低碳经济学系列教材

总主编 方洁

碳汇理论与案例

Theory and Cases of Carbon Sink

ECO

王 丹 王亚运 范向军 主编

张东丽 杨 霞 张洪玮 副主编

东北财经大学出版社 大 连

Dongbei University of Finance & Economics Press

图书在版编目（CIP）数据

碳汇理论与案例 / 王丹，王亚运，范向军主编. —大连：东北财经大学出版社，2025.1. —（低碳经济学系列教材）. —ISBN 978-7-5654-5427-1

Ⅰ. X511

中国国家版本馆 CIP 数据核字第 202447458F 号

东北财经大学出版社出版发行

大连市黑石礁尖山街 217 号　邮政编码　116025

网　　址：http://www.dufep.cn

读者信箱：dufep@dufe.edu.cn

大连图腾彩色印刷有限公司印刷

幅面尺寸：185mm×260mm　字数：285千字　印张：19.75

2025 年 1 月第 1 版　2025 年 1 月第 1 次印刷

责任编辑：刘东威　　责任校对：赵　楠

封面设计：张智波　　版式设计：原　皓

定价：62.00元

碳排放权交易省部共建协同创新中心教材建
设专项课题(2022 年)资助

前　言

　　随着气候变化所引发的灾害问题日益严重，现阶段气候变化问题已受到人们的广泛关注，世界各国纷纷制定相关政策并采取措施以减少气候变化所带来的危害，保护环境已成为人类可持续发展的重要举措。党的二十大报告提出："全面建成社会主义现代化强国，总的战略安排是分两步走：从二〇二〇年到二〇三五年基本实现社会主义现代化；从二〇三五年到本世纪中叶把中国建成富强民主文明和谐美丽的社会主义现代化强国。"其中便涵盖了对环境美好、人民怡然乐居的向往，且党的二十大指出，中国式现代化是人与自然和谐共生的现代化。习近平总书记指出，尊重自然、顺应自然、保护自然，是全面建设社会主义现代化国家的内在要求。由此可见，保护环境，与自然和谐共存，建设美好家园已成为我国重要发展趋势之一。

　　减少引起气候变化的主要温室气体二氧化碳（当量）排放量已成为全球共识。而减少二氧化碳排放的方式无非两种：一种是通过相关政策机制从源头上约束二氧化碳气体的排放，从而减少大气中二氧化碳的含量；另一种便是通过各种行动实践吸收大气中的二氧化碳，由此便产生两个相关名词，即碳源与碳汇。在碳汇方面，我国自2011年起推进建立碳排放权交易地方试点，直至建立全国碳排放权交易市场，同时建立中国核证自愿减排量（China certified emission reduction，简称CCER）机制，实行双轨道运行，以提高减排效能。其中，CCER经历了从启动到暂停再到重新启动的过程。重启后的CCER，从碳减排来看，是促进温室气体减排的激励机制。从碳市场来看，该交易机制弥补了碳排放权交易市场覆盖行业有限等不足，丰富了市场化激励方式。从消纳端看，为被纳入全国碳排放权交易市场的企业低成本实现碳排放配额清缴履约提供了新选项，为企业、大型活动、个人等通过部分碳抵消实现高质量碳中和创造了条件。从国际看，有利于提升我国在国际碳定价机制中的影响力。因此，CCER的重启是大势所趋，且现阶段工作部署已经相对完善成熟，其中各缔约方对《巴黎协定》中相关条款已达成一致。例如，协定第6条被视为实现《联合国气候变化框架公约》目标的重大进步，保证了在抵消减排责任的同时实现全球整体减排，而其中的第2款和第4款继承并发展了《京都议定书》的国际碳交易机制——清洁发展机制（clean development mechanism, CDM），奠定了各国在《巴黎协定》下基于碳交易促进全球减排合作的基本政策框架，并为碳交易的全球协同提供了新的制度安排。但对于碳汇方面的探索依旧存在很大的进步空间，因此，本书着重阐述了碳汇相关理论基础、计量及评估方法、相关管理政策，并插入大量案例，以便读者更好地了解和跟踪目前国内外碳汇的发展现状。重点阐述内容如下：

第一，当前气候变化已成为事实，而人类要做的便是采取行动减缓这项事实对人类自身造成的危害。对碳汇、碳源等相关概念进行介绍便于读者更好地理解一些专业名词，为减少二氧化碳在大气中的含量，增加碳汇，吸收现有的二氧化碳存量已成为现阶段各国避免由气候变化引发更严重灾害的实际措施。

第二，理论是在实践中不断验证才可成为真理。有关碳汇的理论，本书从地球科学理论、生态学理论、经济学理论以及项目管理理论与项目评价理论等几个理论角度进行总结陈述。从太古时代地球生物演进到近代人类文明，从生态系统的起源到保护环境战略共识，从工学研究到气候经济学成为独立学科，进而延伸出各种有关气候变化的经济学理论，再上升为对碳汇的管理与评价，本书以较为缜密的逻辑思路引导读者循序渐进地理解现阶段有关碳汇的各种知识与理论。

第三，本书追踪"碳汇"这一专业名词的形成以及生态系统既有的原理，并对各种碳汇评估方法分别进行解释。碳汇存在于生态系统中，碳汇的主要形成来源被称作碳库，各类碳库内存在着自身的循环系统以吸收二氧化碳。根据生物学家的研究，植物进行光合作用会吸收一定量的二氧化碳，因此，林草、农田、湿地、海洋等植物生态系统将是吸收二氧化碳的主力。但对于不同的区域，碳汇的定义、特征、分类方式、价值以及评估评价方法也存在一定的区别。因此，本书按照由定性到定量的逻辑思路对相关知识进行更为细致的整理。

第四，国内外对有关碳汇项目制定的政策以及执行的管理手段也各有不同。本书按照不同项目类型对碳汇项目的管理概况进行总结，在每一类碳汇项目下分别按照国内碳汇政策、国外碳汇政策、国外碳汇市场开发交易以及中国碳汇市场开发交易进行了梳理，列举不同分类下碳汇交易案例，并梳理碳汇开发历史及实践经验。

第五，本书以《巴黎协定》的碳汇规则及前景展望作为结尾。详细阐述《巴黎协定》构建可持续发展机制的内容，对后《巴黎协定》时代碳汇案例进行解读并总结中国碳汇未来将要面临的挑战。

本书是低碳经济学系列教材编写专项——"碳汇理论与案例"（项目课题编号为22CICETS-JC035，课题负责人为王丹教授）的研究成果。在研究和教材编撰过程中，不少高校教师、研究机构学者以及相关企事业单位实务人员积极参与该项工作，他们是：湖北经济学院王亚运老师、中国长江三峡集团有限公司流域枢纽运行管理中心范向军高级工程师、蔡东杰研究员，中国长江三峡集团长江经济带生态环境国家工程研究中心杨霞研究员，贵州财经大学张东丽老师，湖南农业大学谢晋老师，湖北省华中农业高新投资有限公司张洪玮研究员，浙江省湖州市南浔区人力资源和社会保障局杨海超研究员，上海农村商业银行谢枝芬研究员，上海工程技术大学研究生鄂喜月同学、田晓涵同学等；同时，上海工程技术大学管理学院及湖北经济学院低碳经济学院的领导以及有关老师也给予了热情支持，在此，向他们一并表达诚挚的谢意！

编者虽已按既定目标取得了一定的探索性成果，但还有许多理论和实践问题需要深入研究。编者将以此为起点，不断探索、拓展并深化相关研究。本书在撰写过程中引用和参考了大量国内外文献资料，在此向相关专家与作者致以诚挚的感谢。受作者水平和时间限制，书中疏漏和不当之处在所难免，敬请各位专家及读者批评指正。

本书配有教学用电子课件和课后习题答案，请登录www.dufep.cn下载使用。

编　者

2024年9月

目　录

第1章 绪论

1.1 问题的提出

气候变化是全人类面临的共同挑战，事关人类可持续发展。联合国秘书长古特雷斯指出，气候变化是当今时代的"根本性问题"。截至2020年，各国已对积极应对气候变化基本达成共识，占世界经济70%和全球二氧化碳排放65%的国家已承诺实现净零排放。为了应对全球气候治理，国际上先后发布了一系列文件，从1992年的《联合国气候变化框架公约》，到1997年的《京都议定书》，再到2015年的《巴黎协定》，国际社会在气候变化议题和温室气体减排方面付出的努力已超过30年。《巴黎协定》为削减温室气体的排放设定了"宏伟目标"，确立了2020年以后以国家自主贡献为主体的国际应对气候变化机制安排，重申了《联合国气候变化框架公约》的共同但有区别的责任原则。

造成全球气候变化的主要原因是人类活动导致的温室气体排放异常增加以及碳吸收能力的下降。从工业革命开始，人类大规模的工业活动迫使地球上碳的存在方式发生改变，大规模的工业化让以化石形式存在的碳转移到大气中而成为温室气体，快速的城市化又迫使植被减少，吸收碳的能力下降，从而导致大气中温室气体的浓度过高，进而使全球气候异常，最终引发一系列气候变化异常现象。

在此背景下，要控制及减少大气中温室气体的存量，主要有两种途径：一是减少碳排放，如工业减排；二是吸收现有的二氧化碳存量，如植树造林，即增加碳汇。碳汇是植物通过光合作用吸收大气中的二氧化碳和土壤中的水，把二氧化碳固定在植物体中，并转变为土壤中碳的过程和机制。碳汇的功能在于把太阳能转变为地球的有效能量，以维持包括人类在内的一切生命和生态系统的生存和进化。因此，碳汇是地球所有生物存在的基础和前提。

1.1.1　气候变化的科学事实

1）气候变化的科学事实

（1）全球气候变化概况

自1860年，即最早拥有仪器观测资料以来，全球地表气温增加了0.4℃~0.8℃。20世纪大部分的升温发生在两个时段——1910—1945年及1976年以后。20世纪90年代是过去100多年中最暖的10年，而1998年是最暖年。分析还表明，北半球在过去的1 000年中，20世纪可能是升温最明显的一个世纪。自1950年以来，全球陆表夜间的日平均最低温度的升高率是白天日平均最高温度升高率的2倍，中高纬地区的生长期呈延长趋势，雪盖面积则缩小，非极地区的山地冰川广泛消退。在最近几十年，北极夏末至秋初的海冰厚度减少了约40%。100多年来全球海平面平均上升了0.1m~0.2m。

自工业革命以来，大气中二氧化碳（CO_2）浓度增加了30%以上，到2003年达到370ppm（parts per million，百万分比）以上。在过去的42万年间，大气中CO_2浓度从未有这么高。大气中CO_2浓度增加的2/3是由矿物燃料造成的，其他则由土地利用变化尤其是森林砍伐以及水泥生产等造成的。过去的20年间，大气中二氧化碳浓度更是明显增加，而且目前仍保持增长趋势。大气中甲烷与一氧化二氮（N_2O）的浓度分别增加了151%和17%。自1750年以来，由于温室气体含量的增加，使近200年的辐射强迫（radiative forcing）增加了2.43W/m。

根据卫星遥感资料分析，自20世纪60年代以来，雪盖面积大约减少10%，而地面观测资料的统计分析显示，在20世纪北半球中高纬度地区河湖每年结冰期很可能减少约14天；自50年代以来，北半球海冰面积减少10%~15%。自1900年以来，海平面上升了10cm~20cm。同样，由于全球气候变化引起降水的一系列变化：20世纪北半球大陆大部分中高纬度地区降水每10年很可能增加了0.5%~1.0%；热带陆地地区（北纬10°~南纬10°）降水每10年可能增加0.2%~0.3%；20世纪北半球大部分亚热带地区（北纬 10°~30°）的降水可能已经减少，数值为每 10 年约减少 0.3%。

近几年，温室气体浓度不断上升，热量不断累积。据估计，2022 年全球平均气温比工业化前（1850—1900 年）的平均气温高出了约 1.15℃。7 月 18 日，英国气象局发布了历史上第一个异常高温红色警告，部分地区气温首次突破 40℃；西班牙中部、东北部和南部多地在 6 月中下旬已出现突破 40℃ 的极端高温天气，部分地区的最高温度一度达到 45.7℃；6 月 28 日，法国南部地区最高气温飙升到 45.9℃，创下法国纪录。据统计，2010—2019 年，天气相关事件平均每年造成 2 310 万人流离失所。2020 年上半年，因受水文气象灾害的影响，大约 980 万人流离失所，并且主要集中在南亚、东南亚以及非洲之角地区。

（2）中国气候变化现况

中国的气候变化与全球变化有相当的一致性，但也存在明显差别。在 50~100 年内，中国地表气温呈明显增暖趋势，但 20 世纪 30—40 年代的暖期似乎比全球平均时间明显长得多。中国温度变化的季节和地区特征同北半球基本一致。

我国是全球气候变化的敏感区和受影响显著区。100 多年来中国年平均气温升高值比全球升高平均值略高，1991—2000 年全国平均气温比 1951—1960 年升高了 0.68℃。20 世纪我国气温变化的总趋势是不断变暖，可分为四个阶段：1903—1918 年为低温期，也是 20 世纪我国最冷的一段时期；1919—1953 年为高温期；1954—1986 年为低温期；1987 年以来为高温期，尤其 20 世纪 90 年代是 20 世纪我国的最暖期。1951—2000 年间，1956 年最冷，平均气温为 11.67℃；1998 年最暖，平均气温为 13.70℃，两年相差 2.03℃。1985—1999 年间，15 年内我国平均气温上升了 0.85℃，主要是秋季和冬季变暖明显，春季和夏季气温无明显变化。1951—2020 年间，中国地表年平均气温呈显著上升趋势，升温速率为 0.26℃/10 年。20 世纪最后 20 年是整个 20 世纪最暖时期。到目前，自 1901 年以来的 10 个最暖年份中，除 1998 年，其余 9 个均出现在 21 世纪。

最近 70 年来，中国平均的炎热天数没有出现显著趋势性变化，而年降水量变化总趋势是逐渐减少的；降水变化时间区域间差异明显。20世纪80—90年代中国平均年降水量以偏多为主，21世纪最初10年总体偏少，2012年以来降水持续偏多。1961—2020年，长江中下游流域夏季降水量和暴雨天数明显增多，华北和东北的主要农业区干旱面积呈扩大趋势；但青藏高原中北部、新疆北部和西部降水增加趋势尤为显著；而东北地区南部、华北地区东南部、黄淮大部、西南地区东部和南部、西北地区东南部年降水量呈减少趋势。

从全国平均来看，暴雨或强降水天数以及干旱面积略有增多，但变化趋势并不显著；登陆中国的台风以及由台风造成的降雨量呈减少趋势；中国北方沙尘天气（包括沙尘暴事件）出现频率总体上呈下降趋势。

中国青藏高原北部近100年特别是近20年的降水可能是历史上（近1 000年）最多的，干旱强度和频率可能是历史上最低的；中国东部地区历史上也出现过多次比近现代持续时间长、强度大的干旱和洪涝事件；青藏高原北部地区近100年的变暖也可能是过去1 000年里所没有的，但仍存在着不确定性。此外，青藏高原多年冻土退化明显。1981—2020年，青藏公路沿线多年冻土区活动层厚度呈显著增加的趋势，平均每10年增厚19.4厘米；2020年，平均活动层厚度为有观测记录以来的第四高值；2004—2020年，活动层底部温度呈显著上升的趋势，多年冻土退化明显。

2）气候变化的严重后果

全球气候变暖已成为当今国际社会最为关注的全球性大气环境问题。在过去的100年里，全球平均气温上升了0.6℃~0.9℃。20世纪90年代是1 000年来最暖的10年。现在全球变暖呈加速趋势，预计在21世纪里，每隔10年地球将升温0.2℃~0.3℃。到2100年，全球平均气温将升高1.5℃~5.8℃。全球气候变暖将对自然环境和社会环境产生重大影响，从而导致一系列的严重后果，人类的生存将面临严峻的考验。

（1）对自然生态环境的影响

全球气候异常将导致干旱地区的旱灾情况更为严重，这容易诱发更多的森林和地区性火灾。澳大利亚官方宣布，自2019年7月澳大利亚进入林火季以来，高温天气和干旱是林火肆虐的主要原因。截至 2020 年 7 月 28 日，澳大利亚丛林大火或已致 30 亿只动物死亡。近几年，相关报道屡见于媒体。2021 年，来自北非的强劲热风助长了热浪，导致整个地中海地区野火肆虐，包括意大利、希腊、西班牙和土耳其。南欧、欧亚大陆、美国部分地区近年来都遭受了毁灭性野火的围困。大范围森林野火的蔓延加剧了温室气体的排放以及"温室效应"。

环北极地区，如加拿大、阿拉斯加和西伯利亚的一些永久冻土会因气温上升慢慢融化，当地的生态系统可能遭到破坏，土壤中的细菌活性提高将导致该地区由碳元素的存储地变为碳元素的释放源。

全球山地冰川整体处于消融退缩状态，1985 年以来山地冰川消融加速。2020年，全球参照冰川总体处于物质高亏损状态，平均物质损失量为 982 毫米水当量。中国天山乌鲁木齐河源 1 号冰川、阿尔泰山区木斯岛冰川和长江源区小冬克玛底冰川均呈加速消融趋势，2020 年冰川物质损失量分别为 712、666 和 264mm 水当量，物质损失强度均低于全球参照冰川平均水平。2020 年，乌鲁木齐河源 1 号冰川东、西支末端分别退缩了 7.8m 和 6.7m，木斯岛冰川末端退缩了 9.9 m，大、小冬克玛底冰川末端分别退缩了 10.1m 和 15.7m。冰川的消融不仅直接造成了山体滑坡、山洪暴发以及冰川湖的外溢，同时也增加了河流年度内流量的起伏变化。由于中国最重要的两条河流——长江和黄河均发源于青藏高原冰川，冰川的迅速缩减将改变地表径流状况，从而影响中下游的水力发电、航行、灌溉等生产活动。由于降雪覆盖在冰川上可以保护冰不会融化为水，在高降水的年份冰川可以留住这些水；而在温暖或干燥的年份，冰川则会融化释放出多余的水来弥补降水的不足，因此冰川是江河水量的天然调节者。冰川融化加快使得夏季冰川变小，从而对径流的调节作用有所减弱，并可能导致中下游地区更频繁的水涝和旱灾。

海洋变暖加速，全球平均海平面加速上升。在过去的 50 年里，全球变暖带来的 90% 以上的热量被储存于海洋中。最近的研究发现，1971—2010 年，表层海水变暖占总变暖热储能的 63% 以上。1958—2020 年，全球海洋热含量（上层 2 000米）呈显著增加趋势，且海洋变暖在 20 世纪 90 年代后显著加速。1990—2020 年，全球海洋热含量增加速率为 $9.6×10^{22}$J/10 年，是 1958—1989 年增暖速率的 5.6 倍。2020 年，全球海洋热含量为有现代海洋观测以来的最高值；2011—2020 年是有现代海洋观测以来海洋最暖的 10 个年份。全球海平面的上升速率，从 1901—1990 年的 1.4mm/年，增加至 1993—2020 年的 3.3mm/年；2020 年为有卫星观测记录以来的最高值。海洋变暖对海洋生物造成损害的一个后果是水中溶解氧量的下降。氧的溶解度随着水温的升高而降低，溶解氧的多与少会对生活在海洋中的许多生物的存活产生巨大影响。另一个危害是珊瑚的生态多样化受到严重威胁，并对整个海洋的物种多样性产生深远影响。

就中国而言，最近 50 年来，中国极端天气频率和强度出现了明显变化。华北、东北地区干旱趋重，长江中下游和东南地区洪涝加重，出现南涝北旱的降水分布格局，干旱和洪水灾害频繁发生。中国未来的气候异常趋势将进一步加剧。中国科学家的预测结果表明：与 2000 年相比，2020 年中国年平均气温将升高 1.3℃~2.1℃，2050 年将升高 2.3℃~3.3℃。全国温度升高的幅度由南向北递增，西北、西南、东北地区温度上升明显。预测到 2030 年，西北地区气温可能上升 1.9℃~2.3℃，西南地区可能上升 1.6℃~2.0℃，青藏高原可能上升 2.2℃~2.6℃。当气候变得更温暖时，蒸发量将会增加。这可能导致低纬度地区更多的降水以及土壤侵蚀；而中高纬度地区炎热干旱天气的增多可能会加剧沙漠化；冰川、冻土面积与积雪量将加速减少。

综上，我们可以知道，气候变化将对人类的生活条件、生产活动产生重大影响。首先，气候变化严重威胁着人民的生命财产安全；其次，对受灾地区农作物产量产生负面影响，农业生产的不稳定性增加；随之也将引起农业生产格局、作物生长条件、品种以及种植制度发生相应变化，国家的粮食产业结构就要作出调整；草原承载力和载畜量的分布格局也会发生较大变化。而受洪涝灾害和干旱影响的地区，也会遭受缺水的压力，并进一步加剧水资源的供需矛盾。

（2）对沿海和低地的影响

海平面上升是海水热膨胀和冰川融化引起的现象。一方面，气温上升的同时，海水温度也随之增高，海水因膨胀而导致海平面上升；另一方面，极地迅速增温会造成部分极冰融化引起海平面上升。观测表明，近百年来全球海平面共上升了约18cm。科学家预测，21世纪海平面上升速度比20世纪快4倍。到21世纪末，海平面上升将比1990年高出13cm~110cm。

如果南北两极完全"熔融"，人们对最终海平面上升的情况有几种估算。如果按照保守方法估算，其海平面将比今天高出6m~7m。随着海平面的进一步上升，一些岛屿和海拔较低的沿海地区将被淹没。比如，过去10年内海水已侵蚀了南太平洋岛国——图瓦卢1%的土地，50年内图瓦卢的9个环形珊瑚岛将全部没入海中，1.1万名居民面临丧失土地之灾。2003年图瓦卢宣布将放弃自己的家园，举国移民到新西兰。图瓦卢将由此成为全球第一个因海平面上升而全民迁移的国家。此外，基里巴斯、库克群岛、瑙鲁和萨摩亚等低地岛国和地区也面临威胁。低地国家——荷兰也因此处境不妙，荷兰的1/5国土是由围海造陆得到的，随着海平面的不断上升，有可能被海水淹没，几百年取得的成果将付诸东流。另外，美国佛罗里达州的3/4将没入水中；印度洋上的马尔代夫群岛将从地图上消失。

最近50年来，中国沿海海平面平均上升速率为2.5mm/年，略高于全球平均水平。海平面上升将造成海岸被侵蚀和海水入侵，生态脆弱的人口稠密及低洼地区更面临着热带风暴、局部海岸带沉降及洪涝灾害的威胁，黄河三角洲、长江三角洲和珠江三角洲是最脆弱的地区。红树林和珊瑚礁等生态系统遭到破坏。由于中国沿海为经济最发达和人口最稠密的地区，而上海、天津、深圳、大连、青岛、广州等沿海城市将更容易受到海平面上升的影响，对经济和社会的影响巨大。

（3）对生物多样性的影响

气候变化将严重影响地球生态系统，影响陆地和海洋动植物的生存，从而改变整个生物链的结构。在受到气候变化的影响后，生物一般有3种可能的反应：变化、迁移、灭绝。例如，随着全球变暖，植物和动物向两极或更高海拔蔓延和迁移，也有些物种表现出提前开花等变化，甚至还有一些物种发生了快速进化以适应环境变化。除了前两种反应，一个地区的生物灭绝也不在少数。气候变化增加了极端气候的频率和强度，洪水、热浪、干旱和火灾的增加也深刻影响了生物多样性。

有研究发现，如果全球大气温度超过工业化前水平的1.5℃，植物、动物和昆虫等的地理分布范围将下降50%，物种灭绝会明显加速。除了直接影响，气候变化还可能通过物种相互作用影响生物多样性水平。例如，当一些关键物种因为气候变化而灭绝，依赖此物种的生物也必然会受到影响，包括捕食者、寄生虫以及对植物繁殖至关重要的物种等，如传粉昆虫。此外，气候变化可能影响特定物种的竞争者、捕食者或病原体，从而影响生物多样性。另外，气候变化还可能导致相互依存的物种由于对环境变化响应的不同步，从而出现物候的不匹配。

联合国政府间气候变化专门委员会（Intergovernmental Panel on Climate Change，IPCC）最新报告指出，2011—2020年是有史以来最热的10年，全球平均气温比工业化前升高1.09℃，而全球变暖已经导致了14%的生物多样性丧失。同时，地球正处于第6次物种大灭绝时期，全球约有百万个物种濒临灭绝，生物多样性丧失严重破坏了生态系统的结构和服务功能，又进一步加剧了气候变化。但由于地球圈层间的强大连通性，双重危机通过级联作用不断加深对人类生存与发展的威胁，严重危及了粮食、饮水、经济和生态安全，加剧了全球疫情蔓延、地缘政治紧张和社会冲突。

（4）对人类健康的影响

气候作为人类赖以生存的自然环境的一个重要组成部分，以不同的方式和程度对人类健康产生影响。世界卫生组织指出，每年仅因气候变暖而死亡的人数就超过10万人，如果这一情况不能得到改善，到2030年，全世界每年将有30万人死于气候变暖。

全球气候变暖使传染性疾病的流行范围扩大，具体表现为：首先，气候变暖将引起昆虫传播媒介的地理分布网扩大，从而增加了全球许多区域性昆虫传播疾病的潜在危险。其次，动物活动区域变迁或者水质恶化进而引发一些疾病的传播。此外，全球变暖将加重空气污染，导致空气质量下降，哮喘病等呼吸系统疾病加重。全球变暖还致使紫外线辐射增强并由此会引发一些疾病，如强烈阳光下的急性暴露引起红斑和雪盲，长期暴露则与皮肤癌和白内障有关。气候变化通过炎热天气和空气污染等途径，降低个体正常行为或社交模式的幸福感，极端高温还与人际冲突和群体间的攻击以及暴力犯罪的增加有关。

（5）对国家安全的影响

由于发达国家在国际政治舞台、经济机构及国际组织中占据着重要地位，现阶段环境治理的资金技术优势仍然掌握在发达国家手中，在国际规则及敏感话题的国际合作上，更多维护和反映的是发达国家的利益，故发展中国家在推动环境保护、气候变化治理时，往往受制于发达国家提出的政治条件，其生存排放和发展排放也受到限制，这自然会危及国家主权。

气候变化影响环境安全，环境安全作为国家安全的一个重要组成部分，涉及外交决策、国家整体发展战略、经济的持续发展、人们生存环境以及生活质量。气候变化所产生的一系列"辐射"效应（如引起海平面上升，沿海低地被淹没，粮食、水和能源供应危机等）都将可能因矿产资源、水资源、能源等引发国家间、地区间大规模的冲突和战争。基于这一点，气候变化将是影响国家安全的重要因素。

3）气候变化的成因

（1）IPCC的结论

目前，关于气候变化原因的学说及其分支估计有上百个，海（Hay）等人将这些假说归类为11种。结合IPCC的总结，大致可以归纳出全球气候变化的16种原因，它们包括：太阳辐射的变化；宇宙沙尘浓度的变化；地球轨道的变化；大陆漂移；山地隆升对大气环流和环境的影响；洋流的改变；海冰的变化；大气温室气体的变化；大气气溶胶浓度的变化；极地同温层云量的变化；极地植被的变化；同大陆沙尘气溶胶相联系的"铁假说"；大陆C_3植物向C_4植物的转化；天体撞击；火山爆发；地核环流作用等。上述归类原因说明了气候变化的复杂性。然而，以上大部分原因都不会在短时间内发挥作用。由于当前数据集和资料分析能力的提高，资料覆盖地理区域扩大和新观测方法的应用，加深了对气候系统变化的认识，专家和学者指出气候的变暖是毋庸置疑的，而人类活动很可能是最近50年全球气候变暖的主要原因。

IPCC在1990年观测到的增温可能主要归因于自然变率，也可能和人类活动相关或是二者叠加。1996年则指出，有可以检测出的证据说明人类活动对气候有影响。2001年IPCC提出，新的、更有力的证据表明，最近50年观测到的全球大部分变暖可能归因于人类活动（信度为66%）。2007年的AR4（Fourth Assessment Report，IPCC的第四次评估报告）则指出，人类活动"很可能"是导致过去50年气候变暖的主要原因（信度为90%）。

（2）碳循环的机理

碳循环是指碳素在地球的各个圈层（大气圈、水圈、生物圈、土壤圈、岩石圈）之间迁移转化和循环周转的过程。在漫长的地球历史进程中，碳循环最初只是在大气圈、水圈和岩石圈中进行，随着生物的出现，地球表面形成生物圈和土壤圈，碳循环便在五个圈层中进行，碳素的循环流动就从简单的地球化学循环进入到复杂的生物地球化学循环，而生物圈和土壤圈在碳循环过程中扮演着越来越重要的角色。

在没有人类干扰的时候，碳通过光合作用被转化成其他形式，或者说通过光合作用被固定。光合作用把二氧化碳转变成有机物。植物自身有呼吸作用，把一部分有机物转变成二氧化碳释放到大气中，动物吃了植物，也会把部分有机物通过自身的呼吸作用转变成二氧化碳释放到大气中。一部分植物的有机物进入土壤，土壤里面的有机物，在有氧条件下会缓慢氧化，最终也以二氧化碳形式释放到大气中，或者在厌氧条件下，形成甲烷进入大气。总的来说，植物的作用基本上是从大气中吸收二氧化碳，这些碳会被植物保存几十甚至几百年。

二氧化碳还可以部分溶解在水里面，溶解在海洋表面的这些可溶性无机碳，也会因为直接与大气接触，而在一定条件下把溶解的二氧化碳释放出来。在不同温度和压力作用下，二氧化碳在水里面的溶解度是不同的，世界各地海平面的气压变化相对不算大，但是温度变化可是不小，而二氧化碳在水里面的溶解度，随着温度的升高会下降。新溶解在海水里面的二氧化碳基本上都在海水表层，它们可能重新进入大气，也可能进入深层的海水。海水表层还有丰富的浮游生物，这些水生动植物可以把海水表层的二氧化碳通过光合作用转变成有机质，这个过程被称作二氧化碳的生物泵。这些有机质可以形成可溶性的有机碳，或者随着生命体的死亡，沉到深层的海水中。由于各种各样的反应的存在，最终这些有机碳也会变成无机碳，也会有一小部分沉积在大洋底部。

生物泵和溶解泵一起构成了海水的碳循环。从全球范围来考虑，影响这个碳循环的因素非常多，比如洋流情况，海水表面温度情况、盐度、各个层的分布。当然，还不能忽视冰盖的影响，海水中溶解的营养物质的数量，也会直接影响生物泵的运行情况，即不同地区的浮游生物的种类等也对这个碳循环的复杂性有所贡献。

人类在制造二氧化碳这一事实毋庸置疑。进入工业时代之后，大量化石能源的使用，人类将几千万年前甚至几亿年前地球存储下来的煤炭从地底挖出、烧掉，这些化石燃料的最主要排放形式，就是进入大气。工业时代的人类建造各种建筑、设施所使用的水泥，也需要煅烧大量的石灰石，在此过程中向大气排放大量的二氧化碳。同时，人类对于森林的破坏也日益严重，这样，人们又把几十、几百年来大自然所沉积的二氧化碳以很快的速度释放了出来，因此导致人为二氧化碳的排放超过植被的碳吸收。

（3）人类活动对碳循环的影响

人类主要通过以下两个方面的活动影响碳循环：一方面，人类通过燃烧化石燃料和进行农业、工业活动排放 CO_2、甲烷（CH_4）、一氧化二氮、六氟化硫（SF_6）等温室气体，随着温室气体浓度的增加而引发温室效应，温室效应的增强导致气候异常；另一方面，土地利用变化导致的温室气体源/汇转变和地表反照率变化进一步影响碳循环，这包括森林砍伐、城市化、植被被改变和遭破坏等。其中 CO_2 主要源自化石燃料的使用（56.6%）以及毁林、生物腐殖质和泥炭（19.4%）；CH_4 则源自农业、废弃物和能源（14.3%）；N_2O 源自农业生产以及其他方面（7.9%）；另有一些氟类气体（如 SF_6 气体），由于氟化物与 OH（氢氧根）活性炭几乎无反应，所以是一种稳定且温室效应极强的气体，排放仅限于生产生活的某些特定领域

（1.1%）。人类社会活动是影响碳循环的主要原因，自19世纪工业革命以来，快速的城市化使得原本的土地利用/土地覆盖发生变化，这些变化改变了全球地表反照率和生物地球化学循环过程，进而改变大气的成分和地表能量交换过程，最终对全球气候产生广泛而深刻的影响，包括人口激增导致城市化，森林面积锐减和植被遭破坏等。人类影响地球气候并非始自几十年前或几个世纪前工业革命兴起的时候，而是早在八千年前伴随着农业的诞生就开始了。威廉·拉迪曼认为，欧洲、印度和中国的早期农民砍伐森林是造成 CO_2 排放增加的原因，与此同时，种植稻谷和驯养牲畜产生了大量的 CH_4，也在一定程度上增加了温室气体。

在温室气体排放增加的同时，全球气温也在继续上升。这也让人们看到了许多气候和环境变化的结果，如积雪覆盖层和北冰洋终年冰层变薄、海洋表层温度上升、河流封冻期缩短、高山冰川减退、暴雨频频发生、海平面上升以及从地球射向外层空间的长波辐射减少等。

1.1.2　应对气候变化的国际行动

气候变化关系到人类生存与各国发展，关乎我们共同的未来。毫无疑问，全球问题唯有通过国际合作才能获得有效应对。然而，气候变化议题经过了漫长的时间才得到各界的关注。1903年诺贝尔化学奖获得者瑞典物理化学家斯万特·奥古斯特·阿累尼乌斯（Svante August Arrhenius）在1896年将人为气候变化列入学术议程，直到1988年气候变化才被列入政治议程。1896年，斯万特警告说，二氧化碳排放量可能会导致全球变暖。然而，直到20世纪70年代，随着科学家们逐渐深入了解地球大气系统，气候变化才引起了大众的广泛关注。而后，全球各国为了应对全球治理采取了一系列具体行动。

1）全球气候治理的具体行动

根据政府间气候变化专门委员会2018年的评估，与工业化前水平相比，将全球温升控制在1.5℃将为人类和自然生态系统带来真正的好处。由此各国行动都基本按照此目标制定政策，并在1992年签署了《联合国气候变化框架公约》。

　　《联合国气候变化框架公约》于1994年3月21日正式生效，由此奠定了应对气候变化国际合作的法律基础，从1995年起，每年召开《联合国气候变化框架公约》缔约方大会（UNFCCC Conference of the Parties），又简称COP大会。截至2021年，已经连续举办了26届大会，评估全球应对气候变化的进展。

　　1992年以来，国际社会围绕细化和执行该公约开展了持续谈判，大体可以分为1995—2005年、2007—2010年、2011—2015年、2015年以后4个阶段，签署了《京都议定书》《坎昆协议》《巴黎协定》等。

　　（1）1995—2005年：《京都议定书》谈判、签署、生效阶段

　　《京都议定书》是《联合国气候变化框架公约》通过后的第一个阶段性执行协议。由于《联合国气候变化框架公约》只是约定了全球合作行动的总体目标和原则，并未设定全球和各国不同阶段的具体行动目标，因此1995年缔约方大会授权开展《京都议定书》的谈判，明确阶段性的全球减排目标以及各国承担的任务和国际合作模式。

　　1997年12月，《京都议定书》在日本京都通过，共有84国签署，于2005年开始生效，到2009年2月一共有183个国家通过了该条约。首次明确了2008—2012年《联合国气候变化框架公约》下各方承担的阶段性减排任务和目标。

　　《京都议定书》将国家区分为发达国家和经济转轨国家，由此产生发达国家、发展中国家和经济转轨国家三大阵营。

　　除此之外，在此阶段，一直以整体出现的发展中国家分化为3个集团：

　　①环境脆弱、易受气候变化影响，自身排放很少的小岛屿国家联盟（Alliance of Small Island States，AOSIS），它们自愿承担减排目标；

　　②期待清洁发展机制（CDM）的国家，期望以此获取外汇收入，如墨西哥、巴西和最不发达的非洲国家；

　　③中国和印度，坚持目前不承诺减排义务。

　　（2）2007—2010年：确立2013—2020年国际气候制度

　　2007年在印度尼西亚巴厘岛举行的联合国气候变化大会上通过了"巴厘岛路线图"，

开启了后《京都议定书》时代各国气候制度谈判进程，覆盖执行期为2013—2020年。

根据"巴厘岛路线图"授权，缔约方大会应在2009年结束谈判，但当年大会未能全体通过《哥本哈根协议》，而是次年即2010年在坎昆举行的联合国气候变化大会上，将《哥本哈根协议》主要共识写入2010年大会通过的《坎昆协议》中。由于欧盟的东扩，从此经济转轨国家的界定也基本取消。其后两年，通过缔约方大会"决定"的形式，逐步明确各方减排责任和行动目标，从而确立了2012年后国际气候制度。

《哥本哈根协议》维护了《联合国气候变化框架公约》及《京都议定书》确立的"共同但有区别的责任"原则。《坎昆协议》基本确立了2013—2020年应对气候变化国际合作的大框架。

（3）2011—2015年：达成《巴黎协定》，基本确立2020年后国际气候制度

2011年在南非德班举行的联合国气候变化大会缔约方会议授权开启"德班行动平台"谈判进程，2012年通过《京都议定书》修正案，法律上确保了《京都议定书》第二承诺期在2013年实施，为期8年。

2015年会议通过了《巴黎协定》，协定将为2020年后全球应对气候变化行动作出安排。《巴黎协定》指出，各方将加强对气候变化威胁的全球应对，把全球平均气温较工业化前水平升高控制在2℃之内，并为把温升控制在1.5℃之内而努力。全球将尽快实现温室气体排放达峰，21世纪下半叶实现温室气体净零排放。

（4）2015年以后：细化和落实《巴黎协定》的具体规则

2018年在波兰卡托维兹举行的联合国气候变化大会缔约方会议完成了《巴黎协定》实施细则的谈判，就关于自主贡献、减缓、适应、资金、技术、能力建设、透明度、全球盘点等内容涉及的机制、规则达成基本共识，并对落实《巴黎协定》、加大全球应对气候变化的行动力度作出进一步安排。

2021年，《巴黎协定》进入实施阶段以来的首次气候大会，达成了《格拉斯哥气候公约》，明确将进一步减少温室气体排放，以将平均气温上升控制在1.5℃以内，本书按时间顺序对全球气候治理事件进行汇总，如图1-1所示。

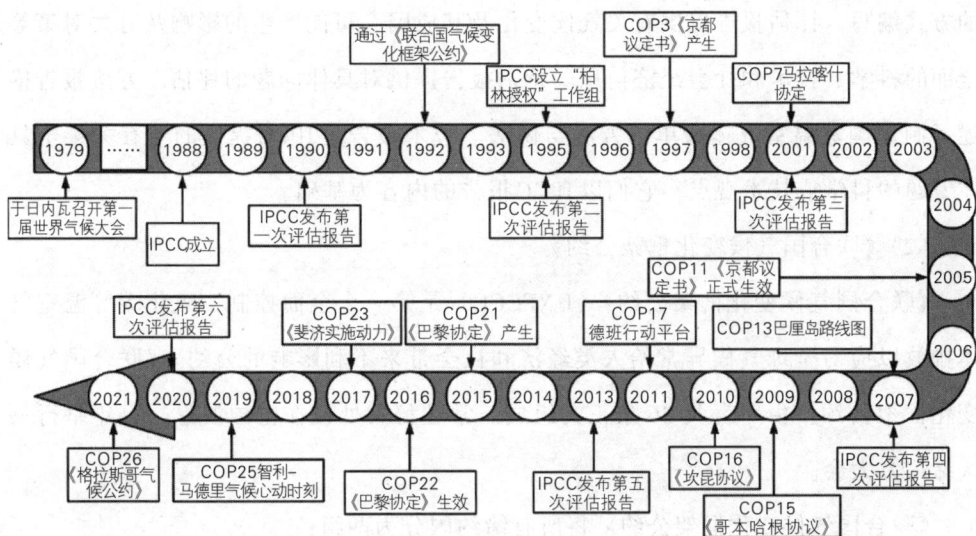

图1-1　全球气候治理事件顺序图

2）参与气候治理的主要国际机构组织

（1）联合国政府间气候变化专门委员会

联合国政府间气候变化专门委员会（IPCC）是世界气象组织（WMO）及联合国环境规划署（UNEP）于1988年联合建立的政府间机构。其主要任务是对气候变化科学知识的现状，气候变化对社会、经济的潜在影响以及如何适应和减缓气候变化的可能对策进行评估。IPCC由四个工作小组组成，且向联合国环境规划署和世界气象组织的所有成员国开放。在大约每年一次的委员会全会上，就它的结构、原则、程序和工作计划作出决定，并选举主席和主席团。全会使用六种联合国官方语言。每个工作组（专题组）设两名联合主席，分别来自发展中国家和发达国家，其下设一个技术支持小组。

IPCC的工作职责是检查每年出版的数以千计有关气候变化的论文，并每五年出版评估报告，总结气候变化的"现有知识"，其本身不做任何科学研究。

IPCC的主要成果是：评估报告、特别报告、方法报告和技术报告。每份评估报告都包括决策者摘要，摘要反映了对主题的最新认识，并以非专业人士易于理解的方式编写。评估报告提供有关气候变化及其成因、可能产生的影响及有关对策等全面的科学、技术和社会经济信息。特别报告提供对具体问题的评估。方法报告描述了制定国家温室气体清单的方法与做法。技术报告是 IPCC 提供的对有关某个具体专题的科学或技术观点，它们以 IPCC 报告的内容为基础。

（2）《联合国气候变化框架公约》

《联合国气候变化框架公约》（UNFCCC）是第一个全面控制二氧化碳等温室气体排放以应对全球气候异常给人类经济和社会带来不利影响的公约。《联合国气候变化框架公约》由序言及 26 条正文组成。常驻秘书处设在德国波恩，每年举行一次缔约方大会。

《联合国气候变化框架公约》将所有缔约国分为两组：

①附件Ⅰ发达国家和其他国家，主要是对气候变化负有最大历史责任的工业化国家，它们要承担降低全球温室气体排放的责任和义务。

②非附件Ⅰ发展中国家，它们有义务减少温室气体排放，但不承担减少全球温室气体排放的责任。

其核心内容包括确立应对气候变化的最终目标、确立国际合作应对气候变化的基本原则、明确发达国家应承担率先减排和向发展中国家提供资金技术支持的义务。《联合国气候变化框架公约》的最终目标是：将大气中温室气体的浓度稳定在防止气候系统受到危险的人为干扰的水平上。这一水平应当在足以使生态系统自然地适应气候变化、确保粮食生产免受威胁，并使经济发展可持续地进行的时间范围内实现。

《联合国气候变化框架公约》第三条确立了用于指导缔约方采取履约行动的五项基本原则：

①共同但有区别的责任原则：指出发达国家应率先采取行动应对气候变化及其不利影响。

②充分考虑发展中国家的具体需要和特殊情况原则。

③预防原则：各缔约国应采取预防措施，预测、防止或尽量减少引起气候变化

的原因，并缓解其不利影响的原则。

④促进可持续发展原则。

⑤开放经济体系原则。

根据《联合国气候变化框架公约》确立的发达国家和发展中国家"共同但有区别的责任"原则，附件I缔约国和非附件I缔约国，分别承担不同的责任。

《联合国气候变化框架公约》为所有缔约国规定的义务有六项：

①提供所有温室气体各种排放源和吸收汇的国家清单。

②制订、执行、公布国家计划，包括减缓气候变化以及适应气候变化的措施。

③促进减少或防止温室气体人为排放的技术的开发应用。

④增强温室气体的吸收汇：制订适应气候变化影响的计划。

⑤促进有关气候变化和应对气候变化的信息交流。

⑥促进与气候变化有关的教育、培训和提高公众意识等。

《联合国气候变化框架公约》为发达国家规定的义务有五项：

①带头依循《联合国气候变化框架公约》的目标，改变温室气体人为排放的趋势。制定国家政策并采取相应的措施，通过限制人为的温室气体排放以及保护和增强温室气体库和汇的功能，减缓气候变化。

②到2000年，个别地或共同地使CO_2等温室气体的人为排放恢复到1990年的水平，并定期就其采取的政策措施提供详细信息。

③附件Ⅱ所列发达国家应提供新的和额外的资金，支付发展中国家为提供国家信息通报所需的全部费用。

④附件Ⅱ所列发达国家应帮助特别易受气候变化不利影响的发展中国家缔约方支付适应这些不利影响的费用。

⑤附件Ⅱ所列发达国家应促进和资助向发展中国家转让无害环境的技术，应支持发展中国家的自身技术开发能力。

（3）《京都议定书》

《京都议定书》为各缔约方规定了有法律约束力的定量化减排和限排指标，解决了《联合国气候变化框架公约》缺乏可操作性的问题。这一协议被称为人类"为防止全球变暖迈出的第一步",也是历史上第一个为发达国家规定减少温室气体排放的法律文件。

《京都议定书》的生效条件是《联合国气候变化框架公约》55个缔约国批准,且其中的附件I缔约国1990年温室气体排放量之和占全部附件I缔约国1990年温室气体排放总量的55%以上。在俄罗斯的支持下,《京都议定书》达到了规定中第二个条件"总排放量的55%"的条件,并作为《联合国气候变化框架公约》的补充协议于2005年2月16日正式生效。

《京都议定书》的主要内容包括如下两个方面:

一是共同但有区别的责任:《京都议定书》根据"共同但有区别的责任"原则,把缔约方分为附件I国家(发达国家和其他国家)和非附件I国家(发展中国家)。议定书照顾到各国的具体情况,为每个附件I国家确定了"有差别的减排"指标,附件I国家在第一阶段(2008—2012年)各自履行一定的减(增)排承诺:与1990年排放水平相比,欧盟现有成员国承诺减排8%,美国减排7%,日本、加拿大减排6%,俄罗斯、乌克兰"零"减排,澳大利亚增排8%,爱尔兰、冰岛增排10%、挪威增排1%等。非附件I国家也应当承担相应的责任,一些发展中国家正处于人均排放和总排放量激增的阶段,尽管现阶段作出某种明确的量化承诺较为困难,但也要作出与各减排阶段相适应的努力。这是全球统一碳市场建立的重要条件。

二是提出三种"灵活机制":为帮助各缔约方实现它们的承诺,《京都议定书》制定了三种"灵活机制",即联合履行、排放贸易和清洁发展机制。根据这些"灵活机制",发达国家可在它们之间及发展中国家之间,通过一定项目,转让或购买排放许可,以最低成本,达到减排的目标。三种灵活机制分别是:

①国际排放权交易是附件I国家之间针对配额排放单位(AAU)的交易,各国可以将分配到的配额排放单位指标根据自身排放情况买入或卖出。

②联合履行机制主要是附件I国家之间的减排单位(ERU)交易,各国通过技

术改造和植树造林等项目实现的减排量，超出自己承担的减排限额的部分，可以进行交易。

③清洁发展机制与联合履行机制类似，只是交易双方换成了附件I国家和非附件I国家，附件I国家可以通过向非附件I国家进行项目投资或直接购买等方式，获得核证减排单位（CER）。

（4）"巴厘岛路线图"

"巴厘岛路线图"共有13项内容和1个附录，亮点如下：

①强调了国际合作。"巴厘岛路线图"在第一项的第一款指出，依照《联合国气候变化框架公约》原则，特别是"共同但有区别的责任"原则，考虑社会、经济条件以及其他相关因素，与会各方同意长期合作共同行动，行动包括一个关于减排温室气体的全球长期目标，以实现《联合国气候变化框架公约》的最终目标。

②把美国纳入进来。由于美国拒绝签署《京都议定书》，对其如何履行发达国家应尽义务一直存在疑问。"巴厘岛路线图"明确规定，由于《联合国气候变化框架公约》规定所有签约的发达国家都要履行可测量、可报告、可核实的温室气体减排责任，因此把美国纳入其中。

③除减缓气候变化问题外，还强调了另外三个在以前国际谈判中曾不同程度受到忽视的问题：适应气候变化问题、技术开发和转让问题以及资金问题。这三个问题是广大发展中国家在应对气候变化过程中极为关心的问题。"巴厘岛路线图"把减缓气候变化问题与这三个问题一并提出来，为落实《联合国气候变化框架公约》的执行指明了方向。

④为下一步落实《联合国气候变化框架公约》设定了时间表。"巴厘岛路线图"要求有关的特别工作组在2009年完成工作，并向《联合国气候变化框架公约》第15次缔约方会议递交工作报告，这与《京都议定书》第二承诺期的完成谈判时间一致，实现了"双轨"并进。

中国为"巴厘岛路线图"作出了自己的贡献。中国把环境保护作为一项基本国策，将科学发展观作为执政理念，根据《联合国气候变化框架公约》的规定，结合中国经济社会发展规划和可持续发展战略，制定并公布了《中国应对气候变化国家方案》，成立了国家应对气候变化领导小组，颁布了一系列法律法规。中国的这些努力在2007年印度尼西亚巴厘岛举行的第13次缔约方会议上得到各方普遍好评。在"巴厘岛路线图"中，中国与其他发展中国家一道，承诺担当应对气候变化的相应责任。

（5）哥本哈根世界气候大会

哥本哈根世界气候大会全称是《联合国气候变化框架公约》第15次缔约方会议暨《京都议定书》第5次缔约方会议，这一会议也被称为哥本哈根联合国气候变化大会，于2009年12月7日—18日在丹麦首都哥本哈根召开。自12月7日起，192个国家的环境部长和其他官员们在哥本哈根召开联合国气候会议，这是继《京都议定书》后又一具有划时代意义的全球气候协议书，对地球今后的气候变化走向产生决定性的影响。这是一次被喻为"拯救人类的最后一次机会"的会议。会议在现代化的Bella中心举行，为期两周。

根据2007年在印度尼西亚巴厘岛举行的第13次缔约方会议通过的"巴厘岛路线图"的规定，2009年末在哥本哈根召开的第15次会议将努力通过一份新的《哥本哈根议定书》，以代替2012年即将到期的《京都议定书》。考虑到协议的实施操作环节所耗费的时间，如果《哥本哈根议定书》不能在2009年的缔约方会议上达成共识并获得通过，那么在2012年《京都议定书》第一承诺期到期后，全球将没有一个共同文件来约束温室气体的排放，会导致遏制全球气候变暖的行动遭到重大挫折。因此，在很大程度上，此次会议被视为全人类联合遏制全球变暖行动一次很重要的努力。

主要分歧是"责任共担"。气候科学家们表示全球必须减缓温室气体继续排放速度，并且在2015—2020年开始实现排放总量减少。科学家们预计，想要防止全球平均气温再上升2℃，到2050年，全球的温室气体减排量需达到1990年水平的80%。但是哪些国家应该减少排放？该减排多少呢？例如，经济高速增长的中国最近已经超过美国成为最大的二氧化碳排放国。但在历史上，美国排放的温室气体最多，远远超过中国，而中国的人均排放量仅为美国的 1/4 左右。从道义上讲，中国有权利发展经济、继续增长，增加碳排放将不可避免。而且工业化国家将碳排放"外包"给了发展中国家——中国，替西方购买者进行着大量碳密集型的生产制造。作为消费者的国家应该对制造产品过程中产生的碳排放负责，而不是由出口这些产品的国家来负责。

在历次谈判中，中国和印度一直坚持"共同但有区别的责任"的京都原则和加强对发展中国家的资金、技术转移和能力建设的支持，遵循"巴厘岛路线图"是应对气候变化的基石。理由有三点：第一是现有的温室气体主要是发达国家在过去 200 多年历史排放积累下来的，他们应对此负有最大的责任；第二是中国现在还在发展过程中，很多排放是必不可少的生存排放，而且人均排放离发达国家还有很大距离；第三是目前记到中国名下的排放，很大一部分来自跨国公司在华向发达国家市场出口商品的生产，这实际上属于发达国家排放向中国的转移。为此，发达国家应该至少在 1990 年基础上减排 40%，同时把 GDP 的 1% 用于扶持发展中国家的减排事宜。

1.1.3　碳汇兴起的背景及意义

1）碳汇兴起的背景

《2020 年全球气候状况》报告显示，尽管出现了具有降温作用的拉尼娜事件，但 2020 年仍是有记录以来三个最暖的年份之一。全球平均温度比工业化前（1850—1900 年）的水平约高 1.2℃。自 2015 年以来的 6 年是有记录以来最暖的。2011—2020 年是有记录以来最暖的十年。联合国秘书长表示："这份报告表明，我们没有时间可以浪费了。气候正在变化，其影响已给人类和地球带来了太大的代价。今年是行动之年。《第四次气候变化评估报告》称，过去 50 年全球平均气温上升与人类大规模使用石油等化石燃料产生的温室气体增加有关。各国都需要承诺到 2050 年实现净零排放，需要在格拉斯哥 COP26 之前提交具有雄心的国家气候计划，到2030年共同将全球排放比2010年水平减少45%。各国需要立即采取行动，保护人类免受气候变化的灾难性影响。"

全球气候变暖、臭氧层遭破坏、生物多样性减少、酸雨、森林面积锐减、土地荒漠化、海洋污染、水污染、大气环境污染和危险性废弃物转移是当今全世界面临的环境问题。IPCC报告指出，1950年以来的全球地表升温主要是由人类活动排放的大量温室气体所致。这与各国为了经济快速发展进行的工业活动和化石燃料燃烧有着直接的联系。而全球气候变暖对自然环境与人类社会产生了巨大影响。城市发展和推进碳吸收成为世界各国急需解决的首要问题。

人类集聚活动产生了城市，而人类在城市中的活动造成了对地表的极大影响与破坏，进而使得碳循环受到影响。根据联合国粮农组织所发表的《2010年森林资源评估主报告》，从20世纪80年代以来，世界森林面积正在以每年11万 km² 的速度逐年减少，到2010年全球森林总面积总计为40亿公顷（4 000万 km²）[①]，约占湿地面积（不含内陆水域面积）的31%。thd工业革命以来，城市的人口、经济进入飞速增长阶段，这均对资源和能源有了极大的需求。城市扩张导致大量的混凝土和沥青路面取代自然植被和耕地，破坏了植物和动物的生存环境，大大降低了植被的生产力和碳汇能力。碳汇能力的下降和碳排放量的增加，导致城市温室气体浓度的显著上升。

在全球气候变暖的背景下，人类应对气候变化基本手段有两个：一是提高对气候变化的适应能力，二是增强对气候变化的减缓能力。要增强对气候变化的减缓能力，关键是减少温室气体在大气中的积累，其做法一是减少温室气体排放（源）；二是加快温室气体吸收（汇）。而清洁发展机制的提出在提高了各国对碳汇重视的同时，也为增加碳吸收实现减少温室气体排放提供了契机。为有效实现附件Ⅰ国家的温室气体减排目标，《京都议定书》制定了联合履约、排放贸易和清洁发展机制三种灵活机制，帮助附件Ⅰ国家履行《京都议定书》所规定的减排义务。清洁发展

---

① 　1公顷（hm²）=0.01平方千米（km²）。

机制是指发达国家通过向发展中国家提供资金和技术，与发展中国家合作开展减少温室气体排放或增加吸收温室气体的项目。在《京都议定书》规定的这三种履约机制中，清洁发展机制是唯一与发展中国家有关的机制。这个机制既能使发达国家以低于其国内成本的方式获得减排量，又为发展中国家带来先进技术和资金，有利于促进发展中国家经济、社会的可持续发展，从而使清洁发展机制作为一种"双赢"机制。

2）碳汇兴起的意义

当前，气候变化已成为世界各国共同面临的危机和挑战。为应对全球气候变化，国际社会积极行动，先后签订了《联合国气候变化框架公约》和《京都议定书》。为了实现《京都议定书》的减排目标，发达国家可通过在本国实施工业减排、造林、再造林和森林管理等项目，获得减排额度或碳汇。此外，还可以通过清洁发展机制在发展中国家实施符合特定条件的造林、再造林项目产生的碳汇来帮助其完成部分减排任务。因此，增加碳汇作为应对气候变化的重要手段之一而受到国际社会的高度关注。

21世纪后，中国化石能源使用量不断增大，大气中温室气体含量逐渐增加，导致中国于2006年超过美国成为全球第一排放大国。陆地生态系统在实现中国间接减排过程中发挥着极其重要的作用。2015年，联合国发布《2030年可持续发展议程》，首次单独提出陆地生态系统主题，联合国可持续发展目标（sustainable development goals，SDGs）陆地生态系统保护的总目标是：保护、恢复和促进可持续利用陆地生态系统，可持续地管理森林，防治荒漠化，制止和扭转土地退化，阻止生物多样性的丧失，并设定9个目标和13个识别指标。2020年，中国明确提出2030年"碳达峰"与2060年"碳中和"目标，全面实现"双碳"目标，不仅要做好减法全力推进碳排放减量，更要做好加法着力提升碳汇增量，构建多层次的碳中和路径。随着可持续发展目标与"双碳"目标的提出，维持生态系统、保护生物多样性与构建陆地生态碳汇显现出一致性、引领性和挑战性。在此背景下，开展维持生态系统和保护生物多样性以及构建陆地生态碳汇探索研究，对于助力实现碳中和目标具有重要意义。陆地生态碳汇在固碳的同时，可为资源丰富地区带来经济收入，同时通过碳市场交易等方式，为应对气候变化作出贡献并实现其经济价值，将生态产品所蕴含的内在价值转化为经济效益、社会效益和生态效益。

首先，从其含义出发，碳汇是指通过吸收和存储二氧化碳来减少大气中温室气体的含量。可见，它的意义在于，随着工业、交通等活动的增加，人为产生的温室气体排放也随之增加，导致全球气候变暖和气候灾害频发。碳汇可以通过种植绿色植被、保护森林、开展环保项目等方式，促进二氧化碳吸收和固定，降低大气环境中的温室气体浓度，达到减缓气候变化的目的。

其次，目前在清洁发展机制下实施的碳汇活动是一种市场机制，这一机制虽然主要是帮助发达国家低成本减排和促进发展中国家可持续发展，但这一机制证明了植被的生态价值可以通过市场手段实现价值补偿，从而使得具有很强外部性特征的植被生态效益通过交易实现效益内部化。这就为促进各国林业发展机制创新提供了新思路。有利于推进各国造林质量管理激励机制的建立。通过碳汇交易的额外收入，为推动现代林业的发展和充分发挥林业在应对气候变化中的功能与作用作出积极贡献。这也将促进植被生态服务功能的市场化，进一步完善各国的生态效益补偿政策，建立长期有效的生态效益补偿机制。

最后，气候变暖已经成为工业时代背景下全球面临的严重生态环境问题，会带来冰川融化、海平面上升、生态环境恶化等多种问题。碳汇的持续发展能够促进森林资源恢复、涵养水源、保育土壤、防护森林、维持生物多样性、扭转土地流失、调整树种结构和林种结构、增加树种多样性和分布均匀度以及通过森林管理和保护增加森林蓄积量。同时，积极开展以积累碳汇为目的的活动，不仅可以提高各国的生态状况，还可以为社区农民带来收入，创造出全新的行业发展形态，提供更多的工作岗位，持续提高人们的生活质量，是加快新农村建设、改善民生、促进我国经济社会可持续发展，加快生态建设和生态文明进程的重要手段。

1.2　相关概念

1.2.1　碳源相关概念

1）温室气体

《京都议定书》及其修正案中规定控制的七种温室气体为[①]：CO_2、CH_4、N_2O、氢氟碳化合物（HFCs）、全氟碳化合物（PFCs）、SF_6和三氟化氮（NF_3）。那么如何量化这些气体呢？这里将引入另一个概念——二氧化碳当量——一种用作比较不同温室气体排放量的度量单位，可以把不同温室气体的效应标准化。一种气体的二氧化碳当量是通过把该气体的吨数乘以其全球变暖潜能值（global warming potential，GWP）后得出的。

2）碳源

《联合国气候变化框架公约》将碳源定义为向大气中释放二氧化碳的过程、活动或机制。通俗地说，碳源是指产生二氧化碳之源。自然界中的碳，一部分来源于自然，大部分来源于人类活动。碳源主要分为两类：一是自然界中的碳源，主要是海洋、土壤、岩石与生物体；二是产生自工农业生产和居民生活中的碳源，其中，工农业生产是最主要的碳排放源。

3）碳排放

碳排放是关于温室气体排放的一个总称或简称。是指煤炭、天然气、石油等化石能源燃烧活动和工业生产过程、土地利用、土地利用变化与林业活动产生的温室气体排放，以及因使用外购的电力和热力等所导致的温室气体排放。

---

① 《京都议定书》中规定控制的六种温室气体为：CO_2、CH_4、N_2O、HFCs、PFCs、SF_6。多哈会议通过的《京都议定书》修正案规定了第七种温室气体NF_3。我国的《碳排放权交易管理办法（试行）》参照《联合国气候变化框架公约》，也将温室气体界定为上述七种温室气体。但历史编制的温室气体清单大多只包括前六种。

4）重点排放单位

重点排放单位是指满足国务院碳交易主管部门确定的纳入碳排放交易标准且有独立法人资格的温室气体排放单位。

5）碳达峰

碳达峰是指碳排放量在某一年度达到历史最大值后平稳下降，或进入"平台期"（碳排放量在一定范围内波动并出现峰值）再平稳下降。

6）碳中和

碳中和是指在碳排放量大幅下降的基础上，通过碳汇、碳捕集利用封存等措施抵消碳排放，最终实现"零排放"。

1.2.2 碳汇相关概念

1）碳循环

碳循环，是指碳元素在地球上的生物圈、岩石圈、水圈及大气圈中交换，并随地球的运动循环不止的现象。生物圈中的碳循环主要表现在绿色植物从大气中吸收二氧化碳，在水的参与下经光合作用转化为葡萄糖并释放出氧气，有机体再利用葡萄糖合成其他有机化合物。有机化合物经食物链传递，又成为动物和细菌等其他生物体的一部分。生物体内的碳水化合物一部分作为有机体代谢的能源经呼吸作用被转化为二氧化碳和水，并释放出其中储存的能量。

2）生态系统

生态系统是指所有生物（生物群落）与环境构成的统一整体。在这个整体中，生物与环境不断地进行物质循环和能量流动，它们相互作用、相互依存，如森林、草原、荒漠、湿地、海洋、湖泊、河流等。

3）生态系统的能量流动

生态系统的能量流动是从太阳能被生产者（绿色植物）转变为化学能开始，经过食草动物、食肉动物和微生物参与的食物链而转化，从某一营养级向下一个营养级过渡时部分能量以热能形式而失掉的单向流动，也称能流。

4）生态系统的物质循环

构成生命成分的主要元素有40余种，这些元素保证生命活动的正常进行。它们主要从地球的大气圈、水圈和土壤岩石中获取，由生物生活的环境中进入生物体，经过生产者、消费者、分解者的作用返回到环境中，然后被生物再次吸收，组成生态系统的物质循环。

5）碳汇

《联合国气候变化框架公约》将碳汇定义为从大气中清除二氧化碳的过程、活动或机制，包括森林碳汇、草原碳汇、耕地碳汇、土壤碳汇和海洋碳汇。当前，主要是指森林吸收并储存二氧化碳的多少，或者说是森林吸收并储存二氧化碳的能力。

6）碳封存

碳汇主要通过固碳技术实现，包括物理固碳和生物固碳。物理固碳是将二氧化碳长期储存在开采过的油气井、煤层和深海里。生物固碳是利用植物的光合作用，通过控制碳通量（carbon flux）以提高生态系统的碳吸收和碳储存能力，是固定大气中二氧化碳成本最低且副作用最小的方法。森林碳汇就是生物固碳的一种重要方式。

7）造林

在至少50年内非森林的土地上，通过直接的人为种植、播种和人类对自然种籽源的促进，将其变为林地。这里的造林定义明确指出，在过去50年内没有森林的土地上造林的活动才符合条件，要满足时间上的要求。

8）再造林

在原来是林地但已转变为非林地的土地上，通过人工种植、播种和人类对自然种籽源的促进，直接导致非林地向林地转变。在《京都议定书》第一个承诺期，再造林活动将仅限于1989年12月31日以来无林地上重新植树造林。

9）生物量

在一定时间内，生态系统中某些特定组分在单位面积上所产生的物质的总量，是指某一时刻单位面积内实际存活的有机物质（干重）（包括生物体内所存食物的重量）总量，通常用kg/m或t/hm表示，主要有：

（1）地上生物量：土壤层以上的所有草本活体植物和木本活体植物生物量，包括茎、树桩、枝、树皮、籽实和叶。

（2）地下生物量：所有活根生物量（包括根状茎、块根和板根）。直径不足（建议）2mm的细根有时不计算在内，因为往往不能凭经验将它们与土壤有机质或枯枝落叶相区分。

（3）森林生物量：是森林植物群落在其生命过程中所产干物质的累积量。森林生物量包括乔木、灌木、草本植物、苔藓植物、藤本植物以及凋落物生物量等。乔木层的生物量是森林生物量的主体，一般占森林总生物量的90%以上。

（4）死木生物量：不含在枯枝落叶中的所有非活性的木材生物量，无论是直立的，还是横躺在地面上的，或者在土壤中的。死木包括横躺在地表的木材，直径大于2mm的死根，以及直径大于或等于10cm的树桩。

（5）生物量增量：树木、林分或森林（出材）年净增量的烘干重量。

10）碳库

具有储存或释放碳能力的系统，林碳库包含有森林生物量、枯落物、枯死木、土壤以及木材产品。

1.2.3 碳汇项目

1）国际核证碳标准（VCS）

国际核证碳标准（verified carbon standard，VCS）是国际上最大的自愿减排碳市场标准，是国际排放交易协会及世界经济论坛联合于2005年开发的，目的是为自愿碳减排交易项目提供一个全球性的质量保证标准。

2）中国核证自愿减排量（CCER）

中国核证自愿减排量（Chinese certified emission reduction，CCER）是指我国依据国家发展和改革委员会发布实施的《温室气体自愿减排交易管理暂行办法》规定，经其备案并在国家注册登记系统中登记的温室气体自愿减排量。

3）清洁发展机制（CDM）

清洁发展机制（clean development mechanism，CDM），是《京都议定书》引入的灵活履约机制之一。核心内容是允许其缔约方（即发达国家）与非缔约方（即发展中国家）进行项目级的减排量抵消额的转让与获得，从而在发展中国家实施温室气体减排项目。

根据《京都议定书》第12章的定义，清洁发展机制旨在实现两个目标：

（1）帮助非缔约方持续发展，为实现最终目标作出应有贡献；

（2）帮助缔约方进行项目级的减排量抵消额的转让与获得。该机制规定，在非缔约方实施项目限制或减少温室气体排放而得到的通过认证的减排单元，经过由《联合国气候变化框架公约》的缔约方大会指定的经营实体的认证后，可以转让给来自缔约方的投资者，如政府或企业。一部分从认证项目活动得到的收益将用于支付管理费用，以及支持那些对气候变化的负面效应特别敏感的发展中国家，以满足适应气候变化的需要。

CDM项目必须满足：

（1）获得项目涉及的所有成员国的正式批准；

（2）促进项目东道国的可持续发展；

（3）在缓解气候变化方面产生实在的、可测量的、长期的效益。CDM项目产生的减排量还必须是任何"无此CDM项目"条件下产生的额外减排量。

参与CDM的国家必须满足一定的资格标准。所有的CDM参与成员国必须符合三个基本要求：

（1）自愿参与CDM；

（2）建立国家级CDM主管机构；

（3）批准《京都议定书》。此外，工业化国家还必须满足几个更严格的规定：完成《京都议定书》第3条规定的分配排放数量；建立国家级的温室气体排放评估体系；建立国家级的CDM项目注册机构；提交年度清单报告；为温室气体减排量的买卖交易建立一个账户管理系统。

相关链接

（1）符合CDM的项目

CDM将包括下列潜在项目：

①改善终端能源利用效率；

②改善供应方能源效率；

③可再生能源；

④替代燃料；

⑤农业（甲烷和氧化亚氮减排项目）；

⑥工业过程（水泥生产等减排二氧化碳项目，减排氢氟碳化物、一氧化碳或六氟化硫的项目）；

⑦碳汇项目（仅适用于造林和再造林项目）。

禁止附件I国家利用核能项目产生的核证减排量（CER）来达到其减排目标。此外，在第一个承诺期（2008—2012年），只允许造林和再造林项目作为碳汇项目，并且在承诺期每一年内，附件I国家用于完成它们分配排放数量的、来自碳汇项目的CER至多不超出其基准排放量的1%。碳汇项目还需要制定出更详尽的指南以确保其环境友好性。

为了使小项目能和大项目一样在CDM项目上具有竞争力，《马拉喀什行动宣言》为小规模项目的实施建立了快速通道——一套简化的资格评审表——15兆瓦以上的可再生能源项目、供应方或需求方年节能15吉瓦时以上的能效项目、年度排放量低于1.5万吨二氧化碳当量且具有减排效果的其他项目。CDM执行理事会（EB）已经被赋予了一项任务：为小项目快速通道制定执行方式和工作程序，并将其提交给2002年10月在新德里召开的第8次《联合国气候变化框架公约》成员国大会（COP8）。

（2）减排原理及开发模式

①减排原理

CDM项目从实现减排的原理上讲，可以分成两大类：直接减排和间接减排。

●直接减排：直接减排即通过某种方式直接减少人类的温室气体排放，如分解、利用温室气体等。联合国CDM执行理事会已经注册的我国山东东岳化工、浙江巨化化工等HFC23分解项目，就是通过直接将工业生产过程中产生的HFC23进行分解，达到减少排放的目的；联合国CDM执行理事会已经注册的我国广西珠江流域再造林项目，就是直接将已排放的温室气体进行捕捉、收集，造林与再造林项目，都属于此类项目。

●间接减排：间接减排即通过减少化石能源的消耗，实现温室气体减排。例如，能源效率提高、可再生能源利用、能源替代等类型，均可以减少化石能源消耗，间接减少温室气体的排放。最常见的可再生能源风力发电项目、水力发电项目，均属于清洁能源，没有排放。通过提高此类能源的利用率，减少火力发电，间接减少了二氧化碳的排放。

②开发模式

CDM项目的开发一般有三种模式：

●单边模式：发展中国家独立实施CDM项目活动，没有发达国家的参与，发展中国家在市场上出售项目所产生的"核证减排量"。

●双边模式：发达国家实体和发展中国家实体共同开发CDM项目，或发达国家在发展中国家投资开发CDM项目，由发达国家获得项目产生的"核证减排量"。

●多边模式：项目产生的"核证减排量"被出售给一个基金，这个基金由多个发达国家的投资者组成。

世界银行负责运行的原型碳基金就是一个例子。目前，对于双边和多边的CDM项目投资模式，国际社会没有异议，满足相关规则的项目都可以得到东道国和执行理事会的批准。但是，对于单边模式的CDM项目的认识，国际上尚有争议。中国政府对于单边项目也持比较谨慎的态度，项目开发者需要特别注意。

4）碳汇方法学

碳汇方法学指的是研究和评估碳汇系统的科学方法。它从不同视角探讨如何利用碳汇建立可持续的碳管理机制来实现减少碳排放的目标。碳汇方法学涉及多个领域，包括经济学、政策分析、信息技术、系统工程以及可持续发展的原则。

此外，碳汇方法学也会考虑如何识别适用于碳汇系统的监管模式，以及如何监测和报告。

5）碳汇项目的计入期

碳汇项目的计入期分为两种：一种是可更新计入期：最长为20年，最多更新两次，这种情况下项目最长有60年；另一种是固定计入期：最长为30年，不可更新。计入期的选择可根据所选树种的生长特征、土地使用情况、项目实施的时间长短等共同决定。

6）开发流程

整个项目开发可分为7个流程：

（1）采用经国家发展和改革委员会备案的方法学编制项目设计文件（PDD）；

（2）经国家发展和改革委员会备案的第三方审定机构审定并出具审定报告；

（3）报国家发展和改革委员会备案；

（4）备案通过后，开始实施项目，监测并编制监测报告；

（5）经第三方核证机构进行项目减排量核证并出具核证报告；

（6）报国家发展和改革委员会审批并签发减排量；

（7）进入市场交易。

7）开发费用

林业碳汇项目开发费用包括建设费用和技术咨询费用。建设费用包括：

（1）征地费用；

（2）购置造林及森林经营所必需的设备、物资、材料、种子、树苗等费用；

（3）劳务费用；

（4）项目的管理、组织、施工、样地监测等费用；

（5）数据和文件收集、整理、分析等费用。

建设费用由项目业主承担。

技术咨询费用包括：

（1）项目设计文件撰写和制作费；

（2）第三方审定费；

（3）监测报告制作费；

（4）第三方核证费；

（5）项目申报国家主管部门备案相关费用；

（6）项目开发评估方案编制费用；

（7）技术咨询方其他相关管理费用。

8）项目边界

项目边界指由对拟议项目所在区域的林地拥有所有权或使用权的项目参与方（项目业主）实施林业碳汇项目的地理范围。项目边界包括事前项目边界和事后项目边界。事前项目边界指的是项目设计和开发阶段确定的边界，是计划实施项目的活动边界。事后项目边界是在项目监测时确定的经过核实的，实际实施的项目活动边界。

9）额外性

额外性指通过碳汇项目的实施，产生的项目碳汇量高于基线碳汇量的情形，且这种额外的碳汇量在没有拟开展的林业碳汇项目活动时是不会产生的。简单理解就是，在原有的林地或者林草基础之上，通过人工造林，让有原有的林地增加额外吸收二氧化碳的功能。

1.3 碳汇项目的必要性与可行性

1.3.1 必要性

1）有助于引进碳汇项目建设的额外资金

碳汇项目建设的工作繁重，任务艰巨，形势复杂。碳汇项目的长足发展需要足够的资金供给，因此，吸引更多的国际资金参与本国碳汇项目建设，将是一种有益的补充。林业碳汇项目强调资金的额外性，即通过造林再造林碳汇项目获得的国际资金是不含本国已有投资和国际已有援助的额外投资。因此，实施CDM项目有利于吸引国际投资，拓宽碳汇项目建设的资金供给渠道，促进各国碳汇项目建设的可持续发展。

2）有助于国家气候外交谈判

作为发展中国家，我国目前虽然不承担《京都议定书》规定控制或减排温室气体的义务，但由于人口众多，经济发展水平低，经济增长速度快，在温室气体排放上，现已成为总量超过美国的第一大排放大国，面临承担减排义务的压力也越来越大。这种压力既表现为近期经济发展的代价，也表现为对长远经济发展规模和水平的制约。面对这种压力，我国政府坚持把节约能源、提高能效、调整和优化能源结构、降低单位耗能放在首位。开展林业碳汇管理工作有助于将我国正在开展的林业建设纳入应对全球气候变化的国际行动中。基于此，让国际社会看到，中国温室气体排放量虽然很大，但作为负责任的大国，中国政府在生态建设方面作出的不懈努力，是任何一个国家所不能比拟的，这些努力都将对减缓全球变暖趋势、改善人类共同生存的环境作出重要贡献，从而有助于进一步树立我国负责任大国的形象，为我国在应对气候变化的国际谈判和相关国际环境外交上争取一定的主动权。

3）有利于引进碳汇项目建设先进的技术

CDM项目属技术和资金密集型项目。实施这类项目，对发展中国家而言，不但可引入境外资金，而且由于发达国家具有优于发展中国家的先进技术，发展中国家可通过CDM项目获得技术援助，提高本国的技术能力。在这方面对我国尤其有利，这也是CDM项目在我国受到欢迎并被积极推荐开展的原因。我国地形复杂，专业人才缺乏，所以，技术是我国碳汇项目建设的一大难题。因此，需要引入发达国家先进的理论与管理技术。同时，对于森林保护项目，在通过参与式管理协调当地社区利益方面，发达国家具有丰富的理论和实践经验，这对于我国的森林保护具有很好的借鉴作用。

1.3.2 可行性

1）政策环境的支持

一个国家只有政治、经济环境稳定，才能够保证其CDM项目相关政策的连续性和稳定性，进而保障项目的顺利实施。我国社会政治、经济环境稳定，具有实施CDM项目所需的稳定、可靠的环境制度保障。我国碳汇资源丰富，尤其是林业碳汇资源，这使在我国开展林业碳汇项目具有一定的竞争力。根据现有规定，CDM项目的实施需要合作双方国家政府部门的认可和保证，包括国家CDM项目活动运行规则和程序的确定、项目的审核批准，以及邀请经《联合国气候变化框架公约》缔约方大会指定的独立经营实体对项目进行合格性认定和减排量核证等。根据我国的国情和碳汇资源情况，如果实施碳汇项目，可以降低项目设计和实施过程中的交易成本。

2）碳汇项目具有较好的市场前景

碳汇交易作为一种市场机制，可为各国各方面的建设筹集到一部分国际资金，也可作为生态效益补偿基金。于林业资源丰富的中国而言，这将有利于推进森林生态服务功能的市场化与货币化进程，促进项目区及周边地区社会经济的可持续发展。因此，生态效益补偿的市场需求量在不断加大。通过造林吸收二氧化碳，其成本远低于减排项目，受到多数发达国家的欢迎。因此，在第一承诺期，CDM碳汇项目存在着较大的市场空间。再加上许多企业特别是那些国内外知名企业，出于自身形象的需要，对环境产品的需求也扩大了这个市场空间。

3）技术和资金的支持

多年来经济的发展和科学进步为碳汇项目的开发提供了便利。特别是2000年以来，每年从中央财政安排数百亿元资金投入六大林业重点工程建设。除了植被快速增加，同时还带动了地方的经济发展和各级相关部门基础设施的建设。尤其是多年来中国实施的生态效益补偿基金政策，为发展中国家进行生态效益补偿作出了榜样。同时，各国为实现碳达峰碳中和目标，培养了一大批优秀的技术人员，积累了成套的植被养护技术和管理经验，有些先进的专业化设备得以运用，地方的各项能力建设也得到提高。随着国际气候谈判进展和林业碳汇纳入国际碳减排机制，各国有针对性地开展了相关培训，并就 CDM 造林再造林的技术方法学进行了理论探讨和试点实践。通过参与碳汇项目规则和技术要求的国际谈判，以及与各国有项目经验的专家进行充分交流和学习，各国都形成了一套紧密联系本国实际的碳汇造林技术方法。

课后思考

1）简答题

（1）气候变化的科学事实在中国有哪些表现？

（2）气候变化会造成哪几方面的严重后果，在不同方面的具体表现有哪些？

（3）导致气候变化的原因有哪些？

（4）全球为了应对气候变化采取了哪些具体行动？

（5）碳汇项目的必要性包括什么？

2）名词解释

清洁发展机制　温室气体　碳源　碳汇　碳库　生物量　中国核证自愿减排量　国际核证碳标准　碳汇方法学　开发流程　项目边界

第2章 碳汇的理论基础

2.1 地球科学理论

地球形成于大约46亿年前，初生的地球表面是由岩浆组成的"海洋"，后经过逐步演化形成了适合孕育生命的宜居行星，通过地球内部动力过程，深部碳−氢−氧−硫元素与表层及空间的物质循环，为地表生命提供了生存所需的资源能源，对地球宜居性具有决定性作用（朱日祥等，2021）。地球系统指由固体圈层（岩石圈、地幔和地核）、水圈、生物圈（包含人类本身）、大气圈、日地空间组成的开放且复杂的有机整体，地球科学（geoscience）是以地球系统的形成过程、演化及其相互作用为研究对象的基础学科，是地理学、地质学、地球物理学、地球化学、土壤学、矿物学、气象与大气科学、气候学、海洋科学、古生物学、空间物理学、遥感学等涉及地球任何部分的分支学科的统称（艾鑫等，2020）。

地球科学的出现，得益于地球科学各分支学科的成熟以及许多新兴交叉学科的发展，从全球变化的概念出发，地球科学研究覆盖了从太古代光合作用的起源，到近代暖池演变的气候效应；从地质学层面出发，地球科学不但推动了不同尺度（原子尺度到全球尺度）建立跨越圈层的联系，而且也跨越了时空尺度（时空演变过程）（汪品先，2014）。地球科学的研究对象不断发生变革，如20世纪六七十年代以地球固体圈层运动规律为主攻对象的板块构造研究，从而诞生了板块理论；20世纪80年代开始以地表流体圈层的运动规律为研究对象，旨在解决日益严峻的环境问题（郭正堂，2019）。

现代地球科学经过两三百年的发展，随着观测视角的拓展、计算分析手段的进步以及人类生存发展问题的突出，地球科学已经上升到系统科学的高度，强调从联系地球各个系统变化的视角看待其生命、化学、物理、地质过程与机制（汪品先，2016）。地球系统科学根植于地球科学，20世纪80年代，为应对全球资源能源约束趋紧、环境污染严重、生态系统退化、臭氧消耗、气候变化及其有关的一系列全球变化问题的共同挑战，推动建立全球共识、全民行动、全球尺度的社会-环境系统管理，一个基于完整地球实体的地球系统科学应运而生，并成为全球治理的重要手段。地球系统科学拓展了时间和空间范畴，其将地球视为一个由许多相互作用的不同部分构成的有机整体，基于系统观念了解、适应、利用地球。此外，在结合地球内部和地球表层探究碳循环、水循环等问题的基础上，也探究地外星球的全球变化。地球系统科学发展至今，随着世界气候研究计划（world climate research program，WCRP）、国际地圈生物圈计划（international geosphere-biosphere program，IGBP）、国际全球变化人文因素计划（international human dimensions programme on global environmental change，IHDP）、国际生物多样性计划（an international programme of biodiversity science，DIVERSITAS）四个国际全球变化方案，以及联合国可持续发展大会提出的未来地球（future earth）计划（2014—2023年）等全球计划、方案的推进，地球系统科学成为人类全球自治和解决生存发展问题的重要工具（张万益等，2022）。

地球表层的大气、陆地、冰冻圈、海洋等系统通过相互作用和循环对温室气体等全球性问题产生影响（图 2-1），地球科学对于脱碳至关重要，在碳中和进程中的作用是无与伦比的（王保忠等，2021）。碳循环和全球变暖是密切联系的，地球系统科学主要针对全球变化中突出的全球变暖问题，为社会服务，实现"双碳"目标，最终实现社会可持续发展；同时，以全球水循环为纽带的水-土-气-生、人-地关系是地球系统的基础，水系统也承担了对气候变化、减源增汇的双重角色（杨洋等，2021）。

图2-1　地球表层各系统循环

资料来源：王保忠，陈琳. 地球系统科学支撑生态产品价值的实现［J］. 国土资源情报，2021（8）：44-49.

地球内部是一个巨大的碳库，人类排放的二氧化碳对地球气候系统仅仅是短暂的扰动，地球内部的含碳量约为地球系统可循环碳的95%，而大气和海洋的碳含量仅占5%左右（Plank，2019）。在全球迫切需要减碳、减排的背景下，通过为探究储热与地热、干热岩、水电储能、压缩空气储能、核能、碳捕集与封存、氢经济、矿产原材料等方面奠定基础理论，地球科学可在以下几个方面发挥核心作用：一是通过调查发现低碳、无碳、生物等能源，促进能源结构根本性变革；二是让释放到大气圈中的碳固化到岩石圈、生物圈、土壤圈、海洋圈中，通过地球碳汇功能实现碳消除；三是利用地下空间提供储能的稳定生态系统；四是作为缓解和应对气候变化不良后果的坚强载体（马冰等，2021）。

2.2 生态学理论

生态学理论是研究生物与其周围环境相互关系的科学，是全球气候变化影响的基本理论，生态系统受资源要素和环境要素约束，在全球气候变化背景下，资源、环境和生态系统会发生波动（李玉强等，2022）。生态学理论主张，成熟生态系统的碳输入与碳输出趋于平衡状态，没有碳的净积累，也就没有碳汇功能，自然界任何未成熟生态系统都会不断向成熟生态系统演替，最终实现碳输入输出的平衡（周国逸等，2022）。本节介绍与碳汇研究相关的三个生态学理论，分别是生态系统理论、生态现代化理论、生态足迹理论。

2.2.1 生态系统理论

系统理论最早由美籍奥地利生物学家贝塔朗菲（Ludwig Von Bertalanffy）在20世纪30年代创立，其在1945年公开发表的《关于一般系统论》是这一领域标志性的论文成果。系统论认为系统是由诸多要素通过一定的结构和方式进行相互作用、制约及依赖而形成的具有特定功能属性的整体。

生态系统（ecosystem）的概念最早由英国植物学家坦斯利（A.G Tansley）在1935年提出，它是建立在系统论的基础之上的，强调在特定自然地域中生物之间、生物有机体与非生物环境之间功能上的统一。生态系统中包括非生物环境、生产者、消费者和分解者，并以生物为主体，该系统中的各个要素在特定时空范围内通过持续物质循环、能量流动和信息传递相互连接、相互作用和相互依存，并形成具有自我组织的复合体（崔茜茜，2021）。生态系统可以是抽象生物种群与其环境相互作用的系统，也可以是具体地理空间的生物群落与其环境相互作用的实体系统，同时又是多等级的生态学嵌套系统（于贵瑞等，2021）。

生态系统是一个开放且复杂的具有自我调节功能的多稳态系统，即当生态系统在要素、结构、功能、能量交换等方面达到稳定状态时，就会实现生态系统的动态

第 2 章
碳汇的理论基础

41

平衡，同时，生态系统能够通过自我调节功能，促使系统达到新的平衡状态（单薇，2020）。生态系统强调结构、功能、过程的整体性和复杂性，同时，生态系统的反馈调节机制具有生态阈值，当人类行为或经济活动对生态系统的负面干扰超过一定限度时，生态系统的自我调节功能就会受损，从而引起生态失调甚至生态危机。生态系统具有固碳、净化空气、涵养水源、水土保持、防风固沙、维持生物多样性等诸多功能，其中，固碳功能也称碳汇功能。一定地域范围内的生态系统碳汇能力是综合考虑资源环境、科技创新、经济发展、社会发展、民生改善等各方面的结果，生态系统的碳汇功能在全球气候变化和"碳中和"背景下具有十分重要的意义（杨元合等，2022）。生态系统理论还被广泛运用于人类社会研究，提出了社会生态环境包括社会经济环境、社会政治环境和社会文化环境，三大环境与社会经济发展密切相关，而一个基于协同治理、共同参与、社会信任构建的社会生态环境，能实现公共事务的高效自我管理和公共服务的强力自我供给，大大降低政府的社会治理及服务成本，从而提高社会生态系统的碳汇绩效（杨晓军，2018）。同时，生态系统碳汇功能的发挥很大程度上取决于人类，通过人类的保护和维持，可进一步优化和改善生态系统的固碳能力。

2022 年 11 月 11 日，"全碳计划"（Global Carbon Project）发布《2022 年全球碳预算》（Global Carbon Budget 2022）报告，数据显示 2012—2021 年全球二氧化碳排放总量的 29% 和 26% 分别被陆地和海洋生态系统吸收固定，另外的 48% 被排放到大气中（Friedlingstein 等，2022）。生态系统固碳主要是指森林、草地、农田、湿地、城市、海洋等生态系统在光合作用过程中吸收大气中二氧化碳的过程，碳汇是指健康的陆地和海洋生态系统通过植物和藻类等在光合作用过程中捕获的碳量（如图 2-2 所示）（高扬等，2013）。陆地生态系统是碳汇过程的重要载体，是经济可行且环境友好地降低二氧化碳浓度的重要途径之一，是实现碳中和的重要路径，其中，人工生态系统、半人工生态系统和自然生态系统构成了陆地生态系统碳汇增加的重要部分（图 2-3 所示）（石铁矛等，2022）。陆地生态系统通过植物光合作用吸收二氧化碳，经过有机质分解和呼吸作用释放二氧化碳，其中，森林固碳是陆地生态系统的碳汇"主力军"，在全球碳平衡中发挥着巨大的作用。海洋生态系统通过海洋-大气复杂的气体交换机制影响碳汇功能发挥，海洋生态系统是地球上最大的活跃碳库，其二氧化碳储存量是大气的50倍，是大气二氧化碳的调节器。研究表明，全球海洋对二氧化碳的碳汇能力约占人为二氧化碳排放总量的25%～50%（石洪华等，2014）。2009年，联合国发布了《蓝碳：健康海洋固碳作用的评估报告》，将海洋吸收二氧化碳的过程和机制称为海洋碳汇（又称蓝碳）。2022年7月，海南省自然资源和规划厅出台《海南省海洋生态系统碳汇试点工作方案（2022—2024年）》，要求围绕海洋生态系统碳汇资源的调查、评估、保护和修复，全面推进海南海洋生态系统碳汇试点工作，切实巩固和提升海洋生态系统碳汇能力。

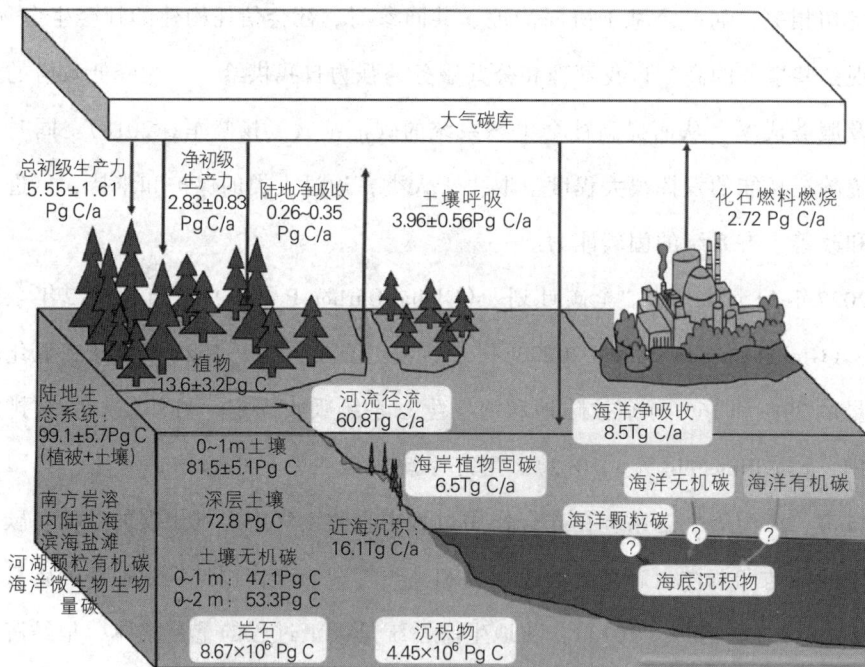

图2-2 中国陆地-海洋生态系统碳储量、固碳效应及固碳潜力预估

资料来源：于贵瑞，朱剑兴，徐丽，等. 中国生态系统碳汇功能提升的技术途径：基于自然解决方案 [J]. 中国科学院院刊，2022，37（4）：490–501.

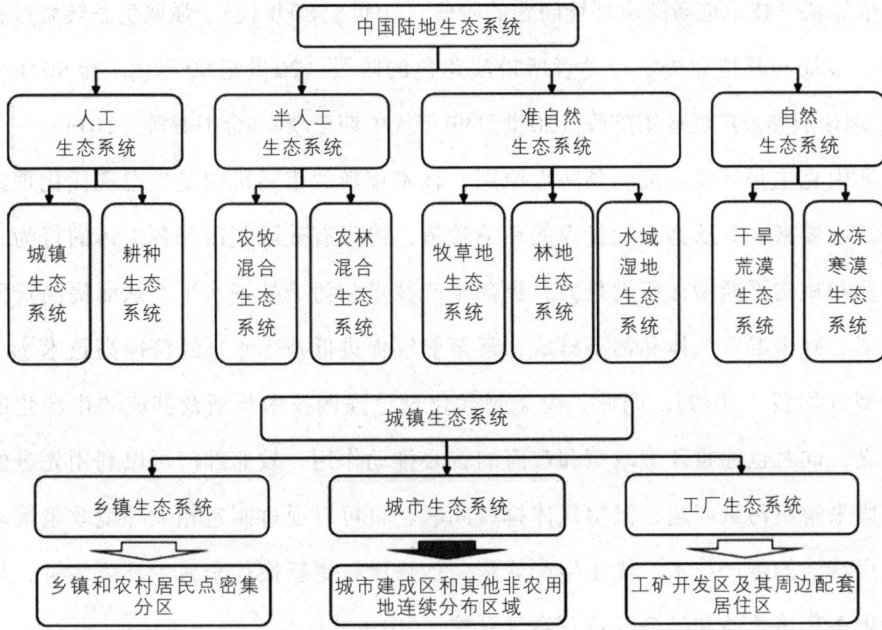

图2-3 陆地生态系统分类

资料来源：石铁矛，王迪，汤煜，等. 城市生态系统碳汇固碳能力计算方法与影响因素研究进展 [J].
应用生态学报，2023，34（2）：555-565.

2.2.2 生态现代化理论

生态现代化是为解决环境污染、生态破坏、气候变化等问题，实现环境保护和经济增长的协调可持续发展，构建和谐社会而诞生的一种新思想、新理念。生态现代化最早由德国学者马丁·耶内克（Martin Jänicke）于1982年在一项题为"预防性环境政策：生态现代化和结构性政策"的研究中提出，随后，约瑟夫·胡伯（Joseph Huber）和其他"柏林学派"的环境政策研究者也广泛使用了生态现代化这一理念（金书秦等，2011）。生态现代化理论（ecological modernization theory）关注和探讨现代化如何处理、应对环境污染与生态退化，现代化进程中出现的环境问题是其理论的主旨关怀，该理论主张"绿化"经济和能源结构是应对气候变化的有效措施，这为碳汇研究提供了坚实的理论基础（党庶枫，2018）。生态现代化理论的发展可以分为三个阶段：

强调依靠科学技术创新解决环境问题的阶段（20世纪80年代），强调生态转型过程中国家、市场和其他非国家行动者所扮演角色的阶段（20世纪80年代末至90年代中期），理论成熟及广泛应用阶段（20世纪90年代中期至今）（金书秦等，2011）。

耶内克主张环境政策、预防性原则、技术革新、市场机制是生态现代化理论的四个核心要素，并认为一项优秀的环境政策，可以有效限制市场各主体的行为，推动企业和机构不断增加研发投入，提高生产技术和污染处理水平，从而提高资源利用效率、减少温室气体和污染排放，甚至能够促进低技术水平经济向高技术水平经济转型（周新，2019）。因此，生态现代化理论强调技术革新及其成功市场化的经济含义，同时也注重环境政策和政府的核心推动作用，政府部门可以利用先进的技术手段来解决污染问题、温室气体排放问题，也可以通过制定相关环境政策推动企业采用清洁的生产技术、优化生产流程、加快设备更新换代来减少环境污染，从而实现生态环境效益和经济效益双赢（夏杭，2019）。

纵观国际上生态现代化道路主要有三种形式：一是德国和北欧国家通过高投入实现全周期和全领域的生产技术生态化路径，从而推动经济和生态的融合发展；二是中东欧国家通过实施生态环境改善措施实现经济与环境置换的发展路径；三是北美国家通过外迁生产基地以保护本土生态环境的发展路径（刘莉，2022）。德国等欧洲发达国家最早将生态现代化理论应用到统筹经济发展与环境保护中，并将生态现代化上升为国家顶层战略目标，通过制定税收政策和相关政策法规、能源价格调整等措施，来引导公众、企业等树立环保理念，改变其行为模式并推动其进行技术创新，以构建环境友好的制度和结构体系，降低由于人类活动产生的环境压力，最终走向现代化生态发展之路，为其他深受环境污染问题的国家和地区提供了成功的欧洲实践经验。

而面对技术条件不足、经济发展不平衡不充分的现实困境，中国式生态现代化道路作为广大发展中国家社会生态化转型的适用型经验范本，其贯彻"以人民为中心"的立场，以"人与自然和谐共生"的理论智慧为指引，主张生态正义和内生型经济现代化转型的有机协调，从而实现经济和生态效益的优化，为世界范围内的生态正义实现贡献中国智慧和中国方案（刘莉，2022）。

生态现代化理论强调解放生态，探讨环境改革中的制度变迁以及基础设施和社会实践行为转型（刘文玲，2012）。中国和发达国家在保护全球气候环境和绿色转型方面具有战略共识，生态现代化理论为构建人与自然和谐共生以及人类命运共同体提供了多重启示。生态现代化作为现代化高质量发展的一个部分，是中国式现代化的重要特征之一，是我国2035年基本实现社会主义现代化的远景目标之一，也是在现代化中实现经济发展和环境保护双赢局面的一种新发展理念（贾淑品，2022）。习近平总书记提出的"绿水青山就是金山银山"等社会主义生态文明观，继承和创新了中华优秀传统生态文化，拓展了人类文明新形态，是新时代我国生态文明建设的根本遵循和行动指南。习近平生态文明思想是中国式现代化道路的理论智慧，充分展现了中国式现代化蕴含的生态现代化取向。生态现代化是中国式现代化的基础工程，其路径选择在于走可持续发展之路（唐亚林，2022）。中国式现代化蕴含的丰富生态意蕴，体现在形成了"人与自然和谐共生"的理论智慧，以绿色发展为发展方案，以全方位、全区域、全过程加强生态环境保护为工作要求，以满足人民对优美生态环境需要为目标导向，并以引领全球生态治理为责任担当（董慧和汪筠茹，2022）。生态化、低碳化、绿色化是中国式现代化的显著特征，碳中和是推进生态文明建设、贯彻绿色发展理念、经济社会高质量发展、建设美丽中国的路径和抓手，也是我国建设人类命运共同体、发挥大国担当精神的重要体现，协同推进降碳、扩绿就是为绿色低碳发展助力（李金铠，2022）。生态现代化理论提出的绿色、生态、高效、低耗等原则，以及互利共生、物质循环流动、生态平衡等原理，对建设低碳发展模式有重要指导意义，基于低碳目标控制下的人与自然和谐共生的发展模式是应用生态现代化理论的结果（张洪波，2012）。

2.2.3 生态足迹理论

1）生态足迹理论演绎过程

生态足迹（ecological footprint），又称为生态占用，这一概念最早由加拿大生态经济学家威廉·E.里斯（William E. Rees）于20世纪90年代初期提出，并于

1996年由威廉·E.里斯和瓦克纳格尔（Wackernagel）加以完善。生态足迹的核心是把人类现有生活水平下所占有的资源、能源消费转化为具有生物生产力的土地面积来进行测算，并对一定人口与经济规模下，未来能够维持资源供给与消耗所必需的生态足迹进行预测（褚英敏，2020）。世界自然基金会《2004年地球生态报告》中就测度了"生态足迹"指标。随后，《亚太区2005生态足迹与自然财富报告》《中国生态足迹报告》等也运用了生态足迹计量方法。

生态足迹是一种衡量人类对资源生态消费的需求（生态足迹）与自然界为人类所能提供的生态供给（生态承载力）之间的差距的方法，其用生物生产性土地概念来统一阐释自然资源，并通过等价因子和生产力系数来测度不同对象的生态足迹及其系统分析（谢园方，2012）。生态足迹不但可以反映资源消耗强度，也可反映环境资源供给能力和资源消耗总量，从而揭示人类持续生存发展的生态阈值，以及不同国家、不同地区在生态上的依赖关系（李可佳，2017）。

生态足迹通过测度人类生存发展对自然资源的消耗量与其产生的废弃物所需要的生物生产性土地（ecologically productive area）大小，并与特定区域的生态承载力（生态容量）进行比较，从而得出生态赤字或生态盈余结果，以反映不同国家或地区的资源消耗强度，使得不同区域、不同时空尺度上人类对生物圈所施加的压力及其量级具有可比性（谢园方，2012）。当生态足迹大于生态承载力时，即当生态足迹需求大于生态足迹供给时，地区表现出生态赤字，则说明该地区的发展是不可持续的；反之，当生态足迹小于生态承载力时，即当生态足迹需求小于生态足迹供给，地区表现出生态盈余，则说明该地区的发展是可持续的。

生态足迹是一种基于生物物理量测度和评估可持续发展程度的概念和方法，生态足迹模型中用生物生产性土地代表自然资本，具体是指具有一定生态生产能力与自净能力的陆地或水域，共分为六大类：（1）耕地（cropland），是生产力最大的生物生产性土地，为人类提供各类农作物；（2）牧草地（grazing land），为人类提供食物，可作为生态用地吸收温室气体；（3）水域（fishing ground），提供水产品和生态环境效益；（4）林地（forest area），具有涵养水源、保护生物多样性、固碳等功能；

（5）化石能源用地（energy land），指能够吸收燃烧化石能源燃料排放的温室气体的地域空间；（6）建设用地（built-up land），具备强大承载功能（褚英敏，2020）。

为了对生态足迹进行补充，吉尔朱姆（Giljum）和斯托格勒纳（Stoeglehner）于 2008 年提出了"足迹家族"一词。随后，加利（Galli）于 2012 年首次对足迹家族的概念进行了详细论述，将生态足迹、水足迹、碳足迹等指标归纳为足迹家族，用以衡量人类的消费行为对生物资源、温室气体排放、水资源等地球环境所产生的影响（王子莎，2022）。足迹家族理论的创立历程划分为四个阶段，分别为生态足迹理论（1992—2001 年）、水足迹理论（2002—2006 年）、碳足迹理论（2007—2011 年）、足迹家族理论（2012 年至今）（周银双，2019）。水足迹理论来源于生态足迹，是指特定区域范围内一定人口（全球、国家、地区、个人）在一定时间内消耗的所有产品和服务所需要的累计虚拟水含量，即生产和消耗产品及服务所需要的水资源总量（孙艳芝和沈镭，2016）。

碳足迹是人类总生态足迹中的最大组成部分，约占人类总生态足迹的 54%（Mancini 等，2016）。碳足迹与碳排放息息相关，但两者之间存在差异，碳足迹侧重分析排放的温室气体总量，而碳足迹则强调碳排放的过程（褚英敏，2020）。碳足迹的概念包括两种：一是延续生态足迹理念，认为碳足迹的表征是土地面积单位。二是侧重于碳排放量的衡量，认为碳足迹理论是指测算出区域内人类生产、消费行为中直接或间接产生的温室气体（碳足迹），衡量并分析碳足迹与碳盈余、碳赤字之间的关系，碳赤字区域向碳盈余区域支付经济补偿，以消除区域间资源供需不均的一种理论和方法（赵珂艺，2020）。碳足迹中，直接碳足迹是人类生产和消费过程中消耗的化石燃料直接排放的二氧化碳，间接碳足迹则是人类消费产品与服务过程中间接排放的二氧化碳（罗芬等，2014）。

2）生态足迹核算方法

相关学者运用生命周期法（life cycle assessment，LCA）、投入-产出法（input-output analysis，IOA）、IPCC 方法等，从国家、城市、部门（能源部门、农林和土地利用变化部门、废弃物部门等）、家庭、个人等多个尺度，核算了不同尺度的碳足迹并剖析其驱动因素（付伟，2021）。

（1）生命周期法

生命周期法是"自下而上"基于过程的分析方法，是国际上公认的评价一个产品和服务从"摇篮到坟墓"整个生命周期内所有环节（原料开采、生产加工、运用、废弃物处理等）对环境产生的影响的一种方法（张丹和张卫峰，2016）。基于生命周期法核算的碳足迹同时考虑了系统在生命周期内的直接和间接产生的碳排放，从而成为微观层面尤其是产品尺度最主要的碳足迹核算方法，但在宏观层面数据的获取上存在较大困难（张琦峰，2018）。

（2）投入-产出法

投入-产出法是一种"自上而下"的分析方法，根据投入-产出表建立相应的数学模型，以此系统反映各部门投入与产出之间的关系，运用投入-产出法的碳足迹核算是结合各部门的碳排放数据，核算其在整个生产链上导致的碳排放量（师帅等，2017）。投入-产出法的优点在于能够综合反映经济系统内各部门直接和间接的碳排放关系，克服因部门间生产关系复杂而导致的重复或遗漏计算问题，减少不确定性，比生命周期法更具经济性优势，从而成为中宏观层面碳足迹核算的主要方法，但局限性在于编制工作量大导致核算结果存在滞后性，投入-产出法中的部门聚集方式与能源消费数据可能不同导致核算结果存在一定误差，且不适用于微观层面的碳足迹核算（张琦峰，2018）。

（3）IPCC方法

IPCC方法也称为排放系数法，是由联合国政府气候变化专门委员会（IPCC）编写并提供温室气体排放的详细方法，已成为国际公认和通用的碳排放核算方法（付伟，2021）。该方法的优点在于全面考察了不同化石燃料燃烧排放的温室气体总量，计算过程简便且数据获取方便，适用于不同尺度的能源碳足迹核算，而缺点在于无法核算隐含的间接碳排放，在对中微观层面的碳足迹进行核算时需结合过程分析法加以修正，且区域性排放因子选择存在困难（张琦峰，2018）。

2.3 经济学理论

社会如何应对全球面临的环境污染问题和资源稀缺问题，在很大程度上依赖于人类的个体行为或是集体行为。经济学是研究人类社会在各个发展阶段中各种经济活动和相应的各种经济关系及其运行、发展规律的学科，其核心思想是物质的稀缺性和资源的有效利用。经济学分析的前提是资源的稀缺性，分析的对象是选择行为，分析的中心目标是资源的有效配置，其首要目标是利用有限的地球资源尽可能持续地开发成人类所需要的商品，并对商品进行合理分配。经济学分析指出，市场机制弹性的来源体现在负反馈循环中，其不仅为识别市场失灵提供了基础，也帮助我们更清楚地了解这些情况是如何以及为什么会导致环境问题。因此，经济学分析为应对全球挑战提供了极其有效的一系列工具，能够帮助人们理解和/或调整人类行为。

碳汇研究产生的根源就是能源、环境等资源的稀缺性以及不断恶化的气候、环境等，迫使人类通过技术创新和新能源的应用，引发新一轮的经济增长（刘书英，2012）。同时，为应对市场不能通过自身调节行为对商品和服务进行有效配置的失灵状况，特别是环境的市场价格体现为零的情况下，我们可以以经济学理论和相关知识为基础，设计新的激励，采取有效的措施（如低碳政策工具等），调和市场失灵情况下的经济和环境之间的关系。

本节介绍与碳汇研究相关的四个经济学理论，分别是气候变化经济学理论、环境经济学理论、循环经济学理论、生态经济学理论。这些理论不仅为人们理解产生环境问题、气候变化问题、资源配置问题的人类行为提供了坚实的基础，还可服务于人们最终解决这些问题。

2.3.1 气候变化经济学理论

在经济全球化、工业化、现代化、信息化、城镇化等多重力量共同驱使下，人类社会在享受发展红利的同时，对自然、环境、资源的干扰、改造作用不断加大，特别是人为碳排放的迅速增加，导致大气温室气体浓度不断升高，催生全球气候变暖加剧。全球变暖对人类自身的生存与发展构成了威胁，传统高能耗、高污染、高排放的高碳经济发展模式需要改变，协调经济发展与生态环境保护，兼顾碳排放问题和经济发展问题成为当今国际社会各界所关注的重点（余壮雄等，2020）。减少温室气体排放（碳源）、增加温室气体吸收（碳汇）作为两个应对高碳经济发展的关键措施，碳源和碳汇研究已然成为保护地球、保护自然、保障人类可持续发展的客观需要。

20世纪70年代，气候变化和人为二氧化碳排放的议题逐渐引起了普遍关注。1977年威廉·诺德豪斯（William D. Nordhaus）发表论文《经济增长与气候：二氧化碳的问题》，开创性地发展了气候变化经济学模型，奠定了气候变化经济学作为经济学的一个独立分支学科的基础，对推动环境经济学学科的发展作出了重要贡献（Nordhaus，1977）。总体而言，这一时期气候变化经济学研究处于萌芽阶段。1990年，IPCC发布评估报告，首次在全球范围内提出气候变化对人类活动以及经济发展会造成影响，这份报告在全世界政府和学术界产生了广泛影响，此后气候变化经济的研究开始"步入正轨"。

1991年，诺德豪斯将自然、经济、能源消费以及碳排放整合在一起，形成了如今研究气候变化的主流工具——气候变化综合评估模型（integrated assessment model，IAM）。诺德豪斯创造性地把经济学中的边际分析法引入到对气候变化问题的研究中（如图2-4所示）。图中，横轴、纵轴分别表示大气中温室气体含量下降百分比、实际货币值，若任由市场自由运行，温室气体不减少，则对社会的损害为Z点的高度值。当社会投入资源以降低温室气体时，边际成本是递增的，温室效应的边际损害会随着温室气体存量的减少而逐渐降低，这可视为减排的边际收益。根据西方经济学原理，E点为边际收益（MR）等于边际成本（MC）的均衡点，此时，社会总成本为区域B的面积，社会总收益为区域B+C的面积，则减排带来的社会净收益为区域C的面积，这便是气候经济学中经常提及和运用的成本-收益分析法的原理。

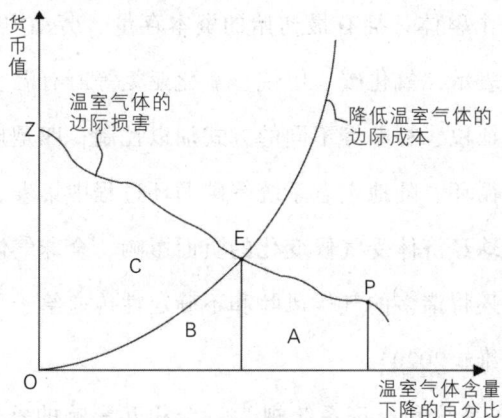

图2-4　气候变化经济学中的边际分析法

资料来源：郭谁琼，黄贤金. 气候变化经济学研究综述［J］. 长江流域资源与环境，2012，21（11）：1314-1322.

　　然而，IAM模型在实际运用过程中存在两个方面的困难：一是需要了解生态系统运行领域的大量知识，并对如何取舍以引入模型系统作出判断，在计算边际损害的具体数值时存在困难。二是对动态一般均衡系统的跨期优化方程做数值模拟时，对编程、算法、硬件设备的要求均较高（向国成等，2011）。因此，在IAM模型的基础上，发展出了各种各样适合于各个领域的IAMs模型，包括DICE模型（Nordhaus，1992）、MERGE模型（Manne等，1995）、RICE模型（Nordhaus和Yang，1996）、FUND模型（Toi，1997）等，其中，DICE模型和RICE模型是最具代表性的模型。

　　1992年，诺德豪斯在《科学》杂志上发表了《控制温室气体的一条最优过渡路径》（An Optimal Transition Path for Controlling Greenhouse Gases）一文，提出了划时代的气候与经济动态综合模型（dynamic integrated model of climate and the economy，DICE），用于估计资本积累与减少温室气体排放的最优路径（Nordhaus，1992）。诺德豪斯在索洛经济增长模型的基础上结合气候变化问题做了机制扩展，相较于原有的气候变化经济学模型，诺德豪斯做了五项突破性改进：一是基于新古典经济增长理论建立模型，消除了外部性的路径、求解出了最有效的优化路径；二是将全球经济视为一个整体，拥有最初始的资本存量、劳动力和逐渐进步的技术；三是用二氧化碳当量表示二氧化碳、甲烷、氧化亚氮等所有温室气体，并认为这些排放可以通过限制、征税、补贴等不同的方式加以控制；四是排放的温室气体能在全球大气循环、海洋循环、陆地生态系统等碳循环过程中集聚、重新分布，从而导致气候变化；五是全球经济体受气候变化的负面影响，全球气候变化会直接或间接损害当代人的福祉，还将诸多的气候风险和不确定性传递给子孙后代，严重制约人类的可持续发展（姜维，2020）。

　　DICE 模型将气候系统和经济系统视为一个相互影响的整体，形成一个闭环，其中的"动态"指的是该模型所评估的是不同经济增长路径所产生的跨期福利影响（如图2-5所示）。DICE 模型并不是对索洛经济增长模型的偏离，而是将气候变化这个经济增长约束性问题内生化到新古典经济增长分析框架中。

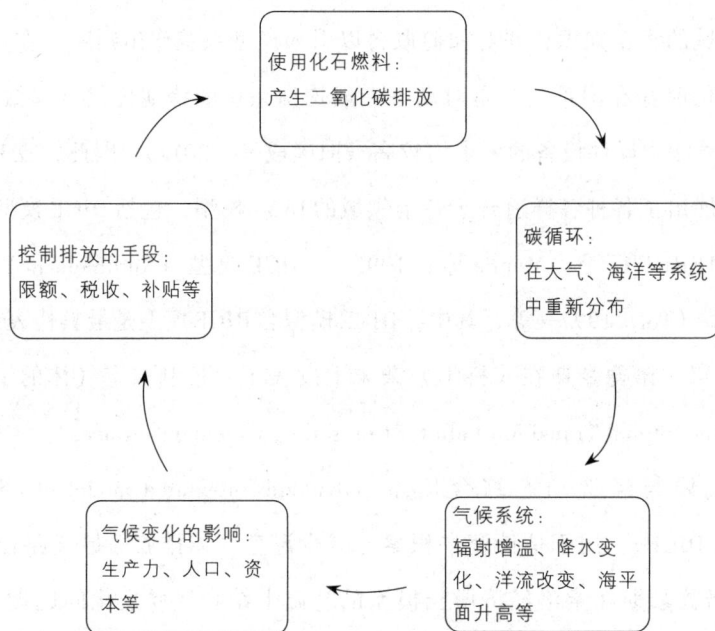

图2-5　气候与经济动态综合模型

资料来源：姜维. 威廉·诺德豪斯与气候变化经济学 [J]. 气候变化研究进展，2020，16（3）：390-394.

1996年，诺德豪斯与杨自力合作发表文章，提出了气候与经济区域综合模型（regional integrated model of climate and the economy，RICE），该模型将世界分为10个区域，每个区域作为一个独立决策的主体，在一定的博弈环境下（市场情景、合作情景、非合作情景三种情景），允许不同国家在综合考虑本国的经济（权衡产品与服务消费、生产性资本投资、通过二氧化碳减排缓解气候变化）和自身利益时作出政策选择，以实现全球范围内的温室气体减排要求的最优路径（Nordhaus 和 Yang，1996）。2018年10月，诺德豪斯和罗默（Paul M. Romer）共同获得诺贝尔经济学奖，以表彰二人将气候变化和技术创新纳入长期宏观经济增长分析所作出的学术贡献，诺德豪斯也被誉为"气候变化经济学之父"。

总体来看，全球气候变化经济学的研究范畴主要包括四个方面：一是探究气候变化对国家经济的影响；二是探讨环境和发展之间的关系；三是估算气候变化导致的额外投资和资金需求；四是对气候变化区域经济学及适应气候变化的经济研究。随着区域对气候变化的经济影响的直接感知增强，对制定区域详细的气候变化适应策略的需求上升，气候变化经济学的研究尺度逐渐由全球尺度开始转向区域和城市尺度。我国气候变化经济学的研究重点主要聚焦于论证气候变化是否对社会经济产生影响及产生影响的差异性，并对征收碳税展开了深入的研讨。

2.3.2　环境经济学理论

环境经济学理论起源于20世纪初期，帕累托（V. Pareto）从经济伦理视角提出了"帕累托最优"理论，这一理论成为环境经济学的衡量标准。随后，由马歇尔（A. Marshall）提出、庇古等经济学家发展的外部性理论，成为环境经济学建构与发展的理论基础。环境经济学是环境科学领域与经济科学领域交叉形成的学科，旨在实现环境与经济两者之间的协调发展，其主要内容是采用经济分析工具来探讨稀缺性经济资源的度量、环境污染外部性、经济效率、价值评估、效益分析等问题，从而解决环境问题。随着环境经济学家对经济发展与环境保护两者之间关系的深入探索，目前环境经济学的理论构成主要包括外部性理论、公共物品理论等。

1）外部性理论

外部性（externality）最早出现在经济学家马歇尔在 1980 年撰写的《经济学原理》一书中。福利经济学之父庇古指出，外部性是个人或组织的一定行为对公众产生的溢出效应，其产生的根源在于生产或消费过程中边际私人成本（收益）与边际社会成本（收益）相背离，本质上外部性反映了私人成本与社会成本或者二者收益之间的差异性（庇古，2013）。当边际私人成本（收益）大于边际社会成本（收益）时，将产生正的外部性；反之，当边际私人成本（收益）小于边际社会成本（收益）时，将产生负的外部性。正外部性（外部经济）是指边际单位的生产行为或消费行为无偿地惠及周边。就碳汇而言，某个国家或地区付出人力、物力、财力保护生态资源和改善生态环境，促进温室气体在大气中浓度的降低，而周边地区或国家对此无须进行支付，这就是正外部性的表现。负外部性（外部成本或外部不经济）是指边际单位的生产行为或消费行为在不付出任何代价的情况下对周边产生危害的现象，如人为碳排放的增加。

森林、草地、耕地、海洋等系统提供的碳汇功能使得人类社会受益良多，而得不到补偿就是具有正外部性。在市场经济体制下，资本逐利性导致生态效益价值难以体现，而经济的迅猛发展显著驱动了碳排放的增加，呈现出显著的负外部性，若缺失惩罚机制、管理机制，资源就难以实现最优配置（薛龙飞等，2017）。从经济学意义上来说，环境或者资源过度消耗、温室效应等问题，实际上就是由人类活动所产生的负外部经济性所导致的，消费者在消费能源商品时，并不需要为所排放的温室气体付出任何成本，而人类活动对环境损害产生的边际社会成本却大于零（李军，2017）。如果不对外部性加以控制，可能会造成"公地悲剧"等严重后果。因此，如何解决好外部性问题，成为控制温室气体排放乃至解决全球环境问题、气候变化问题的关键性难题。

庇古税（Pigovian tax）与科斯定理是解决外部性问题的重要手段。英国新古典经济学家庇古认为，为实现资源的最优配置，政府可以采取相应的经济手段对相关主体予以补贴或征收庇古税，以使私人成本（收益）与社会成本（收益）相匹配，从而将外部性进行内部化（庇古，2013）。庇古税实质上是一种环境税，尽管存在社会和私人边际成本难以确定的征收成本的问题，但被一些发达国家广泛用于环境治理领域，如美国及日本的能源减免税、德国及荷兰的生态税、芬兰及新西兰的碳税等。科斯则认为，外部性问题可通过确定产权来解决，当产权初始界定清晰和交易成本为零或可以忽略不计时，只需要发挥市场的自动调节作用，即市场在处理边际外部性成本中扮演重要角色，从而实现资源的优化配置（科斯，2013）。尽管现实中对产权进行清晰界定存在困难，且交易费用在绝大多数情况下不为零，但是科斯定理为解决外部性问题提供了新思路和新方法。外部性理论通过采取两种手段实现外部性内部化，可有效避免"搭便车"行为的产生，进而促进森林、草地、耕地、海洋等系统碳汇功能的充分发挥，实现以生态文明建设引领高质量发展的目标。

2）公共物品理论

公共物品（public goods）的概念可追溯到 18 世纪。1776 年，亚当·斯密（Adam Smith）认为存在能为大众带来利益却无法获得投资利润的产品，该产品只能由政府供给。1954 年，美国经济学家萨缪尔森（Paul A.Samuelson）所著的《公共支出的纯理论》为公共物品理论奠定了基础。

公共物品是独立于私人物品的物品或劳务，公共物品理论是公共经济、公共财政、公共管理、社会学、政治学等领域的基本理论，学术界关于公共物品概念的界定大致可分为客观性定义和主观性定义两类，前者强调物品本身的客观属性，以及非竞争性和非排他性的本质特征，后者侧重物品的主观供给或决策方式，强调物品的本质属性与供给决策之间的内在联系（张晋武和齐守印，2016）。

从客观定义视角出发，萨缪尔森认为社会上所有人对环境、资源等公共物品的消费都满足帕累托最优条件，即每个人对某一公共物品的消费效用都不会受到其他人的制约和影响，这也是"纯公共物品"的定义来源。纯公共物品具备非竞争和非排他的消费特征，前者是指增加单位消费的边际成本可忽略不计，后者是指消费和使用都具有不可分割性特征（张琦，2015）。沿着客观性定义路径，随着对公共物品认知的不断深化，公共物品的概念与分类不断得以补充和完善，从而延伸出"准公共物品"（介于纯公共物品和私人物品之间），其包括俱乐部物品（排他非竞争）和公共资源（竞争非排他）。从主观定义视角出发，根据主观供给的决策和方式，将公共物品定义为公共提供，代表学者布坎南（Buchanan）。他认为通过政府机构或具有某种公共特征的集体或组织供给的任何物品或服务均可被视为公共物品。

关于公共物品的供给，鉴于存在市场失灵和公共福利增进考量，一般认为应由政府提供，但研究表明私人或社会资本能够提供更有效率的公共物品供给（Tresch和Zlate，2007）。政府和社会资本合作（public-private partisanship，PPP）来供给公共品的运作模式，能够有效减少政府财政压力，有助于提高公共物品供给的规模、质量与效率，从而实现高质量发展（贾康和孙洁，2009；王丹利和陆铭，2020）。因此，公共物品既可以由政府公共部门和私人部门或集体组织单独供给，也可以由政府和社会共同协作进行供给（Ostrom，1986；王丹利和陆铭，2020）。

就碳汇而言，地球碳汇空间对于企业或消费者来说是全球公共物品，碳汇在维护大气稳定中的作用就是一种典型的全球公共物品，具有非排他性和非竞争性。人们在使用碳汇空间时无须支付任何成本和代价，而其生态效益又为全球、全社会所共享。然而，由于在利益高度分化的世界体系中，并不存在一个与国家政府对等的能够制定政策的国际政府，导致外部性国际化问题难以解决（姜霞，2016）。

2.3.3 循环经济学理论

循环经济（circular economy）的思想起源于美国经济学家肯尼斯·鲍尔丁（Kenneth Boulding）于1966年发表的《即将到来的太空船地球经济学》的论文中，他将地球比作宇宙飞船，提出人类社会应循环利用有限的资源创造更多的经济价值，倡导将"资源消耗型"的经济增长方式转变为"生态保护型"的新经济模式，以实现可持续发展。循环经济的概念则是英国环境经济学家戴维·皮尔斯（David Pearce）和凯利·特纳（Kerry Turner）于1990年在其出版的《自然资源和环境经济学》中正式提出。1996年，德国开始实施《循环经济与废弃物管理法》，随后，一些欧洲国家纷纷效仿德国，从而推动了循环经济的全球共识（魏文栋等，2021）。

循环经济是指经济发展要遵循能量守恒、转化定律与生态学规律，以可持续发展理念作为指导思想，在生产、交换、分配、消费四个领域实现废物资源化、减量化、无害化，将资源综合利用、清洁生产、生态设计、可持续消费等融为一体，推动经济系统与生态系统的和谐循环，从而维护自然生态的平衡（刘华容，2011）。因此，循环经济的本质属性是"经济性"，其外延是"社会性"、"生态性"与"经济性"的系统整合（陆学和陈兴鹏，2014）。循环经济的系统融合体现为人、自然资源、技术、资金等各要素在其构成的系统中运动，而生态性指资源在经济活动中的闭环反馈式流动（刘华容，2011）。

循环经济理论的本质是由"资源—产品—再生资源"所构成的、物质闭环循环流动的经济发展模式，该理论遵循3R原则，即资源利用减量化（reduce）、产品生产再利用（reuse）、废弃物再循环（recycle）原则。资源效用是循环经济理论关注的永恒主题，循环经济与传统经济的本质区别在于对资源效用的衡量标准差异。传统经济使用货币衡量资源效用，注重纯粹的经济价值；而循环经济不仅仅需要体现经济价值，还倡导环境价值和社会价值，但其注重资源效用关乎三种价值共同体现的渐进实现，而非生态经济强调的同时实现，这是循环经济区别于生态经济的主要特征（陆学和陈兴鹏，2014）。循环经济要求"经济配置上的效率、社会分配上的公平、生态规模上的足够"3个原则同时起作用，即实现经济效率从以劳动和资本生产率为主体的传统效率向注重自然资本生产率的生态效率转变；确保自然资本约束下实现经济增长和人类社会可持续发展的生态规模；实现生态规模制约下的社会分配在不同人、不同国别以及代际之间的公平（诸大建和朱远，2013）。

20世纪60年代至70年代，可持续性的生态经济学理论的崛起和发展，推动了循环经济概念在20世纪90年代的形成和扩散。循环经济对缓解资源供需矛盾、降低环境污染、减少资源消耗等方面具有重要意义，成为当代世界各国实现本国经济社会可持续发展的重要战略选择。尽管我国工业化起步较晚，但仍然面临日益严峻的环境污染等问题。自20世纪80年代起，我国开始积极探索循环经济发展的途径和有效措施。2005年，国务院出台《国务院关于加快发展循环经济的若干意见》，明确提出要建设一批符合循环经济发展要求的工业（农业）园区和资源节约型、环境友好型城市。2008年，我国出台了推动循环经济发展的基本法《中华人民共和国循环经济促进法》。2012年，国务院发布的《"十二五"循环经济发展规划》，为推进生态文明建设、可持续发展提供重要指导。2013年，我国发布了《循环经济发展战略及近期行动计划》，成为第一个国家级的循环经济领域专项规划。2017年，国家发展改革委等14个部委发布了《循环发展引领行动》，推动建立再生产品和再生原料推广使用制度，强化了循环经济标准和认证制度。2021年，国务院出台的《国务院关于加快建立健全绿色低碳循环发展经济体系的指导意见》，对绿色低碳循环发展作出了全面部署和安排。同年10月，国务院发布《2030年前碳达峰行动方案》，强调了发展循环经济减少资源消耗和降碳的协同作用。

2.3.4　生态经济学理论

学者研究环境和经济问题分立为环境经济学和生态经济学两大阵营，尽管两者有很多相似之处，存在互补关系，但两者的差异主要在于方法论和指导分析的价值判断不同，生态经济学根据不同的调查研究目的，利用了包括新古典经济学在内的多种方法，在方法学方面更加多元化。生态经济学是生态学与经济学交叉融合学科，其与衍生于新古典经济学范式的环境经济学的最大差别在于，生态经济学认为经济系统本身被嵌入生态系统之中，并将人类需求、福祉、生态环境质量都当作理想的社会目标，而不是将生态环境质量作为经济增长或其他经济目标的附属和中介（张友国和王喜峰，2023）。生态经济学理论借鉴了经济学中成本、收益、效率等概念和分析方法，结合生态学的研究内容，将生态价值等定量化、科学化、直观化，从而为经济发展、环境保护、政府决策提供科学支撑。

传统经济发展模式催生人类社会与资源环境之间的冲突和矛盾并且仍在不断加剧，生态经济学理论在此背景下应运而生。生态经济学作为研究经济系统与生态系统共同构成的生态经济系统的结构及矛盾运动发展规律的一门学科，其概念最早由美国经济学家肯尼斯·鲍尔丁（Kenneth Boulding）于1966年发表的文章《一门科学——生态经济学》中首次提出。1972年，由德内拉·梅多斯（Donella H. Meadows）等人合著的《增长的极限》推广了生态经济学理念，并指出了资源、环境、生态等问题对于人类福祉和经济社会发展的重要意义。1977年，赫尔曼·戴利（Herman Daly）在《稳态经济学》中提出，在生态环境承载力下发展的经济规模就是最佳规模，即稳态经济，得到了生态经济学家的广泛支持。20世纪80年代，在联合国的倡导下，生态经济问题的理论探索及生态经济发展实践得到发展壮大。整体来说，生态经济（ecological economy）是指人类社会不断认知自然规律和自然生态价值、保护利用自然环境和资源、创造积累生态资产、维持社会经济系统永续发展的发展模式（于贵瑞和杨萌，2022）。

生态经济学的主要观点包括人与自然和谐发展论、生态经济协调发展论、生态内因论，强调运用包括新古典经济学在内的多种方法和措施解决环境问题，并认为生态环境是稀缺资源，生态环境具有经济价值，同时，生态系统的价值由边际效益和边际费用的平衡点来决定，生态保护和经济发展之间相互促进、相互制约，两者协同作用才能实现可持续发展（邬尚霖，2016）。生态经济学理论从自然和社会的角度，运用经济学的方法和工具，探索和研究生态系统和社会经济系统的相互作用和协调规律，力求寻找人类发展和保持生态平衡的途径，为解决现实经济发展中环境污染问题、资源利用和配置问题提供理论依据（吴静，2015）。

我国自1980年开始生态经济学的理论研究，并不断创建具有中国特色的理论体系（陈静，2022）。纵观中国生态经济学理论研究发展的40年多年历程，通过生态经济理论、技术和制度创新，建立了比较完整的理论体系，形成了适应中国现实需求的生态经济学科群体，并把生态文明上升为比工业文明更高级别的形态，具体分为四个阶段：一是以生态平衡为核心的理论研究阶段（1981—1983年），1983年出版的第一部生态经济学论文集——《论生态平衡》，成为这一时期生态经济研究领域的经典之作；二是以生态经济协调发展为核心的理论研究阶段（1984—1991年），中国生态经济学理论初步形成的典型标志，就是许涤新1987年《生态经济学》一书的出版，这一时期出版的多部专著和多篇学术论文，为中国生态与环境协调发展实践奠定了坚实基础；三是以生态环境与社会经济可持续发展为核心的理论研究阶段（1992—2000 年），1994 年中国率先发布的《中国 21 世纪议程——中国 21 世纪人口、环境与发展白皮书》、2007 年刘思华的《刘思华可持续经济文集》、2015 年王松霈的《走向 21 世纪的生态经济管理》等代表性著作，以及生态经济实践领域的不断拓展、实践内容的不断丰富，为指导生态经济实践提供了有力的理论支撑；四是以绿色发展为核心的理论研究阶段（2001 年至今），科学发展观，生态文明建设，绿水青山就是金山银山，碳达峰碳中和目标，推动绿色发展，促进人与自然和谐共生等一系列顶层设计和重大战略思想的提出为中国生态文明建设和绿色发展指明了方向、目标和路径（于法稳，2021）。

中国生态经济实践的发展主要体现在：一是生态省、生态县（市）、生态村已经形成体系；二是农林领域的生态经济实践取得一定成效；三是城市生态经济问题成为生态经济实践的重要组成部分，为生态文明与制度建设、区域生态经济发展、生态产业与低碳经济、碳汇战略目标提供了重要保障（于法稳，2011）。中国特色生态经济学以生态经济领域生产力与生产关系的辩证统一关系为重点研究对象，既要探究在生态经济领域如何适应生产力发展要求变革生产关系、完善体制机制，又要探究生态经济发展规律（宋光茂，2022）。生态经济学正视生态极限、重视自然规律、崇尚自然福祉，追求经济繁荣、社会公平、生态持久的宗旨，与中国生态文明建设的宏大愿景不谋而合（季曦和李刚，2020）。

森林、草地、耕地、海洋等系统作为生态的重要组成部分，成为新的经济增长点，是实现碳中和最经济的手段之一。我国应采取力度更大的措施，推进山水林田湖草全要素治理、系统修复、整体保护，扩大优质生态产品供给，提升生态系统碳汇量，维护国家生态安全，发展碳汇经济。

2.4 项目管理与项目评价理论

2.4.1 项目管理理论

项目是一个完整、系统的过程，是为了创造唯一的产品或服务而临时组织开展的任务，项目实施是一个有机整体和环环相扣的过程。项目管理是指在坚持可持续发展理念下，通过将各种专业知识、技术技能、高效工具等系统科学的管理理论及方法，应用到项目的启动、计划、执行和监控、收尾等过程中，对项目进行计划、组织、协调、统筹等活动，以保证项目的顺利实施并实现项目的既定目标（张训望，2020）。项目管理不但要保证项目在既定的时间、范围、费用、质量目标上顺利实现，还必须满足项目相关人员的特定诉求（杨伟，2019）。

项目管理理论（project management theory）起源于 20 世纪五六十年代，最初应用于美国的大型军事工程项目中，是一种较为先进的管理理论，且兼具理论性与实践性、规则性与灵活性，核心在于将先进的管理理念和管理方法融入到与项目相关的人力、资本、技术、资源等要素的管理中，以提高项目管理效率（周悦，2022）。项目管理作为实施组织战略的系统理论和方法，是项目管理活动中的世界观、方法论和思维方式，近年来被发展、提炼成为一种具有普遍科学规律的理论模式，应用到经济、社会各个领域（周君和王珅，2012）。中国的项目管理起步较晚，最初由华罗庚引进并推广，经过几十年的发展，也取得了长足进步，1991 年成立的项目管理研究委员会，极大推动了中国项目管理的发展；2001 年，《中国项目管理知识体系》的推出，标志着中国项目管理理论向着成熟化方向发展（申树峰，2020）。

项目管理理论是一门综合多门学科的新兴研究领域，美国项目管理学会将项目管理分为以下九个知识领域：（1）项目综合管理（integration management），整合、协调项目各个有机体并为目标冲突提供解决方案；（2）项目范围管理（scope management），管控项目的范围规划、范围调整、范围界定等工作内容，避免由于范围不明确导致项目权责不清等问题；（3）项目时间管理（time management），管理项目的时间计划、工期安排、完成时限等内容，以最少的时间和资源消耗达到项目的预期目标；（4）项目成本管理（cost management），包括成本估计、成本预算、成本控制；（5）项目质量管理（quality management），包括项目的质量规划、质量控制、质量保证、质量政策、质量审核等；（6）项目人力资源管理（human resource management），包括项目的组织规划、团队建设、人员选聘、班子建设等活动；（7）项目沟通管理（communication management），通过沟通规划、信息传输、进度汇报等形式，收集、传输、处理项目相关信息所需要实施的一系列措施和互动；（8）项目风险管理（risk management），包括制定风险规划、风险识别、风险分析、确定对应计划及风险监控等阶段；（9）项目采购管理（procurement management），包括采购计划编制、询价、供方选择、合同管理、合同收尾等过程（王琳，2014；申树峰，2020）。

研究项目管理的发展历程有两个视角。从项目管理理论的体系完善视角，可将其分为三个阶段：（1）起源阶段（20世纪50年代），强调利用关键路径法和计划管理法提升项目管理效率；（2）形成阶段（20世纪60年代至21世纪初），初步建立项目管理的基础理论体系；（3）完善阶段（21世纪至今），随着一系列项目管理方法和技术的开发，推动项目管理理论体系进一步完善（周悦，2022）。从项目管理理论的运用视角来看，可将其分为六个阶段：（1）实践阶段；（2）传统项目管理阶段；（3）新型项目管理阶段；（4）现代项目管理阶段；（5）战略项目管理阶段；（6）通用项目管理阶段（张训望，2020）。

面对日益强烈的低碳发展要求，世界各国都承担着更具操作性的减排义务，大多数国家从国家宏观管理入手，通过立法、政策与管理体制等方面来为经济主体创造低碳发展新环境，进而将减排的指标和要求具体落实到行业、地区等企业与个人消费管理中，实现宏观调控和微观管理的结合（朱瑾和王兴元，2012）。在碳达峰碳中和建设中，项目低碳管理发挥着重要作用，管理效果直接关系到社会经济发展的可持续性。项目低碳管理在注重实现项目进度、质量、成本等管理目标的同时，还对环保材料的应用、原材料的节约、生态环境保护等方面给予重视，坚持走"低污染、低投入、高产出"的"低碳经济"之路，实现项目管理的"低碳化"，从而成为推动生态文明建设、可持续发展的重要手段（张训望，2020）。项目低碳管理模式是指通过改进技术、强化低碳环保材料研发投入、优化生产方式及产品性能等措施，降低项目全生命周期（前期设计规划阶段、项目施工阶段、后期运维阶段）的能源消耗、环境污染、生态破坏，实现项目管理的经济、社会、生态环境效益相统一（孙敬，2019；Liu 等，2019）。

2.4.2　项目评价理论

项目评价是人类社会经济发展的产物，最早起源于西方资本主义国家。项目评价是项目监督管理的一种重要手段，通过对项目决策、准备、实施、运营等阶段的管理和实施情况进行公开、透明的全面评估，可以指出项目管理活动中存在的问题，以便总结经验（潘韬锐，2022）。项目评价的概念有狭义和广义之分，狭义概念是指中国人民按照一定的标准和规范，根据项目满足所期望具备的功能，遵守合同要求，对项目实体所进行的评定。广义的项目评价不仅包含对项目有形实体的评价，还包括对项目安全性、美观协调性、成本经济性、质量管理水平、竣工运营、人力资本、自然环境与资源等方面的评价（贾斌，2012）。项目评价是提高决策科学化、民主化、法治化水平的重要手段，是国家宏观经济调控的重要尺度和有力措施，是国民经济发展计划的重要组成部分，也可为微观决策者提供必要信息，为建设项目投资决策提供依据（李荣星，2006）。

从世界范围来看，国际项目评价的发展可分为三个阶段：（1）项目评价的产生与发展的初级阶段（1830—1930年），以追求利润最大化而对项目的投入-效益进行评价；（2）评价分析方法的发展应用阶段（1930—1968年），成本-收益分析方法成为最流行的评价方法；（3）新评价方法产生与应用阶段（1968年至今），从理论和实践视角围绕不同的评价标准、评价方法进行探讨和应用（李荣星，2006）。

我国项目评价的发展历程可分为四个阶段：（1）初期引进阶段（20世纪50年代末至60年代初），主要学习苏联计划经济体制下的项目评价方法；（2）再次引进和推广阶段（20世纪70年代末至80年代初），全面引进西方国家、世界银行等国际金融组织和联合国工业发展组织的项目评价原理和方法；（3）改进和提高阶段（20世纪80年代至90年代初），国家管理部门对项目评价的研究和推广给予了高度重视，为项目评价工作提供了必要的方法和依据；（4）自我研究与开发阶段（20世纪90年代初至今），对项目评价的理论依据、方法、方式、程序、内容等方面进行修订和明确，相关的研究专著和教材的出版为项目评价的实践和应用提供了理论和方法（马丽娜，2007）。

根据项目生命周期各阶段的特点，可将项目评价分为三种：（1）项目前评价（pre-project evaluation），主要涉及项目生命周期的立项阶段，是各类项目投资决策和实施前的必要环节，对拟实施项目的建设背景、技术先进性、经营风险、规划方案的科学合理性、经济性和可行性等方面进行综合全面的分析，以避免和减少决策的失误，提高投资效益等综合结果（姚睿宸，2016）；（2）项目中评价（project interim evaluation），对项目的发展、实施、竣工几个阶段的状态、进展情况进行衡量和检测，为项目管理和决策提供基础和方向（白思俊和王保强，2000）；（3）项目后评价（project post evaluation），是项目竣工并投入使用后，运用科学、规范的评价方法和指标体系，将项目建成后的实际效果与可行性研究报告、初步设计文件及审批文件的主要内容进行对比分析，对项目的建设目标、实施过程、经济效益、环境效益、社会影响、可持续性发展等方面进行综合评价分析，从而为项目运行提供决策机制和改进措施（赵鹏，2018）。

项目评价的主要内容包括：（1）项目目标评价，主要是对项目立项时既定目标实现程度的评价；（2）项目实施过程评价，对项目立项、建设规模、建设内容、工程质量、进度成本等实施情况、配套设施、项目管理组织机构等内容进行评价；（3）项目影响评价，对项目经济、环境、社会等影响因素进行评价；（4）项目效益评价，通过计算项目投入-产出来测算各项经济数据和效益指标；（5）项目可持续性评价，包括政府政策、资金投入、技术运用、组织管理等方面的综合评价，以判断项目的可持续性（潘韬锐，2022）。

项目评价是为项目管理服务的，受到各个机构和管理部门的重视。对于同一个评价对象，评价活动的目的、原则、标准会随着评价主体的不同而不同，评价指标体系的构建也会随着评价对象（评价客体）的不同而变化。随着环境影响评价成为我国环境保护法律制度中的一项重要制度，推动高污染行业减污降碳，严把建设项目环境准入关成为项目管理及其评价中的重要一环。积极推动项目碳排放环境影响评价工作，对有效落实碳达峰和碳中和目标、清洁能源替代、清洁运输等政策方案发挥着重要作用（李伟等，2022）。因此，要遵循特有的自然规律和经济社会发展规律，在项目的前期策划、规划与设计、施工及验收、运用和维护等多个环节，从规划、建筑、结构、设备、智能化等多个系统，从目标属性上评价分析项目的资源和能源利用效率、经济性和可行性、环境保护情况、功能与成本权衡、生态文明和人体健康、低碳目标等经济、社会、生态维度的综合价值，以指导项目建设满足资源节约、环境友好、生态文明的低碳目标要求（周君，2014）。

课后思考

1）简答题

（1）地球科学理论对碳汇理论的支撑作用表现在哪几个方面？

（2）生态系统有哪些功能？

（3）生物生产性土地包括哪六种土地？

（4）循环经济的本质是什么？

（5）项目评价主要包括哪些内容？

2）名词解释

系统　生态系统　生态现代化　生态赤字　生态承载力　外部性　公共物品　环境经济学　生态经济学

第3章　碳汇形成原理及计量方法

3.1　地球系统碳循环原理

地球系统的碳循环是指在物理、化学和生物过程及其相互作用的驱动下，各种形式的碳在每个子系统内的迁移和转化过程，以及子系统之间的通量交换过程。

通量是指流体运动中每单位时间流经一定单位面积的物理量，代表一定属性量的传输强度。

地球系统碳循环的主要过程包括陆地和海洋之间的碳固定和呼吸排放、土壤之间的碳平衡、河流中的碳传输以及海底和岩石圈中的碳沉积。全球碳循环中最重要的循环是CO_2的循环，CH_4和CO是较次要的循环。

3.1.1　碳循环概述

碳是地球上最为主要的生命元素。天然碳循环包括碳固定和碳释放两个阶段。碳的主要循环方式是大气中的二氧化碳被陆地和海洋中的植物吸收，然后通过生物或地质过程以及人类活动以二氧化碳的形式排放到大气中。

碳在岩石圈中主要以碳酸盐的形式存在，总量为$2.7×10^{16}$ t；在大气圈中以CO_2和CO的形式存在，总量有$2×10^{12}$ t；在水圈中以多种形式存在；在生物库中则存在着几百种被生物合成的有机物。这些物质的存在形式受到各种因素的调节。在大气中，CO_2是含碳的主要气体，也是碳参与物质循环的主要形式。在生物库中，森林是碳的主要吸收者，它固定的碳相当于其他植被类型的2倍，储存量大约为$4.82×10^{11}$ t，相当于目前大气含碳量的2/3。

碳循环主要在四个碳库之间进行。主要分为地质碳库、土壤碳库、海洋碳库和生态系统碳库等。2005年全球大气中CO_2的浓度为0.0380%或380 ppm，相当于805 Pg C[①] (Houghton，2007)。目前测得的海洋碳库总量约为38 000 Pg C，约为大气碳库的50倍，然而只有700 Pg C~1 000 Pg C存在于海洋表层并直接与大气接触，对短期碳循环产生作用，化石燃料碳库大小范围在5 000Pg C~10 000 Pg C之间，仅次于深海碳库 (Houghton，2007)。

3.1.2 地球上的主要碳库

碳库是指在碳循环过程中，地球系统各个存储碳的部分。人类活动使地质碳库变成了巨大的碳源；现阶段人类活动对陆地生态系统这个碳库的影响最为显著，而生态系统的碳汇功能正在减弱。

1）土壤碳库

全球碳循环是生态系统中重要的部分，而土壤有机碳库是碳循环中最重要的循环，其相关变化直影响全球的碳平衡，如有机碳的积累和分解。土壤碳库是土壤与生态系统中的碳元素相互转化的场所。一方面，由于人类活动引起大量二氧化碳进入土壤，从而改变了原有的碳库结构；另一方面，土壤中的碳库能有效地把二氧化碳固定下来。因此，两方面因素共同影响着土壤碳库。

土壤碳库在土壤-植物-大气系统中发挥着巨大的作用，它主要由土壤微生物（包括根际微生物）、土壤动物（土壤甲虫）和植物的呼吸释放作用而形成。在对土壤进行有机碳循环过程中，土壤微生物和土壤动物扮演着极其重要的角色。土壤微生物参与有机质和矿物质养分的转化，而且可能对很多污染物和植物毒素具有降解作用。土壤动物不仅为碳库生产了碳元素，而且利用植物光合作用所制造的碳元素，将其输送到植物体内或储存在土壤中。土壤动物也能消耗从外界吸收的有机

---

① Pg C 是 petagrams of carbon 的缩写，即千兆克碳，1 Pg 等于 10^9 metric tonnes，即 10 亿公吨——编辑注。

碳。例如，土壤中的蚯蚓可通过消耗植物残体的有机碳，帮助恢复土壤微生物。但是，目前这些消耗有机碳的土壤动物是否具有重要的生态功能尚存争议。植物的呼吸作用也会产生二氧化碳，但对土壤微生物和土壤动物几乎没有影响。

2）海洋碳库

海洋是地球系统中最大的碳库，海洋碳库是陆地生态系统的20倍，全球大洋每年从大气吸收 CO_2 约20亿吨，占全球每年 CO_2 排放量的1/3左右。

海洋碳汇是指一定时间周期内海洋储碳的能力或容量。海洋储碳形式多元，包括无机的、有机的、颗粒的、溶解的碳等多种形态。海洋中95%的有机碳是溶解有机碳（dissolved organic carbon，DOC），其中95%又是生物不能利用的惰性溶解有机碳（recalcitrant dissolved organic carbon，RDOC），世界大洋中RDOC的储碳量大约是6 500亿吨，储碳周期约5 000年，它们与大气中 CO_2 的储碳量相当，其数量变动影响到全球气候变化。海洋中存在着数量巨大的微型生物（microbes），它们是海洋RDOC的主要生产者——它们可以利用活性溶解有机碳（activated dissolved organic carbon，LDOC）支持自身的代谢，同时产生RDOC。来自生物的RDOC构成了海洋RDOC库的主体，由于RDOC在海水中的代谢周期很长，所以相当于将大气中的 CO_2 封存在海里面。在海水中LDOC的浓度较低，而RDOC的浓度较高，微型生物的这一作用将低浓度的LDOC转化为高浓度的RDOC，就好像将水从低水位提到了高水位，所以这一机制被形象地称为微型生物碳泵（microbial carbon pump，MCP）。

3）地质碳库

地质岩石中平均含有0.27%的碳，其中73%是以碳酸盐和幔源碳的形式存在，其余部分以石油、天然气、煤等各种有机碳形式存在。在各种内外应力作用过程中，碳以水溶气相、油溶气相、连续气相、连续液相等各种形式迁移或转化，最终以 CO_2 的形式通过地下水、油气田、地热区、活动断裂带和火山活动不断释放出来，或者存储在沉积底层中成为 CO_2 气田。

部分动物、植物残体在分解之前即被沉积物所掩埋而成为有机沉淀物。这些沉淀物经过漫长的年代，在热能和压力作用下转变成矿物燃料，如煤、石油等。该部分碳相对稳定，自然状态下一般不参与全球碳循环。但在工业革命后，由于人类的经济活动，开始开采化石原料，使地质碳库中大量非活性炭不断排放到大气中，气候变异也导致寒冷地区的非活性炭排放，转换成大气中的 CO_2，参与了全球碳循环。

4）生态系统碳库

生态系统碳库有很多分类形式，如森林碳库、农田碳库、湿地碳库等。陆地生态系统是一个土壤-植被-大气相互作用的复杂系统，其碳库容量的估算存在较大的不确定性，以不同方法得出的结果也差异较大（可见农田碳汇核算案例）。陆地生态系统碳库也存在较大的区域差异，并受植被、土壤类型及覆盖与气候带的显著影响。

湿地生态系统植物残体由于受到气候和水文条件等环境因素的限制，分解转化速度比较缓慢，因此通常表现为有机碳的积累。湿地有机碳的分解和矿化过程与高地存在明显的差别。高地的好氧环境往往导致动、植物残体的快速分解，因此有机碳的固持量少，而且积累的也是即使在适宜的分解条件下也相对稳定的难分解组分。湿地由于渍水而导致土壤或沉积物剖面频繁的厌氧环境，有机碳的分解速率明显较低，因此，除木质素和难分解组分外，湿地也积累了大量中度可分解的有机碳组分。泥炭湿地长期的碳积累速率为20g C/（m²·a）~30g C/（m²·a）。

2020年世界粮农组织《全球森林资源评估报告》指出，全球森林总碳储量达到6 620亿吨碳，主要储存在森林生物质（约44%）、森林土壤（约45%）以及凋落物（约6%）和死木（约4%）这些碳库中。由此可见，森林是陆地生态系统最主要的碳汇。森林碳汇主要基于自然的过程，这相比工业碳捕捉减排，具有成本低、易施行、兼具其他生态效益等显著特点。森林吸收固定的碳大部分储存在林木生物质中，具有储存时间长、年均累积速率大等明显优势，而且林木收获后的木制产品也可以长时间储存碳，这相对于农田、草地、荒漠和湿地生态系统具有不可比拟的优势。

3.1.3　碳循环的主要途径

碳的生物地球化学循环主要有三种途径：（1）陆生生物有机体与大气之间的碳交换；（2）大气与海洋间的碳交换；（3）人类对化石燃料的应用等。这三种不同路径的相互连接、相互作用构成了全球碳循环。

途径1：陆生生物有机体与大气之间的碳交换。大气中的CO_2被绿色植物吸收，绿色植物通过光合作用将CO_2转化为葡萄糖，再综合成为植物体的碳化合物，植物体在被动物体食用之后，成为动物体的碳化合物。植物和动物再通过呼吸作用将体内的部分碳化合物转化为CO_2后释放进入大气，剩余的部分则构成或储存在生物体中。动植物死后，残体中的碳被微生物分解，变成CO_2最终排入大气中。

途径2：大气与海洋之间的碳交换。CO_2可由大气进入海水，也可由海水进入大气。这种交换发生在大气和水的界面处，因风和波浪的作用而加强。这两个方向流动的二氧化碳量大致相等，大气中CO_2量增多或减少，海洋吸收的CO_2量也随之增多或减少。大气中的CO_2溶解在雨水和地下水中成为碳酸，碳酸能把石灰岩变为可溶态的重碳酸盐，并被河流输送到海洋中。海水中的碳酸盐和重碳酸盐含量是饱和的，接纳新输入的碳酸盐，便有等量的碳酸盐沉积下来。通过不同的成岩过程，又形成石灰岩、白云石和碳质页岩。在化学和物理风化的作用下，这些岩石被破坏，所含的碳又以CO_2的形式释放到大气中。

途径3：人类对化石燃料的应用。人类燃烧化石燃料以获得能量，会产生大量的CO_2，使大气中CO_2浓度升高。燃料燃烧产生的CO_2有一部分可能会被海水溶解，海水溶解CO_2会导致海洋的酸碱平衡和碳酸盐溶解平衡发生变化。燃料的不完全燃烧还会产生CO，CO被土壤中的微生物所吸收，经过一系列反应转化为CO_2。人类干扰的碳循环的碳源主要包括化石燃料释放到大气中的CO_2，土地利用（森林砍伐、森林退化、开荒等）释放的CO_2。

3.2　生态系统的生物生产原理

在生态系统中，生物有机体在生命活动或其他能量输入和输出转换过程中（主要在能量运动路径中），将能量与新物质结合，形成新物质，如碳水化合物和脂肪。这种形成新产品的过程被称为生态系统生物生产。生物生产可以根据个体、群落、种群等划分为不同的层次，也可以直接分为两类：动物性生产和植物性生产。

3.2.1　生态系统的生物生产

1）生态系统的初级生产

在生态系统中，生产者和消费者都是通过合成或吸收有机物来增加自身的生物量、生产量。生产者通过光合作用来生产出比较复杂的有机物，增加植物的生物量、个体数量和供自身生长发育；而消费者通过直接或间接地摄入生产者体内的有机物质，并吸收、消化再合成自己需要的有机物质，来供自身生活生长，增加动物的生物量。

（1）初级生产的概念

初级生产是指在生态系统中生产者利用太阳能或者还原态物质中的能量来生产有机物的过程。其重点是生产了有机物。该过程本质上是自养生物的生产过程。在森林生态系统中，生产者（主要是绿色植物）在初级生产过程中通过光合作用将太阳能转换成化学能固定在体内，有一部分固定的能量用于植物自身的呼吸消耗（自养呼吸，RA），剩下的能量用于植物自己的生长繁殖。用于植物自身生长繁殖的这部分生产量叫作净初级生产量（NPP），总初级生产量（GPP）包括呼吸消耗的生物量和净初级生产量。由于GPP=NPP+RA，可知NPP=GPP−RA。

NPP可以为生态系统中其他消费者提供能量。初级生产量也可以叫初级生产力，生产量的单位是每年单位面积所生产的有机质干重 $[g/(m^2 \cdot a)]$ 或每年单位

面积所固定的能量 $[J/(m^2 \cdot a)]$。

（2）NPP

NPP通常是在生态系统尺度上经过比较长的时间间隔来进行测量的。NPP包括植物生产的新的生物量、扩散或者由根部分泌到土壤中的可燃性物质、转移到和根有共生关系的微生物的碳及叶片向大气中排放的物质。但NPP中新的植物生物量占主要部分，占40%~70%。通常测定NPP就是测生物量增加的速率，其他的根系分泌等部分不会带来生物量增加。所以，有学者认为测NPP是计算碳汇最原始、误差最小的方法。有学者研究，大多数NPP的野外测定只测新产生的植物生物量，因此至少可能低估了30%。

（3）生态系统净生产量

净生态系统生产量（NEP）是指生态系统中有机物或碳的净积累量，就是用活的植物体的生产量（NPP）减去有机物分解的量，也就是在异养呼吸（RH）之后剩下的碳量，公式为NEP=NPP-RH。影响NEP的环境因子很多，尤其是大气中CO_2浓度和气候因素。

大多数碳以GPP的形式进入生态系统，通过一些过程进入生态系统或者是离开生态系统。NEP不仅代表着生态系统中碳储量的增加，决定了绿地生物圈对大气中二氧化碳的影响。植物生长旺盛时，因为光合作用大于呼吸作用，NEP是正值；在冬季时，光合作用强度较低，NEP会因为异养呼吸而呈负值。

2）生态系统的次级生产

（1）次级生产的概念

次级生产是除了生产者的其他生物体利用初级生产中产生的有机物来进行同化作用的过程。因为摄取的能量（C）=同化的能量（A）+排泄物、粪便和未同化食物中的能量（Fu），还有同化的能量（A）=次级生产的能量（PS）+呼吸作用消耗的能量（R），所以次级生产量（PS）=C-Fu-R。

实际上，在生物系统中，植物在各种因素影响下，所产生的净初级生产量不能全部流入下一个营养级，总会在其他方面有所损失。

（2）次级生产的生产效率

① 同化效率。同化效率就是指消费者通过同化作用将摄入食物的能量同化、吸收的效率。也可以用被同化、吸收的这部分能量占摄入的总能量的比例来表示。食草动物的同化效率比食肉动物低；这是因为有的植物比较难消化，食草动物摄入后比较多的能量通过消化道排出去，所以它吸收的能量比较少，同化效率也就比较低。食草动物的净生长效率比食肉动物高；虽然食肉动物摄入的动物组织的营养价值高，但其捕食时消耗的能量多、呼吸和维持自身生长发育的消耗量很大，所以食肉动物的净生长效率比食草动物低。

② 生产效率。动物类群不同，生产效率也就不同。林德曼定律（也称十分之一定律）表明，能量从这一个营养级流入下一个营养级时，下一个营养级可用的能量为这一营养级能量的10%。所以，食物链越长，最后一个营养级摄入的能量就越少，该营养级需要捕食更多的食物才可维持自身的生长发育。人作为其中一类消费者，如果直接食用植物，摄取的有效能量就会比食用动物多，所需食物就会相较来说比较少，食用植物会比食用动物节省更多食物，可以多供养10倍的人口。联合国粮农组织的数据也表明，富裕国家的人均直接谷物消费量较低、以肉乳单品为食品的粮食间接消费量则明显较高。

③ 消费者的代谢率。由前面可知，次级生产量（PS）=C-Fu-R，其中R是呼吸作用消耗的能量，消费者是通过呼吸作用来维持一系列生命活动的，呼吸作用消耗的能量就是其代谢能量。这部分的能量会转化成热能，参与生物体和环境之间的热交换。代谢率就是单位时间内能量的消耗量（kJ/h）。R值就为消费者的呼吸代谢率，但不同个体的呼吸代谢率会受很多因素影响，比如年龄、健康状况等。

3.2.2 生态系的碳吸收原理

1）碳吸收的概念

碳吸收，即通过技术手段将游离的二氧化碳等温室气体固化，并储存起来。设法减少大气中的碳存量，也称为"碳吸收"，即通过技术手段将游离的二氧化碳等温室气体固化，并储存起来。

2）碳吸收的途径

碳吸收的途径主要有植物吸收、海洋吸收和土壤吸收等。

植物吸收是最为常见的碳吸收途径。植物通过光合作用将二氧化碳转化为有机物质，同时释放出氧气。这个过程不仅可以减少大气中的二氧化碳浓度，还可以为生态系统提供能量和营养物质。植物吸收二氧化碳的能力与其生长速度和生长时间有关。例如，快速生长的竹子和树木可以吸收更多的二氧化碳，而短命的草本植物则吸收较少。

海洋吸收是另一个重要的碳吸收途径。海洋中的浮游植物通过光合作用吸收二氧化碳，同时海洋中的生物也可以将二氧化碳转化为有机物质。此外，海洋中的碳酸盐平衡过程也可以吸收大量的二氧化碳。然而，海洋吸收二氧化碳也会导致海洋酸化，对海洋生态系统造成不利影响。

土壤吸收是最为复杂的碳吸收途径之一。土壤中的微生物可以将有机物质分解为二氧化碳，并将其释放到大气中。然而，土壤中的有机物质也可以被储存起来，形成土壤有机碳。土壤有机碳的储存量与土壤类型、气候条件和土地利用方式等因素有关。例如，草地和森林的土壤有机碳储存量较高，而农田和城市的土壤有机碳储存量较低。

3.3 生态系统碳循环与碳通量观测方法

3.3.1 碳循环与碳通量观测概述

碳通量是在生态系统中通过某一个生态断面的碳元素的总量。自工业革命以来，人类大规模的活动改变了生态系统的一些收支平衡，影响了其碳循环过程。人类排放了大量的 CO_2、CH_4 等温室气体造成了全球气温升高，导致了全球变暖等一系列环境问题，对人类以及自然环境的可持续发展构成了威胁，所以分析地球系统的碳循环过程，计量碳通量，评价生态系统对温室气体排放的吸收能力，分析全球碳源、碳汇的时空特征，并预测未来气候变化趋势以及全球变化对地球系统碳循环的影响，是现代地球系统科学、生态与环境科学关注的重大科学问题。研究全球水、碳循环过程，需要长期且可持续、大尺度的生物圈–大气之间 CO_2、水和能量通量观测数据的支撑，碳通量是关键因素，对评价陆地生态系统碳循环在全球碳循环中的作用具有重要意义。

3.3.2　碳蓄积量的估算

碳蓄积量的估算方法主要分为三类：生物量法、蓄积量法和碳通量法。

1）生物量法

生物量法包括平均生物量法、生物量清单法、蓄积量扩展法、遥感估算法以及模型模拟法。

（1）平均生物量法。首先，在探查地根据林分类型设置标准地（样地），通过砍伐测定样本的干、枝和叶质量；其次，将各样本烘干至恒重，得到各样本的含水率，进而推算其生物量，获得标准地单位平均生物量；再次，以标准地单位平均生物量乘以株数来计算单位面积生物量，获得标准地生物量；用标准地生物量乘以不同类型森林面积得到总生物量。平均生物量法具有方法直接、操作简单、精确度高的优点，但对森林生态系统的破坏性很大，且投入大；而采用相对生长模型时，参数的不确定性会造成测算误差。

（2）生物量清单法。以生物量与蓄积量关系为基础，将生态学调查资料和森林普查资料相结合计算森林碳蓄积量。具体计算时，首先测算各森林生态系统类型乔木层的碳贮存密度，然后再根据乔木层生物量与总生物量的比值，估算出各森林类型的单位面积总碳蓄积量。生物量清单法具有技术简单、计量精确、适用范围广的优点，适用于长时期、大面积的森林碳蓄积量监测，但存在劳动力需求大、只能间接地记录碳蓄积量、不能反映出季节和时间变化等动态效应、忽视土壤固碳能力等不足。

（3）蓄积量扩展法。蓄积量扩展法以蓄积扩大系数为核心，基于森林蓄积量测算总生物量，具体由树木生物量固碳量、林下植物固碳量和林地固碳量三部分组成。比较充分地考虑了树种、林下、林地的固碳量，具有操作简明的优点；但采用的系数是基于样地统计的平均数据，因此统计结果可能出现较大的误差。

（4）遥感估算法。遥感估算法基于遥感技术获得各种植被状态参数，结合地面调查，通过分析植被的空间分类和时间序列，测算森林生态系统的生物量分布，进而获得碳的时空分布，实现大面积森林生态系统碳蓄积量的估算。

（5）模型模拟法。经验模型主要基于野外探测所获得的大量的样地数据（含样地参数、树龄和密度等信息），通过回归模型刻画林木生长速率，进而测算生物量。主要利用气候数据来估算净初级生产力和碳蓄积量，具有所需因子少、资料获取容易、操作较简单的优点；但测算精度较低，无法揭示植物生长发育、物质与能量循环的过程，在实际应用中只是将植被生产力与环境因子简单回归，缺乏严密的生理、生态特征及机理支撑依据，且不适用于大尺度碳汇估算。

2）蓄积量法

蓄积量法是以森林蓄积量数据为基础的碳估算方法。它针对森林的主要树种计算出其平均容量，根据总蓄积量求出生物量，然后通过生物量和碳量的转换系数求森林的固碳量。这种方法操作简单，技术直接、明了，有很强的实用性。但仍然会存在一些计量误差，在对转换系数的选择上只区分了树种，忽略了土壤呼吸等因素的影响。

3）碳通量法

碳通量法主要分为微气象学法和箱法，微气象学法的主要思想是大气中物质的垂直交换往往是通过空气的涡旋状流动来进行的，这种涡旋带动空气中不同物质包括 CO_2 向上或者向下通过某一参考面，二者之差就是所研究生态系统固定或者释放 CO_2 的量，包括涡度相关法、涡度协方差法、弛豫涡旋积累法和箱式法。

（1）涡度相关法：长期直接对森林与大气之间的 CO_2 通量进行测定和计算，结果较准确，且可以为其他模型提供基础数据，但对仪器要求很高，且对使用仪器的技术人员也有严格的要求。

（2）涡度协方差法：直接且可连续测定，在考虑林下植物时，适合测算范围较大的整个生态系统碳汇量，精度较高。但所需设备价格较昂贵，对操作人员要求高，实验周期长，所需成本高。

（3）弛豫涡旋积累法：定时采集样品并进行长期测量，直接得到森林各部分碳库流通量；但实际操作难。

（4）箱式法。将密闭箱体覆盖植被各部位，构建一个密闭环境，记录 CO_2 浓度随时间变化量。箱式法不仅可以测定 CO_2 通量，还便于我们了解生态系统的能量流动。该方法成本低、结构简单、易操作，缺点在于易受人为影响，箱式效应和仪器系统误差不可避免。

3.3.3　碳循环通量的观测

1）基于生物量变化的估算方法

生态系统净初级生产量（NPP）、净生态系统生产量（NEP）和净生物群系生产量（NBP）的概念与碳通量相似，可以直接反映生态系统或生物群落的陆地-大气间的净碳交换量。在一定假设条件下，NPP、NEP 和 NBP 都可以利用生态系统生物量变化动态监测数据并进行估算。NPP 的测定主要有两种基本的方法，一种方法就是测定生物量（植物体干重）变化的方法，称为堆积法，堆积法又叫收获法或现存量法。宏观上 NPP 相当于生态系统植物生长量，即单位时间生态系统生物量的增长量。可利用生态系统生物量的时间变化数据来推算，这是一种被广泛使用的方法。另一种方法就是着眼于光合量和呼吸量，在构筑理论方面的数理模型后进行计算的方法。

2）基于碳平衡方程的估算方法

如果能逐项预定或估计出 NPP、NEP、NBP、NEE（生态系统 CO_2 净交换量）

等有关的碳通量参数，就可以评估生态系统的碳平衡状况。该种方法的关键是能否对各项进行准确的测定或评估。随着植物叶片的光合作用和呼吸作用、土壤微生物的呼吸通量、凋落物分解过程等测定技术的进步，许多项目的精确测定已经成为可能。叶片光合作用和呼吸作用的测定方法主要有半叶法、碱液吸收测定法、氧电极测定法、红外气体分析仪测定法。

3）基于碳循环模型的估算法

随着计算机技术的发展，将植物的物质生产过程进行数学模型化，利用模型估算生产力成为研究热点，如碳平衡模型、植被–气候关系模型、生物地球化学循环模型等几种碳循环模型。

4）静态箱法

静态箱法是采用不同类型的同化箱罩住植被地面或土壤表面，通过测定箱内的 CO_2 和 CH_4 等气体浓度变化来计算植被–大气或土壤–大气间气体交换通量的一种方法。包括静态箱–碱液吸收法、静态箱–气相色谱法、动态（静态）气室–红外 CO_2 分析法等几种方法。静态箱–碱液吸收法就是通过碱液（KOH 或 NaOH）吸收 CO_2 以标定一定时间间隙内的土壤呼吸量。静态箱–气相色谱法就是利用密闭气室收集土壤表面产生的气样，通过气相色谱法分析所采集的气体内的 CO_2 浓度，得出 CO_2 浓度的时间变化。动态（静态）气室–红外 CO_2 分析法就是通过一个密闭的或气流交换式的采样系统连接红外线气体分析仪对气室中产生的 CO_2 进行连续测定。在野外试验环境下静态箱–碱液吸收法十分不方便，测定结果往往偏低。静态箱–气相色谱法需要配备价格昂贵且操作烦琐的气相色谱仪，而且误差大，不能大面积地在野外使用。

5）动态箱法

动态箱法包括动态密闭箱法和动态开放箱法。动态密闭箱法常将气室和红外线 CO_2 分析仪连成闭合回路，使一定流量的空气在其中循环，计算出一定时间内 CO_2 浓度的变化。动态开放箱法让一定流量的空气通过开放的箱体，然后测量箱体入口和出口处空气中的 CO_2 浓度来计算 CO_2 通量。其中，动态密闭箱法对红外线气体分析仪测定精度要求不高，测定时间短，对观测土壤的干扰小，但不能进行多点同步观测且测定过程会对生态系统产生一定干扰进而影响结果。目前，动态开放箱法被视为最理想的方法，但要求较严格，设备需进口且价格昂贵、操作复杂，一次只能做一个样地的监测，不方便移动，开放式动态箱系统的"泵效应"会引起通量脉动变化。

6）基于微气象学原理的涡度相关法

这个方法是作为现今国际上公认的碳通量测定的一个标准方法，选取一定高度的平面，带动大气中物质交换的流动的涡旋会带动着CO_2向上或向下流动，穿过某一参考面，向下的CO_2量和向上的CO_2量的差就是生态系统的碳通量。观测的是整个生态系统的净CO_2通量，适用于大范围中长期的定位观测，且要求建立观测站，设备昂贵，成本较大。

3.4 植物光合作用与呼吸作用的测定

3.4.1 植物光合作用与呼吸作用测定的基本原理

1）光合作用及过程

（1）概念

光合作用是指绿色植物吸收光能，把CO_2和水合成有机物质并释放O_2的过程。它是自然界中非常重要而又特殊的生命现象，是太阳辐射能进入生态系统并转化为化学能的主要形式，也是制约生态系统生物生产力最重要的生理过程。生物圈的存在、运转和发展一刻也离不开光合作用，只有光合作用才能为无数生物提供它们所需要的食物、O_2和能量。

（2）过程

光合作用是一个非常复杂的反应过程，可分为光反应阶段和暗反应阶段。光反应阶段是光合作用第一个阶段中的化学反应，必须有光能才能进行，这个阶段称为光反应阶段。光反应阶段的化学反应是在叶绿体内的类囊体上进行的。

暗反应阶段是光合作用第二个阶段中的化学反应，没有光能也可以进行，这个阶段叫作暗反应阶段。暗反应阶段中的化学反应是在叶绿体内的基质中进行的。光反应阶段和暗反应阶段是一个整体，在光合作用的过程中，两者是紧密联系、缺一不可的。

植物通过光合作用，将大气中的二氧化碳固定在有机物中，包括合成多糖、脂肪和蛋白质，储存在植物体内。食草动物吃了以后经消化合成，通过一个一个营养级，再消化再合成。在这个过程中，部分碳又通过呼吸作用回到大气中；另一部分成为动物体的组分，动物排泄物和动植物残体中的碳，则由微生物分解为二氧化碳，再回到大气中。

（3）碳固定

植物通过光合作用可以将大气中的二氧化碳转化为碳水化合物，并以有机碳的形式固定在植物体内或土壤中。生物固碳就是利用植物的光合作用，提高生态系统的碳吸收和储存能力，从而减少二氧化碳在大气中的浓度，减缓全球气候异常趋势。生物固碳包括通过土地利用变化、造林、再造林以及加强农业土壤吸收等措施，增强植物和土壤的固碳能力。生物固碳是固定大气中二氧化碳最便宜且副作用最小的方法，生物固碳在减缓气候变化、实现人类可持续发展方面具有重要的意义。

2）呼吸作用与碳排放

碳进入大气的途径主要有生物的呼吸作用、分解者的分解作用以及化石燃料的燃烧。所有的植物在呼吸时都会呼出CO_2，这个过程每年释放的CO_2估计可达到600亿吨。一项由英国和澳大利亚科学家合作开展的最新研究表明，气温升高很可能意味着植物将释放出更多的CO_2。由于光合作用和呼吸作用是一个可逆的化学反应，植物有可能在某些时候以光合作用为主，有些时候以呼吸作用为主。对于绿色植物来说，在阳光充足的白天，它们将用阳光的能量来进行光合作用，以获得生长发育所必需的养分，固定尽可能多的CO_2。

（1）呼吸作用

生物（包括植物）体内的有机物在细胞内经过一系列的氧化分解，最终生成 CO_2 或其他产物，并且释放出能量的总过程，称为呼吸作用（又叫生物氧化）。呼吸作用实际上是生物 CO_2 的排放。呼吸作用为植物提供获取营养及生产和维持生物量所需要的能量，即生物的生命活动都需要消耗能量，这些能量来自生物体内糖类、脂类和蛋白质等有机物的氧化分解。

（2）植物呼吸作用代谢途径

植物呼吸代谢并不只有一种途径，不同的植物、同一植物的不同器官或组织在不同的生育时期、不同环境条件下，呼吸底物的氧化降解可以走不同的途径。此外，植物呼吸作用还表现在呼吸链（又称电子传递链）的多样性和末端氧化酶的多样性。植物呼吸作用糖的分解代谢途径有三种：糖酵解、磷酸戊糖途径（无氧呼吸或称发酵作用）和三羧酸循环，它们分别在胞质溶胶和线粒体内进行。

在无氧条件下酶将葡萄糖降解成丙酮酸，并释放能量的过程，称为糖酵解。为纪念在研究糖酵解途径方面有突出贡献的三位德国生物化学家，又把糖酵解途径称为埃姆登-迈耶霍夫-帕那斯（Embden-Meyerhof-Parnas）途径，简称EMP途径。糖酵解普遍存在于动物、植物、微生物的所有细胞中，是在细胞质中进行的。糖酵解途径分三个阶段：己糖的活化、己糖的裂解和丙糖的氧化过程。

磷酸戊糖途径是指在细胞质内进行的一种将葡萄糖直接氧化降解的酶促反应过程，或称为己糖磷酸支路，简称PPP或HMP，也称为葡萄糖直接氧化途径。这是一个由葡萄糖-6-磷酸直接氧化的过程，经历了氧化阶段（不可逆）和非氧化阶段（可逆）。氧化阶段将6碳的6-磷酸葡萄糖（G6P）转变成5碳的5-磷酸核酮糖（Ru5P），释放1个分子 CO_2，产生2个分子NADPH（还原型辅酶Ⅱ）。非氧化阶段，也称为葡萄糖再生阶段，由Ru5P经一系列转化，形成6-磷酸果糖（F6P）和3-磷酸甘油醛（PGA），再转变为6-磷酸果糖（F6P），最后又转变为6-磷酸葡萄糖

（G6P），重新循环。

三羧酸循环是指糖酵解的产物丙酮酸，在有氧条件下进入线粒体，通过一个包括三羧酸循环和二羧酸循环而逐步氧化分解，最终形成水和二氧化碳并释放能量的过程。三羧酸循环又称为柠檬酸循环或 Krebs 循环，简称 TCA 循环。三羧酸循环普遍存在于动物、植物、微生物细胞中，整个反应都在细胞线粒体衬质中进行。三羧酸循环的全程反应共 9 步。

（3）土壤呼吸

土壤呼吸是指土壤释放 CO_2 的过程，从严格意义上讲，是指未经扰动的土壤中产生 CO_2 的所有代谢作用。土壤具有储存转化有机碳的作用，土壤的矿化作用（包括植物的根系呼吸、土壤微生物呼吸）是自然生态系统中重要的 CO_2 释放过程。

（1）植物的根系呼吸

植物的根系呼吸是土壤呼吸中的自养呼吸部分，包括细根呼吸和粗根呼吸。有学者对根系呼吸下的定义是：根部及其衍生物的呼吸，包括活根组织呼吸、共生的根际真菌和微生物呼吸、根分泌液和死根的分解等活动产生 CO_2 的过程。活根呼吸依其组成或功能的不同，又可分为粗根呼吸与细根呼吸、生长呼吸与维持呼吸。活根部分的呼吸独立于土壤碳库之外，根据活根对总呼吸的贡献可以推断土壤碳储存速率。根呼吸消耗植物冠层最新固定的光合产物。

（2）土壤微生物呼吸

土壤微生物是生活在土壤中的细菌、真菌、放线菌和藻类的总称。其个体微小，一般以微米或毫微米来度量。它们在土壤中进行氧化、硝化、氨化、固氮、硫化等过程，促进土壤有机质的分解和养分的转化。土壤微生物一般以细菌数量最多，有益的细菌有固氮菌、硝化细菌和腐生细菌；有害的细菌有反硝化细菌等。施用有机肥有益于微生物的生长和繁殖。

微生物呼吸通过分解土壤有机质而直接影响生态系统的碳平衡。随着全球变化研究的不断深入，将土壤总呼吸精确区分为根（际）呼吸与微生物呼吸，对于建立过程基础模型是非常重要的，同时也是评价环境因子对土壤碳循环和碳沉积的影响及估算生态系统碳平衡所必需的。

CO_2浓度升高会对土壤微生物呼吸产生影响。CO_2浓度升高后，以根系分泌物或死亡根组织形式进入到土壤中的碳量将会改变，即为微生物提供的碳源或能量发生了变化，进而影响土壤微生物的呼吸强度。

3.4.2 植物光合作用与呼吸作用测定方法

光合速率的测定是植物光合作用研究的重要手段之一，也是植物生理生态研究中的一个重要指标。主要有以下三种方法：

1）改良半叶法

改良半叶法是以单位时间、单位面积干重的增加量来测定植物叶片光合速率的简易方法，适合田间和野外应用。该方法采用烫伤、环割或化学试剂处理等方法杀伤叶柄韧皮部位的活细胞，以阻止叶片的光合产物向外输送，然后将经过基部处理的叶片沿中脉的一侧剪成两半，将其中一半叶片剪下用湿纱布包裹置于黑暗中，带有中脉的另一半叶片留在植株上在阳光下进行光合作用。经过4~5个小时后，剪下留在植株上的一半叶片，分别在进行了光、暗处理的叶片上割取同等面积的叶片放到烘箱中杀青后烘至恒重，然后分别称取叶片的重量。根据经过光合作用叶片的重量与置于黑暗中的叶片重量的差值、叶面积及光合作用时间计算出光合速率。

该方法的优点是不需要昂贵的仪器设备，在一定程度上能够反映植物叶片在自然条件下的光合速率，因此，目前仍有部分院校和科研单位在教学和科研中使用该方法。但是完全阻断叶片光合产物通过韧皮部位向外输送后，积累的光合产物会对叶片的光合作用产生反馈抑制，因此，测定的光合速率会略低于实际值。由于一天中的光照变化无常，很难将不同时间的测定结果进行比较。此外，改良半叶法只能测得植物叶片的光合速率，而无法测得与光合速率有关的其他参数，如气孔导度、蒸腾速率、细胞间隙CO_2浓度、CO_2补偿点、光补偿点等，并且该方法耗时较长

（4~5个小时），如果遇到阴雨天气，则无法进行测定。

2）氧电极法

氧电极法是通过测定离体叶片、细胞或叶绿体的光合放氧量来表示植物的光合速率。目前常用的是薄膜氧电极，由镶嵌在绝缘材料上的银极（阳极）和铂极（阴极）构成。电极表面覆以聚四氟乙烯薄膜，在电极与薄膜之间充以氯化钾溶液作为电解质，当在两极间加0.6~0.8V的极化电压时，透过薄膜进入氯化钾溶液的溶解氧在铂极上还原，在银极上发生氧化反应，使电极间产生扩散电流，电流的大小与透过膜的氧量成正比。电极控制器将电极间产生的电流信号输出，根据测定时间和叶面积计算出植物组织的光合速率。

该方法的优点是灵敏度高，可以连续监测光合作用或呼吸作用的变化过程；可以控制温度和光照强度，研究不同温度或不同光照强度下的光合速率变化。该方法不受气孔开闭的影响，因此，可用于逆境条件引起气孔关闭时光合作用的研究。但是，该方法只能测定离体组织的光合速率，由于测定时需要将叶片浸在含碳酸氢钠（$NaHCO_3$）的溶液中，排除了气孔因素对光合作用的影响，因此，测定的光合速率只反映了植物光合速率的最大潜力，不能反映植物处在自然环境中的实际光合速率。此外，用氧电极法测出的是植物的放氧速率，虽然从光合作用化学反应式来看，光合作用中释放的 O_2 量等于同化的 CO_2 量，但实际上，由 H_2O 光解产生的电子并不完全用来同化 CO_2，有一部分电子会用于氮的还原、梅勒（Mehler）反应和光呼吸等过程，所以 CO_2 的同化速率实际上低于 O_2 的释放速率，因此用氧电极测定的光合速率不能真正反映植物的碳同化速率。作为光合速率的测定方法，氧电极法测定指标单一，不能测定气孔导度、蒸腾速率、光补偿点、光饱和点、CO_2补偿点、CO_2饱和点等重要特性。

3）红外线 CO_2 气体分析仪法

红外线 CO_2 气体分析仪法是通过检测植物在光合作用过程中 CO_2 变化量来测得植物叶片的光合速率。由不同种类原子组成的气体分子都有特定的吸收光谱。CO_2 对红外线有4个吸收带，其中，只有4.26gm处的吸收带不与水的吸收带重叠，因此在红外仪内设有仅让4.26pm红外光通过的滤光片，当该波长的红外光经过含有CO_2的气体时，由于CO_2对红外线的吸收而使其能量降低，能量降低的多少与CO_2的浓度有关。因此可以通过红外线CO_2气体分析仪检测植物叶片在光合作用过程中CO_2的变化量来测得植物叶片的光合速率。用红外线CO_2气体分析仪测定植物叶片的光合速率有两种气路系统：一种是密闭式气路系统，一种是开放式气路系统。

课后思考

1）简答题

（1）简述地球上的主要碳库。

（2）简述碳循环的主要途径。

（3）简述生态系统生物生产原理的类型及含义。

（4）举例说明碳蓄积量的估算方法。

（5）简述植物光合作用测定的基本原理。

2）名词解释

碳循环　碳库　碳吸收　初级生产　次级生产　碳通量　光合作用　碳固定

第4章　林草碳汇及其评估方法

4.1　森林碳汇及草原碳汇概述

4.1.1　森林碳汇及草原碳汇的定义

森林碳汇是指森林中的植物吸收大气中的二氧化碳并将其固定在植被或土壤中，从而降低该气体在大气中的浓度。草原碳汇泛指草地对大气中的二氧化碳的固定，但草原碳汇由于其不稳定性，目前国内对草原碳汇并没有完全准确的界定。

4.1.2　森林碳汇及草原碳汇的特征

1）森林碳汇的特征

森林生态系统是地球陆地生物圈的主体，也是陆地表面最大的碳库，在全球碳循环研究中扮演着重要角色，它通过同化作用吸收、固定大气中的 CO_2，抑制其浓度上升的功能，对于应对气候变化问题具有积极的现实意义。准确地估算森林生态系统的碳汇储量，不仅有利于解释全球碳收支不平衡的问题，也有利于促进林业碳汇交易的快速发展。在全球陆地生态系统中，森林与草地、湿地、农田等生态系统类型相比具有更强的碳汇功能和增汇潜力。通过有效提升全球森林生态系统固碳能力能够抵消来自化石燃料燃烧释放的 CO_2，减缓全球变暖进程，因此被认为是实现"双碳"目标最为经济、安全、有效的途径之一。

2）草原碳汇的特征

草地（或称草原）生态系统作为分布最广泛的类型之一，在陆地生态系统中占据着重要地位，在吸碳、固碳和陆地碳循环中具有重要作用。是重要的碳汇资源库。草地生态系统作为我国面积最大的生态系统，具有森林无法代替的功能。我国草地资源丰富，天然草地面积约占国土面积的40%，主要位于西部、西北部和北部地区，其植被碳储量占中国陆地生态系统植被层碳储量的2.65%~13.58%，土壤层碳储量高达12.62%~64.59%。草地植物根系庞大，地下生物量占很大的比例。很多碳循环过程发生于土壤中，且这些碳转化速率较小，而草地面积大，因此是非常重要的潜在碳汇。根据政府间气候变化专门委员会（IPCC）发布的评估报告，$1hm^2$天然草地每年能固碳1.3t，等于减少CO_2排放量6.9t。中国草地面积约400万km^2，每年约能固碳5.2亿t，等同于每年减少$CO_2$27.6亿t，为全国碳排量的30%~50%。草地碳汇估算结果具有较大不确定性。我国草地生态系统的平均碳汇量为7.04Tg C·yr^{-1}~84.00 Tg C·yr^{-1}，约占整个陆地生态系统的10%，具有非常深厚的碳汇潜力。开发草业碳汇价值，充分发挥草地生态系统的功能，对CO_2减排具有非常深远的意义。

4.2　森林碳汇评价方法

目前核算森林碳汇量多是通过计算不同时间点森林碳储量，间接地描述森林碳汇变化。样地清查法、模型构建法、遥感监测法多是基于此原理，微气象学法是仅有的可以直接测算森林生态系统碳汇的方法。

4.2.1　样地清查法

样地清查法是指通过设立典型样地，准确测定森林生态系统中的植被、凋落物或土壤等碳库的碳储量，并可通过连续观测来获知一定时期内的储量变化情况的推算方法。归纳起来主要分为三种方法，即平均生物量法、平均换算因子法和换算因子连续函数法，这三种方法具有相同的数学推理方法基础，即都是在推算出生物量的基础上再乘以一个换算系数求得碳储量的方法，换算系数通常在0.44~0.55之间。

1）平均生物量法

生物量是指一个有机体或群落在一定时间内积累的有机质总量，森林生物量通常以单位面积或单位时间积累的干物质量或能量来表示。平均生物量法是指基于野外实测样地的平均生物量与该类型森林面积来求取森林生物量的方法，该法在国际生物学计划（IBP）期间被广泛使用。其优点主要体现在直观明确，操作简便并节约成本。获得样地林分平均生物量的方式主要有三种，即皆伐法、标准木法和相关曲线法。皆伐法是将单位面积上的林木，伐倒后逐个测定其各部分（树干、枝、叶、果和根系等）的鲜重，并换算成干重，将各部分的重量进行合计，即为单株树木的生物量，将单株树木的生物量累计相加后除以相应的株数即可得到平均生物量。标准木法是根据样地每木调查的数据计算出全部树木的平均胸径、树高值或其他测树因子的平均值，然后选出样地中等于或接近这个平均值的数株树木作为标准木，将标准木伐倒后求出生物量，再乘以该样地内单位面积的树木株数，从而获得单位面积上的林木生物量，即平均生物量。相关曲线法采取的步骤是先在样地内伐倒少许树木，确定生物量与胸径或树高的回归关系，然后利用回归关系和所有树木的实测胸径或树高推算样地的生物量。目前应用较多的方程有：

$$W=aDb \text{ 或 } W=a(D^2H)b \tag{4-1}$$

其中，W代表林木各器官的生物量，D代表林木胸径，H代表树高，a、b为参数。

皆伐法的精度高，但是费时费力，很少被采用；利用标准木法和相关曲线法推算的树干生物量和皆伐法相比，误差不超过5%，而枝条和叶的生物量误差比较大，分别可达到15%和20%。另外，在应用平均生物量法进行野外测定时，人们大都选择生长良好的林分，用这些结果的平均生物量来推算该森林类型的总生物量，结果偏大是不难想象的。

2）平均换算因子法

利用生物量换算因子（biomass expansion factor，BEF）的平均值乘以该森林类型的总蓄积量，得到该类型森林的总生物量。这个方法的出现，使得利用森林清查资料中的蓄积量推算生物量和碳储量成为可能，尤其使区域尺度的森林生物量、碳储量的推算精度得到了改善。因此，一些研究者应用此法估算了国家尺度的森林生物量及碳储量。但研究表明，某森林类型的林分生物量与木材材积比值（BEF）不是不变的，而是随着林龄、立地条件、个体密度、林分状况等不同而变化。所以，平均生物量法的不足是显而易见的。也就是说，使用固定的 BEF 值得出的森林生物量和碳储量是不够准确的。

3）换算因子连续函数法

为了克服平均换算因子法将换算因子（BEF）作为常数换算所带来的不足，研究者们提出了换算因子连续函数法，该法是将单一不变的平均换算因子改用分龄级的换算因子，利用该法能够更加准确地推算大尺度的森林生物量及碳储量。例如，Brown 等和 Schroeder 等建立了换算因子（BEF）与林分材积（x）的幂指数函数关系：

$$BEF = ax^{-b} \tag{4-2}$$

其中，a 和 b 均为大于零的常数。

但是，应用这种函数关系推广到处理大尺度的森林清查资料时，存在着严重的数学推理问题，即难以实现由样地调查向区域推算的尺度转换（scaling-up）。因此，有研究者提出了换算因子（BEF）与林分材积（x）的倒数函数关系：

$$BEF = a + b/x \tag{4-3}$$

其中，a 和 b 均为常数。

研究表明，这一简单的数学关系符合生物的相关生长（allometry）理论，几乎可以适合于所有的森林类型，具有普遍性。使用该关系式可以简单地实现由样地调查向区域推算的尺度转换，使得区域森林生物量及碳储量的计算方程得以简化。这一关系式为利用森林清查资料推算大尺度的森林总生物量及碳储量提供了合理的方法基础。但是有的学者对此有不同意见，Zhou 等基于落叶松相关资料的研究提出了换算因子（BEF）与林分材积（x）的另一种倒数函数关系：

$$BEF=1/（0.9399+0.0026V）\qquad(4-4)$$

不过，验证该关系式的研究范围十分有限，这种倒数方程是否具有普遍性仍需进一步研究。

也有研究者将样地清查法分为生物量法、蓄积量法及生物量清单法，这些方法我们已在第3章介绍过，与这里提到的三种方法相比虽然存在着名称、定义解释及计算步骤的差异，但在原理上并没有本质区别。其中森林蓄积量、生物量不仅是研究森林生态系统资源的重要变量，还是核算森林生态系统碳储量的主要因子。生物量法基于植物生物量变化间接地表述碳储量变化。蓄积量法以林木蓄积量为基础估算碳储量。蓄积量可以换算成生物量，蓄积量法可以视为生物量法的延伸。此两种方法的应用已十分成熟。目前在森林蓄积量计算过程中常引入生物量转换因子法以简化计算过程（如IPCC法、BEF法、连续函数法和经验回归模型法），生物量转换因子误差分析可用决策树模型。生物量清单法以生物量与蓄积量两者关系为基础，是IPCC公认的森林碳汇核算方法。

4.2.2 模型构建法

模型构建法是根据所涉及的碳库类型、方法学层级、研究区域不同，基于足量基础数据构建的一种不仅限于森林地上碳库具有模拟预测功能的多尺度简便计算模型。代表模型主要有 CBM-CFS3、CENTURY、ROTHC、BIOME-BGC、IBIS、CASA 模型等。

1）CBM-CFS3 模型

CBM-CFS3模型是一种基于 Tier 3 方法学模拟林分尺度、景观尺度等多种尺度建立的森林碳汇动态模型。该模型可以模拟多种尺度下不同经营管理模式、不同土地利用变化下的碳汇动态变化。该模型已在加拿大和意大利等国被证明是模拟碳汇动态变化的可靠工具，但由于模型参数来源单一，因此推广使用必须基于可靠的模型参数。

2）CENTURY 模型

CENTURY模型是一个主要基于过程的陆地生态系统生物地球化学循环模型，

它常用于模拟不同生态系统下的碳和营养动力学过程，包括草原、农田、森林和热带稀树草原等。根据土壤有机质的分解速率，CENTURY 模型将土壤总有机碳（TOC）分成了三个碳库，即活性、慢性和惰性有机碳库。CENTURY 模型能够模拟不同土壤-植被系统间 C（碳）、N（氮）、P（磷）和 S（硫）的长期动态，包括土壤有机质的分解、植物的生长和呼吸等过程。该模型可以在全球各国管理条件、生产力及农业生态系统的持续性不同的情况下，对多种作物种植系统和耕作方式进行系统性分析。

3）BIOME-BGC 模型

美国 BIOME-BGC 模型是以气象数据、研究区参数、生态数据作为主要因素的生物地理化学模型。它详细分析了植物生态生理过程，尤其是对于气候变化响应的模拟研究分析，常与气温降水相关情景模拟相结合分析，在中国得到了广泛应用。

4）IBIS 模型

美国威斯康星大学研发的 IBIS 模型，是一种面向生物圈和区域尺度的景观过程模型，涉及水汽平衡、碳氮循环和植被动态过程，旨在深化对生物圈各生态发展过程的理解，进一步探索土地利用及气候变化与生态系统结构及功能的关系。IBIS 模型不仅集成了大范围生态生理过程，且能直接与大气环流模式相耦合，模拟反映长时间跨度、多重变化的生物圈生态发展过程，是全新一代的全球生物圈模型，指引着全球碳循环模拟的前进方向。

5）CASA 模型

CASA 模型是 Potter 基于农作物 NPP 算法改进的陆地植被 NPP 全球估算模型，该模型基于资源平衡理论，综合考虑了植被生态生理过程，结果由吸收光合有效辐射（APAR）和光能利用率 ε 确定。由太阳总辐射和植被对光有效辐射的吸收率（FPAR）确定 APAR，由归一化植被指数（NDVI）和植被类型确定 FPAR，ε 指植被所吸收的 APAR 转化为有机碳的效率，主要受温度水分的影响。

4.2.3　遥感监测法

1）光学遥感数据估算碳汇

光学遥感属于被动式遥感方法，由传感器接收并记录地物反射的太阳光强度，利用光学遥感数据进行森林地上部分碳汇估算的常见方法主要有三种。

（1）多元回归分析法。以样地森林地上生物量数据为因变量，以遥感光谱信息、植被指数和纹理特征等为自变量，通过回归分析构建模型对研究区域森林地上生物量进行估算得到碳储量。该方法操作简便，常用于森林地上部分碳汇估算。但是所选变量可能与森林生物量有非线性关系，这种情况可选用非参数法代替，如下面介绍的人工神经网络法等。

（2）人工神经网络法。原理与多元回归法相似，但相对传统参数法而言，神经网络法被认为是研究复杂非线性问题更稳健的方法，在适当优化所用参数的情况下精度更高。

（3）K-NN 法。通过估算生物量对森林碳库进行监测，可以保持碳密度在空间分布上的异质性和相似性，但生物量估算结果往往高于样地清查法，更适用于遥感图像获取时间相近的森林二类资源数据清查地区。虽然人工神经网络法和 K-NN 法与多元回归分析法相比优势明显，但是要求也更高，都需要以大量森林观测数据作为支撑，这也限制了它们的应用。

2）微波雷达估计碳汇

微波雷达不受云层和天气条件的影响，适用于大量云层覆盖的高质量光学遥感数据难以获取的地区。微波雷达测量是利用微波雷达数据反向散射值或相干性与森林地上生物量直接建立回归关系，估算森林地上生物量和碳储量；间接测量是利用微波雷达数据获得树高、冠高等森林结构参数，利用参数与森林地上生物量建立回归关系进行估算。微波雷达数据分析需要较高的分析技巧和专业的软件，解决不同程度的信号饱和问题是该方法目前的难点。

3）激光雷达数据估算碳汇

激光雷达基于激光测距原理，在森林属性和生态系统结构分析方面有常规方法所不能比拟的优势。该方法通过选择样地采集林木参数信息，再利用异速生长方程计算地上生物量，并通过地物对光谱的响应，实现森林水平结构参数的提取，最后使用回归模型对整个研究区内森林地上生物量进行估算。由于该方法避免了微波雷达数据信号饱和问题，因此可用于热带雨林等林分结构复杂、高生物量地区的森林地上碳储量估算。激光雷达数据与多光谱影像相结合的方法在森林地上生物量和碳储量估算方面的应用研究已成为森林遥感研究的热点。该方法的弊端在于低脉冲密度下容易丢失部分树梢信息、无法获得树种分类信息、数据获取成本高、噪声对观测效率有影响。

4.2.4 小结：其他影响森林固碳的因素

相较于其他类型的生态系统，森林生态系统具有较高的固碳稳定性。随着研究的深入，对森林碳库稳定性的影响因素也逐渐被发现。

降水作为陆地生态系统水循环的关键环节，直接影响着森林生态系统内部物质能量循环和树木生理状况。通过研究降水的时空变异性与森林固碳量之间的关系，不同气候带上森林固碳量与降水的响应关系，不同降雨量对森林生长的影响关系，人们发现：在温带森林区和热带干旱区，一定范围内降水量的增加会显著加速林木生长、提升固碳量。年降水量低于 1 000 mm 时最为明显，但超过 2 500 mm 时反而会抑制林木生长，说明降水对森林固碳的影响是有阈值的、多方面的，气候格局相异，影响变化自然不同。

相较降水，气温对森林固碳的影响更为复杂。一方面，升温影响树木蒸腾作用和光合作用，在降低林木碳吸收的同时加速其碳排放；另一方面，在大尺度上还会影响森林水汽的蒸散发和降雨，改变森林生态系统水循环格局，抑制树木生长，降低森林固碳量。已有研究表明，只有在全球尺度上平均温度低于 8 ℃时，年均气温的增长才会促进森林固碳。而目前学者遍认为大气中 CO_2 浓度的增加会提高森林的光合作用速率，有利于森林固碳，这也被称作"施肥效应"。

除此之外，遥感影像分辨率也会影响区域地形地貌的表达。人类活动的干预对森林碳储量的影响是最直接的，如合理的抚育间伐可以改变森林生态系统碳储量各层次之间的比例，但对森林生态系统长期的、整体的碳储量影响尚有待探究。

4.3 草原碳汇评价方法

草地占全球陆地生态系统总面积的1/5，中国拥有各类天然草地近400万km^2，约占国土总面积的41%，略小于森林而远大于农田。草地因其所处地理位置及气候因素的特殊性，其地下部分土壤有机质分解普遍较慢，碳汇作用更为明显，其土壤有机碳库的变化对大气中的CO_2浓度有显著影响。准确核算草地碳储量是评估草地生态系统对大气中的CO_2固定能力和碳库贡献能力的基础，进而为增加草地碳储存、减缓草地温室气体排放等提供科学依据。早期草地碳库估算依靠少数土壤剖面数据，20世纪80年代世界各国开始使用植被类型、土壤类型、生命地带等研究方法，发展至今，评估方法又包括估算法、测定法、遥感法、IPCC法、微气象学法、模型法等。

4.3.1 草地碳储量测定

1）实验测量法

草地相较林地没有庞大的体积和复杂的根系，所以草地碳储量的测定普遍使用收获法，即在样地取样的方法。收获法基于设立的样方获取土壤（采样深度一般为1m）、植物、凋落物和根系样品，烘干得到干重后再采用重铬酸钾-浓硫酸氧化法、催化氧化法或碳元素分析仪测定其有机碳含量，进而计算草地碳储量。有研究者使用氧化法和碳元素分析仪测定青藏高原草地有机碳含量，验证草地退化会降低土壤有机碳含量。而通过这种研究方法发现，样品处理方法、实验时间、提取剂种类、震荡次数等操作会影响实验结果的准确性，即实验的不确定性往往会影响实验结果的准确性。

土壤微生物活动和土壤 CO_2 呼吸带来的草地碳储量变化开始引起人们的注意，有关研究再度兴起，不仅深度得以拓展，而且由于测量方法的改进、仪器的改善以及对相关因素的综合考虑，精度得到进一步提高。箱式法通过利用透明箱体（同化箱）将植被或植被的一部分密封起来，形成一个相对封闭的环境。在这个环境中，通过测定单位时间内箱体内气体浓度的变化，特别是 CO_2 浓度的变化，来计算研究对象的气体交换量。此种方法同样受实验仪器精度、采样场地条件限制等不确定性因素影响。

2）基于IPCC的清单计算法

联合国政府间气候变化专门委员会（IPCC）发布《2006年IPCC国家温室气体清单指南》，给出了3种层次的土壤有机碳变化估计方法（Tier 1、Tier 2、Tier 3）。这为各个国家估算土壤有机碳储量及碳汇潜力、缩小估算偏差提供了较为统一的方法和规范。针对大尺度草地土壤碳储量估算，用缺省值法（Tier 1）最合适，该方法基于 IPCC 排放因子数据库，考虑气候、土壤特征，结合土地利用管理措施，按各自缺省值进行估算。针对小范围样点，国家特定数据法（Tier 2）和高精度法（Tier 3）更为合适，Tier 2 纳入国家特定数据对缺省值进行修正，并结合土地利用转移矩阵精确计算碳库变化量，计算结果较 Tier 1 有大幅提升。高精度法（Tier 3）则基于不同深度，构建长期的、精密的网络，观测土壤、水文、植被等变化，代入模型计算结果，结果最为精确。

3）模型法

土壤有机质模型模拟研究草地生态系统碳捕获潜力已得到充分应用，模型主要有 Roth C、CENTURY、NCSOIL、GESFOC 等，针对草地模型的使用与森林大致相同，差异主要在于模型普适性方面。例如，基于草地生态系统开发的CENTURY模型，用于模拟森林生态系统枯枝落叶层的有机质存在一定缺陷和人为干预，而对农田生态系统模拟同样存在不确定性增加的问题，但相关模型参数对草地的适宜性明显高于森林和农田。

4.3.2　草地碳储量估算

1）回归建模法

草地植被生物量决定了草地植被碳储量，地面采样数量和样方的代表性影响着计算结果的精度。从区域或国家尺度水平上估算草地生态系统生物量多通过两种途径：一是基于大规模的样地勘察数据构建相关生物量或其他变量数据库，二是利用已有数据资料建立以环境因子为自变量，生物量为因变量的回归模型计算生物量。在估算方法中，草地植被的地下生物量常根据地下与地上部分生物量比例系数估算，但是过程的简便性也必然影响数据的准确性。

2）叶面积指数法

叶面积指数体现植被覆盖度，指数不仅影响植被土壤机理，还影响着植被固碳能力。环境湿度是影响草地 CO_2 通量的重要因素，在土壤水分适宜的情况下，CO_2 通量与叶面积指数和地上生物量之间有很好的相关性，可通过叶面积指数及地上生物量与 CO_2 通量的相关性推算 CO_2。

4.3.3　草地碳储量评估

1）遥感法

草地植被碳储量遥感估算的核心是识别草地类型与面积，基于卫星的遥感模型可以显著提高对草地碳动态空间变化和时间变化的监测能力。遥感模型一方面可以利用遥感影像反射率或植被指数与地面实测生物量拟合建立数学模型，通过遥感数据推算草地植被生物量或 NPP；还可以基于光能利用率模型，如植物光合呼吸模型（VPRM），根据光合有效辐射和光能利用率来估算 NPP。但是地形起伏会影响遥感影像精度，进而影响计算结果，所以通过遥感法对复杂地形进行碳汇计算时，要注意遥感影像的尺度选择和地形效应的去除。若需进一步精确测量数值、动态地显示植被碳储量变化，则可以使用 NDVI 或叶面积指数（LAI）等遥感数据和气象数据为主要参数进一步优化模型。

2）微气象学法

与森林碳汇测量评估方法类似，微气象学法通过分析草地生态系统碳通量变化来测定草地碳汇量，或建立草地生态系统呼吸估算模型，通过总初级生产力与生态系统呼吸差值计算生态系统碳汇量，常用方法有涡旋相关法和涡度协方差法等。该方法都可通过仪器的操作直接测量研究区域的 CO_2 通量，该方法在森林和草地生态系统的使用差异主要在于实验场景的设置和测量仪器的放置高度。

4.4 林草碳汇案例

4.4.1 林草碳汇核算案例

1）研究区域

承德市地处内蒙古高原与华北平原交接处，毗邻京津，北通辽蒙，土地面积 393.51 万 hm^2，林业用地占 74%（290.81 万 hm^2）。地形以山地为主（79%），林业对生态、基建及经济贡献显著。森林覆盖率从新中国成立初期的 5.8% 跃升至目前的 59.41%，远超河北省平均值。草地广袤（79.97 万 hm^2），植被茂盛（盖度 73.6%）。年涵养水源 37.6 亿 m^3，涵养水源能力提高 30 倍。重点生态工程推动林木蓄积量达 1.02 亿 m^3，林地与活木面积双增，奠定了碳汇产业的坚实基础。

2）研究方法及数据来源

（1）森林碳汇实物量核算方法

本案例研究主要采用蓄积量法进行碳储量、碳汇量核算。蓄积量法包括森林（林木）蓄积量法和森林蓄积量扩展法。其中，森林蓄积量扩展法的计算公式为：

$$TCF = S_i \cdot C_i + \alpha \cdot S_i \cdot C_i + \beta \cdot S_i \cdot C_i \tag{4-5}$$

$$C_i = V_i \cdot \delta \cdot \rho \cdot \gamma \tag{4-6}$$

其中，S_i 为第 i 类森林的面积；C_i 为第 i 类森林的碳密度；V_i 为第 i 类森林单位面积蓄积量；α 为林下植被碳转换系数；β 为林地碳转换系数；δ 为生物量扩大系数，一般取 1.90；ρ 为生物量蓄积转换成生物干质量的系数，即容积密度，一般取 0.5 t/m³；γ 为生物干质量转换成固碳量的系数，即含碳率，一般取 0.5；林下植被碳转换系数 α 取 0.195；林地碳转换系数 β 取 1.2442。

（2）森林碳汇价值量核算方法

碳汇价值量核算主要是森林碳汇价格的确定。在环境经济统计与生态统计体系（System of Environmental-Economic Accounting - Ecosystem Accounting，SEEA EA）中，碳汇价格主要依据福利经济学的有关理论和方法来确定。

3）承德市森林碳储量、碳汇量核算

（1）森林碳储量、碳汇量实物量核算

2008 年承德市森林面积为 171.46 万 hm²，2020 年增加到 234.67 万 hm²，年复合增长率（CAGR）为 2.65%；2008 年森林活立木蓄积量为 3 807.60 万 m³，2020 年增加到 9 502.00 万 m³，年复合增长率为 7.92%；森林覆盖率由 2008 年的 46.03% 提高到 2020 年的 59.38%。由以上数据计算可得，2008 年承德市森林单位面积蓄积量为 22.21 m³/hm²，2020 年为 40.49 m³/hm²，年复合增长率为 5.13%。根据上述森林蓄积量扩展法的计算公式和相关参数，计算出承德市森林碳储量、碳汇量实物量。

①碳储量计算：承德市 2008 年森林碳储量为 4 411.20 万 t，承德市 2020 年森林碳储量为 11 008.30 万 t。2008—2020 年期间，承德市森林碳储量共增长 6 597.10 万 t。

②活立木碳储量计算：承德市 2008 年森林活立木碳储量为 1 808.61 万 t；2020 年森林活立木碳储量为 4 513.45 万 t。

③年平均碳汇量计算：2008—2020 年期间，活立木、森林、疏林和散生木的年平均碳汇量分别为 225.40 万 t、222.90 万 t、1.61 万 t 和 0.90 万 t。

④林木类型碳储量计算：2008 年森林的碳储量为 1 788.49 万 t，2020 年森林的碳储量为 4 463.24 万 t。2008 年疏林的碳储量为 12.90 万 t，2020 年疏林的碳储量为

32.20 万 t。2008 年散生木的碳储量为 7.22 万 t，2020 年散生木的碳储量为 18.01 万 t。

⑤林龄碳储量计算：2008 年幼龄林的碳储量为 1 330.28 万 t，2020 年幼龄林的碳储量为 3 319.76 万 t。2008 年过熟林的碳储量为 32.91 万 t，2020 年过熟林的碳储量为 82.12 万 t。

⑥林龄年平均碳汇量计算：幼龄林在 2008—2020 年的年平均碳汇量为 165.79 万 t；过熟林在 2008—2020 年的年平均碳汇量为 4.10 万 t。

⑦各类型占比计算：幼龄林在总碳汇量中的占比为 74.38%；过熟林在总碳汇量中的占比为 1.84%。

综上所述，从计算结果来看，承德市的森林碳汇产业还有较大的发展空间。

（2）森林碳储量、碳汇量价值量核算

以下是承德市 2008 年和 2020 年的森林碳储量、碳汇量价值量的计算过程：

①碳汇最优价格计算

根据最优价格模型，承德市森林碳汇的最优价格为 10.11 美元/t ~ 15.17 美元/t。将按照案例评估时间节点美元换算成人民币汇率为 6.3724 : 1，假设这个价格范围转换为人民币在 64.42 元/t ~ 96.67 元/t 之间。

②林木类型碳储量价值量计算

2008 年：森林的碳储量价值为：用 4 411.20 万 t 乘以 64.42 元/t ~ 96.67 元/t 这两个区间值，得到 284 169.50 ~ 426 430.70 万元（使用中间值计算，实际计算应取具体汇率下的价格）；疏林的碳储量价值量为：用 12.90 万 t 乘以 64.42 元/t ~ 96.67 元/t 这两个区间值，得到 831.02 万 ~ 1 247.04 万元；散生木的碳储量价值量为：用 7.22 万 t 乘以 64.42 元/t ~ 96.67 元/t 这两个区间值，得到 465.11 万 ~ 697.96 万元。

2020 年：森林的碳储量价值量为：用 11 008.30 万 t 乘以 64.42 元/t ~ 96.67 元/t 这两个区间值，得到 709 154.69 万 ~ 1 064 172.36 万元（使用中间值计算，实际计算应取具体汇率下的价格）；疏林的碳储量价值量为：用 32.20 万 t 乘以 64.42 元/t ~ 96.67 元/t 这两个区间值，得到 2 074.32 万 ~ 3 112.77 万元；散生木的碳储量价值量为：用18.01万t乘以64.42元/t~96.67元/t这两个区间值，得到1 160.20万~1 741.03万元。

③林龄碳储量价值量计算

2008年：幼龄林的碳储量价值量为：用1 330.28万t乘以64.42元/t~96.67元/t这两个区间值，得到85 696.64万~128 598.17万元；过熟林的碳储量价值量为：用32.91万t乘以64.42元/t~96.67元/t这两个区间值，得到2 120.06万~3 181.41万元。

2020年：幼龄林的碳储量价值量为：用3 319.76万t乘以64.42元/t~96.67元/t这两个区间值，得到213 858.94万~320 921.20万元；过熟林的碳储量价值量为：用82.12万t乘以64.42元/t~96.67元/t这两个区间值，得到5 290.17万~7 938.54万元。

④年平均碳汇价值量计算

以最高价格计算，2008—2020年期间：幼龄林的年平均碳汇价值量为：（320 921.20 - 128 598.17）÷12 = 16 026.92（万元）（这里假设了线性增长，实际可能有所不同）；过熟林的年平均碳汇价值量为：（7 938.54 - 3 181.41）÷12 = 396.43（万元）；2008—2020年期间，承德市年平均碳汇量价值量为：225.40万t×96.67元/t=21 789.42（万元）。

⑤占比计算

幼龄林在总碳汇价值量中的占比为：16 026.92÷21 789.42 =73.55%（这里使用了上面计算出的年平均碳汇价值量的范围，但占比计算可能受其他因素影响）；过熟林在总碳汇价值量中的占比为：396.43÷21 789.42=1.82%。

综上所述，承德市森林碳汇产业有较大的发展空间，特别是在幼龄林方面。为实现"双碳"目标，承德市需要进一步加强森林碳汇管理，提升碳汇价值。

案例来源：张颖，易爱军. 承德市森林碳汇价值核算及其相关问题研究［J］. 创新科技，2022，22（5）：83-92.

4.4.2 林草碳汇交易案例

1）案例背景

林业碳汇是促进生态产品价值实现、助力实现碳达峰碳中和目标的重要手段。它是利用森林的碳储存功能，加强森林管理，减少森林砍伐，保护和恢复森林植被，吸收和固定大气中的二氧化碳，并根据相关规则将其与固碳交易相结合的过程、活动或机制。林业碳汇分为经营性碳汇和造林碳汇两类，其交易始于国际碳市场。国际碳市场上的森林碳汇项目类型主要包括清洁发展机制（CDM）林业碳汇项目、VCS（核证碳标准）计划和GS（金标准）机制。

CDM林业碳汇项目是发达国家和发展中国家根据《京都议定书》规则合作开展的一项双赢清洁发展机制，旨在帮助发达国家履行部分温室气体减排义务，帮助发展中国家实现可持续发展。CDM林业碳汇项目是我国国内主体参与度较高的林业碳汇类型之一。

早在2006年，广西林业部门就依托"广西林业综合开发保护工程"的制度框架，按照清洁发展机制的规则，成功试点了世界上第一个林业碳汇项目——中国广西珠江流域造林工程，探索了清洁发展机制重新造林的技术和方法，获得了高质量的认证减排，并实现了碳汇交易收益。为推广林业碳汇试点经验，2008年，广西实施桂西北退化土地再造林工程，推进再造林碳汇技术方法示范，促进林业生态产品经济效益和林业可持续发展的实现。

2）具体做法

（1）创新林业碳汇方法学

广西林业部门积极响应世界银行在全球范围征集CDM林业碳汇项目建议的号召，于2004年向生物碳基金管理委员会递交了在广西开展CDM再造林的项目建议，中国广西珠江流域治理再造林项目获得认可。随后，广西林业部门组建了林业碳汇专家组团队，于2006年起草了CDM"退化土地再造林方法学"并递交CDM执行理事会，该方法学成为全球首个被批准的CDM造林再造林项目方法学。

（2）实施广西珠江流域治理再造林项目

①科学选取项目实施区域

根据CDM林业碳汇项目的标准，广西林业部门经过仔细评估，选择了珠江中上游的两个重要地区——广西北部的河池市环江毛南族自治县和梧州市苍梧县作为项目实施范围。该区域总面积为4 000公顷，预计在30年的项目计入期内，每年能够减排二氧化碳25 795吨。

②科学选择适宜树种

通过深入的社会经济、环境和立地条件调查，项目团队选择了以下几个树种进行种植：马尾松和枫香混交林、杉木和枫香混交林、马尾松和大叶栎混交林、马尾松和荷木混交林以及桉树纯林。这些树种的选择旨在最大化碳汇能力、促进生物多样性、保持水土，并考虑到相关林产品的经济价值。

③低碳减排管理

在整地过程中，项目团队采用了不炼山、挖暗坎的方式，以减少对原始森林的破坏。团队还根据土壤化验分析结果采用科学配方施肥，尽量采用近距离育苗方式，减少运输过程中的碳排放。造林后，连续进行3年的抚育管理，确保林木正常生长，并进一步增加森林碳汇能力。

④试验碳汇交易

为了更好地了解碳汇交易市场，项目团队建立了400平方米的固定标准地。通过每木检尺，计算出固定标准地的公顷蓄积量和碳汇量。这些数据被用来开展碳汇交易，并获得相应的交易资金。

（3）推进CDM再造林项目示范

广西与世界银行生物碳基金会合作，于2008年在广西西北部地区实施了新的CDM再造林项目。该项目覆盖了隆林各族自治县、田林县和凌云县的集中连片宜林荒山荒地，建设规模达8 671.3公顷。项目计入期为20年，可更新2次，共计60年。预计年减排量为87 308吨二氧化碳，这是一个重要的碳汇贡献。在树种选择方面，除桉树外，其他均为当地的乡土树种，确保了树种的适地性和生态适应性。

（4）创新碳汇项目开发的经营模式

为了扩大碳汇项目的社会参与度，广西林业部门创新了经营模式，采用了多样化的项目经营形式，如"农户/村集体与林场/公司股份"合作造林模式和农户小组、经济能人造林模式。在前者模式中，农户提供土地，由公司、林场出资造林，林木收益按4∶6分配，碳汇收益按6∶4分配。这种模式既保障了农户的土地权益，又使得公司、林场能够获得经济回报。在后一种模式中，农户、小组和经济能人完全自主经营，享有全部的林木和碳汇收益，并可获得政府造林补助资金。这种模式鼓励了个体和民间资本的参与，进一步推动了碳汇造林的普及和可持续发展。

3）主要成效

（1）推动区域生态环境向好发展

通过广西珠江流域治理再造林项目和广西西北部地区退化土地再造林项目的实施，共计完成了9 692.6公顷的造林，使大片荒山荒地得到了绿化。这些项目的实施不仅恢复了当地植被，减少了水土流失，而且随着林木的生长和生物量的增加，森林生态系统涵养水源、保育土壤、固碳释氧、积累营养物质、净化大气环境、保护生物多样性、提供森林游憩等生态服务功能和经济效益正在日益显现，为区域生态环境向好的方向发展作出了贡献。

（2）推进林业碳汇产品市场化价值实现

通过实施这些再造林项目，成功开发了碳汇项目方法学，开创了全球首个CDM林业碳汇项目的成功范例，进一步推动了CDM林业碳汇项目的进程。截至2019年年底，这些项目经监测累计产生碳汇74.8万吨，交易碳汇64万吨，获得碳汇收入298万美元。其中，广西珠江流域治理再造林项目在首个监测期内成功签发了13.1964万吨碳汇减排量，获得碳汇收益51.9万美元；2019年，该项目所生产的碳减排量再获核证签发，核证签发的碳减排量为31.85万吨二氧化碳当量，项目所生产的碳减排量由世界银行生物碳基金会全部购买，实现碳汇交易额 138.57 万美元。广西西北部地区退化土地再造林项目累计吸收储存 42.86 万吨二氧化碳，获碳交易款 160 万美元。这些成果表明，林业碳汇产品的生态价值已经通过市场化交易实现了经济价值的显化。

（3）促使人民群众参与生态产品价值实现

再造林项目的实施还为当地群众提供了就业机会，增加了农户的劳务收入。例如，广西珠江流域治理再造林项目让超过 5 000 户农户从出售碳汇、木质和非木质林产品中获得收益。这不仅促进了当地经济的发展，还促使人民群众参与生态产品价值的实现，提高了他们的生活水平。

案例来源：吴城明，罗有忠. 广西林业碳汇案例 [J]. 南方自然资源，2023（2）：62-64.

课后思考

1）简答题

（1）简述森林碳汇的特点。

（2）简述草原碳汇的特征。

（3）简述样地清查法的类型及特征。

（4）简述草原碳储量测算中基于 IPCC 的清单计算法。

2）名词解释

森林碳汇　草原碳汇　生物量

第5章　农田碳汇及其评估方法

5.1　农田碳汇概述

  农田是全球碳库最活跃的部分。在过去的两个世纪，土地利用排放的 CO_2 大约占人类活动碳排放量的一半，同时，农田生态系统是人工建立的生态系统，人的作用非常突出，因而农田的碳汇潜力主要来源于利用农田过程中土壤碳库与土地利用的变化，比如保护性耕作带来的碳汇潜力，农区畜牧业提质升级带来的碳汇潜力。

5.1.1　农田碳汇相关概念

  农田碳汇指农田从大气中吸收并储存二氧化碳的过程。农田碳汇由作物碳汇和土壤碳汇两部分组成。作物通过光合作用将二氧化碳转化为有机质，有机质里的碳通过秸秆、枯枝落叶或者根系分泌物进入土壤。而这就是农田碳汇是一个吸收、转化、储存二氧化碳的过程。既包括农田利用带来的直接碳汇潜力，也包括通过改善农业管理措施间接带来的碳汇潜力。区别于农田碳库，农田碳汇是一个动态的过程。

  土壤有机碳是通过微生物作用所形成的腐殖质、动植物残体和微生物体的合称。土壤有机碳包括无机碳和有机碳。土壤有机碳是指土壤中各种正价态的含碳有机化合物，是土壤的重要组成部分，不仅与土壤肥力密切相关而且对地球碳循环有巨大的影响，既是温室气体的"源"，也是温室气体的"汇"。土壤具有生命力，也会呼吸，当土壤系统从大气中新吸收的碳大于土壤系统本身消耗的碳，此时的土壤就是一个碳汇；而当土壤系统中释放的碳大于吸收的碳时，土壤就是碳源。如果将有机碳含量高的森林与草原土壤开垦为农田，或者农田的耕作、施肥等管理不当，则会造成土壤有机碳含量下降，使土壤变成主要的二氧化碳排放源。

5.1.2 农田碳汇的特点

1）地理差异性

农田碳汇具有显著的地理差异性。以中国为例，中国耕地面积为19.18亿亩（数据来源：2021年第三次全国国土调查）。我国农田根据土地利用方式分为水田和旱地两类，根据耕作制度可分为一年一熟、一年两熟或两年三熟、一年水旱、双季稻四类。中国幅员辽阔，地形复杂，从南到北纵贯7个气候带，从东到西横跨4 000米高差，气候条件、地形地貌、土壤性状等自然条件千差万别，相应的经济社会发展程度也不相同。多样化的气候类型与下垫面条件决定了我国耕地系统的固碳增汇特征在初始状态、饱和水平与提升路径等方面具有显著区域性差异。不同地区耕地适宜的增汇技术措施存在差异。例如，在辽宁、河南、湖南、山东省实施免耕秸秆还田，土壤表层每公顷年均固碳量分别为0.95吨、0.62吨、0.29吨、0.1吨，而相同的策略在吉林省导致每公顷年均0.04吨的碳排放。

此外，农业灌溉、农业能源利用（柴油、电能）、农业投入品（化肥、农药、地膜……）生产使用等农田管理策略调整也受到耕地微地形与耕作条件、耕地集约利用水平、农作物类型、农户知识与技能水平等因素的影响而表现出区域性差异。

不同地区的耕地土壤表层初始有机碳密度与变化特征存在差异，基本表现为东北、华南、西南地区高（每千克土壤含碳大于16克），华北、西北地区较低（每千克土壤含碳小于8.5克），东北降低而其他地区升高的格局。气候、地形、土壤母质等因素变化导致不同地区耕地土壤碳密度饱和水平存在差异。

2）受人为活动影响大

相较于其他的陆地生态系统而言，农田生态系统是人工建立的生态系统，受人为活动影响大，人们种植的作物是这一生态系统的主要成员。农田中动植物种类较少，群落结构单一。人们必须不断地从事播种、施肥、灌溉、除草和治虫等活动，才能使农田生态系统维持下去。而一旦人的作用消失了，农田生态碳循环就中断了。

农田生态系统主要以一年生植物为主，一年生作物耕地面积占国土面积的12.26%。农田生态系统因人工干预而受到重大影响。一般来说农作物的产量变化不大，但是由于技术提升和种植方式的进步，农作物的产量会得到一定的提升，固定在作物中的碳也是比较稳定的，农田作物碳汇由于作物收获期较短，作物生物量碳汇效果不明显，故常被认为是零。部分学者也验证了这一观点，如赵宁等（2021）通过统计分析，发现我国农田植被碳汇的平均值约为 0 Pg C/a，同时，农田土壤碳汇平均值为（0.017±0.005）Pg C/a，远大于农田植被碳汇。因此，农田生态系统碳汇主要来源于该系统的土壤碳积累，即农田土壤碳汇。

5.1.3　农田碳循环

农田碳循环作为陆地生态系统碳循环的一部分，循环过程大致相似。作物通过光合作用将大气中的二氧化碳吸收转化为有机体，一方面，一部分有机体通过食物链被人类和家畜吸收消耗，并通过呼吸作用和人畜粪便方式释放二氧化碳；另一方面，一部分有机体通过秸秆、枯枝落叶或者根系分泌物进入土壤，在土壤微生物的作用下，分解、积累形成土壤有机碳并被储存在土壤当中，土壤当中的有机质经过动物和微生物的分解和人为因素被释放。人为地添加化肥会增加土壤中的碳量，同时收获作物会移除农业生态系统中的碳量，收割后的秸秆中一部分的有机碳会进入土壤，还有一部分的秸秆可能被燃烧释放二氧化碳排到大气中。

5.1.4　农田碳汇价值

2021 年 4 月 30 日，习近平总书记在中共中央政治局第二十九次集体学习时指出，"十四五"时期，我国生态文明建设进入了以降碳为重点战略方向、推动减污降碳协同增效、促进经济社会发展全面绿色转型、实现生态环境质量改善由量变到质变的关键时期。习近平总书记在中国共产党第二十次全国代表大会上的讲话中，再次强调了"双碳"目标的重要性，他强调要积极稳妥推进碳达峰碳中和。

地球陆地生态系统按生境特点和植物群落生长类型可分为森林、草原、湿地以及受人工干预的农田生态系统。农田碳汇系统是陆地生态系统碳汇的重要组成部分。全球农田总面积约为12.44亿hm²（P.Potapov等，2022），据估计，其碳储量约为170 Pg[①]，超过全球陆地碳储量的10%。农田碳库受人为活动影响大，且在较短时间内是可调节的。因此农业土壤的有机碳储量及其固碳能力是评估减缓气候变化和固碳减排潜力的重要依据。IPCC明确指出，农业近90%的减排份额可以通过土壤固碳减排来实现。2015年联合国巴黎气候变化大会提出"千分之四"的倡议，即将全球农业有机土壤的有机碳储量平均每年提高千分之四，20年内可扭转气候变化趋势。农业土壤固碳也是《京都议定书》认可的有效减排途径，拥有巨大的固碳潜力。中国是一个农业大国，农田是极其重要的战略资源，农田碳汇对应对全球气候变化具有重要的价值和意义。

5.2 农田碳汇评价方法

目前，用于测定农田生态系统碳通量的方法主要有箱法、微气象学法、净初级生产力法和土壤固碳能力差值法。

5.2.1 箱法

箱法通常用来测定土壤、水体和小型植物群落的微量气体成分排放通量。箱法分为静态箱法和动态箱法。静态箱法是应用最为普遍的方法。

---

① Pg（Petagram）常用于衡量全球范围内的地下化石燃料储量中的碳含量。1 Pg=10¹⁵克。

1）静态箱法

静态箱法是一种比较简单的通量测量方法，其箱体是由化学性质稳定的材料制成，容积和底面积都有准确性。箱子底面开口，上面有盖，盖子可灵活开启和关闭。测量时用箱子将被测地面罩起来，在保持箱内空气与外界没有任何交换的情况下，每隔一段时间对箱内待测气体的浓度测量一次，然后根据被测气体浓度随时间的变化，用下列关系即可获得被罩表面气体的排放通量：

$$F_g = \rho_g \times V/A \times P/P_o \times T_o/T \times (dC_t/dt) \tag{5-1}$$

其中，F_g 为被测气体的排放量，V 为箱内空气体积，A 为箱子的底面积，C_t 为 t 时刻箱内被测气体的体积混合比浓度，t 为时间，ρ_g 为标准状态下被测气体密度，T_o 和 P_o 分别为标准状态下的空气绝对温度和气压，P 为采样地点的气压，T 为采样时的绝对温度。

静态箱法的明显缺点是改变了被测表面空气的自然湍流状态，这种改变可能明显影响地面与大气之间的气流转换，从而使测得的排放通量值偏离实际情况。另外，关闭盖子以后，箱内的温度和湿度都可能变化，这也会在一定程度上影响地面与大气的气体交换。

2）动态箱法

动态箱法又称开放箱法，其工作原理是大气从一侧的进气口进入箱内，流经密封的地表，然后从另一侧流出，土壤表面的气体通量可通过气流进出口处的浓度差、流速和覆盖面积等参数算出。根据气体不可压缩的原理和物质守恒定律，动态箱法中 F_g 值可由下式确定：

$$F_g = Q \times \rho_g \times (C_1 - C_2) / A \tag{5-2}$$

其中，C_1 和 C_2 为箱体出口处和入口处被测气体的体积混合比浓度；$Q = Q_1 = Q_2$：流经箱体的气体流量；ρ_g、A 的含义同式 5-1。

用动态箱法测量时，一个重要的问题是应将箱内外气体差控制到最小（即箱内不出现明显对流），否则很小的气压差就会使气体通过土壤流入或流出箱体而造成测量误差。

动态箱法原则上能测量所有土壤表面的实际排放量，但在实际应用中存在许多困难。室温气流的产生需要很严格的设计；在排放通量较低时，C_1 和 C_2 的差别不大，要求浓度测量的精度很高，这对许多气体都是困难的。

箱法原理简单、仪器价格便宜、操作容易、移动便利、灵敏度高，适宜进行小尺度测量，是生态系统碳通量测量的主要方法。但是箱法存在以下问题：由于箱法效应的存在而削弱了观测气体的空间变化性、箱体本身会扰动土壤环境而改变二氧化碳浓度梯度、气压梯度、湍流脉动和气体流动。现在的箱法观测系统已经有了很大的改进，但箱内的物质流动及箱内外的气体压力和气体动力方面仍存在一定的问题。由于这些缺点的存在，使它在很多方面的应用受到限制。

5.2.2 微气象学法

地表释放的气体，最初是通过分子扩散和其他作用力通过土壤孔隙进入地表大气，到达湍流层，经湍流输送过程送入大气，湍流输送的机制则是单个涡旋的位移。通过测量近地层的湍流状态和微量气体的浓度变化，推导地表气体排放通量的方法统称为微气象学法。这种方法要求被测表面大尺度宏观均匀，测点上风向相当大的区域内气体排放通量均匀，在测量周期内大气状态基本不变。在风速不大、地势平坦、下垫面均匀的条件下，可认为测点附近的物质垂直输送通量不断随高度变化，因而在一定高度上测量的气体输送通量能够代表气体排放通量。对所有的微气象学法而言，测定时都需要一块面积足够大，并且十分平坦的下垫面。由于测量过程基本对被测对象无影响，因此微气象学法相比箱法有许多优点，但这种方法不适用于测量甲烷等痕量气体排放，因为在覆盖植物的地表面难以准确直接测定气象要素和垂直方向的痕量气体浓度变化。虽然直接测量法响应快，但灵敏度低，而且仪器设备十分昂贵。

经验表明，常通量层（近地面层）的高度是测点上风方向水平均匀尺度的0.5%，即这种方法要求在大面积均匀地表状况下进行，这样，在某一高度上测量得到的气体输送通量就认为是测点附近地表的该气体交换通量。按照测量参数不同，微气象学法可有很多种，如涡度相关法、空气动力学法、能量平衡法、质量平衡法、涡度积累法、条件采样法以及对流边界层收支法等。

5.2.3 净初级生产力法

目前通常用最大末割法从生物量外推估算作物地上部分和根的NPP。这种外推法基于两个假设：一是从前季到后季既没有生物量也没有枯落物质遗留；二是在获得最大生物量之前死物质没有分解。其外推公式为：

$$NPP=W_{max}+D_L \tag{5-3}$$

其中，W_{max}表示作物最大生物量；D_L为凋落物的量。作物收获时测定的地上生物量为W_{max}，再加上生长期间的凋落物的质量，得到作物地上部分最大NPP。

净初级生产力是植被通过光合作用固定太阳能，在单位面积、单位时间内所获得生物量的净增加量，通常以干重表示。NPP和植被维持性呼吸作用的和，即总初级生产力，代表了单位时间、单位面积内植被通过光合作用所固定的干物质总量，通常NPP以 g C/（m²·a）（每平方米每天有机碳含量的克数）来表示。净碳汇法的思想主要源于此种方法。

5.2.4 土壤固碳速率法

根据土壤碳的变化量可计算农田土壤固碳速率，进而估算固碳量。具体计算过程如下：

$$SOD=SOC×BD×H×10 \tag{5-4}$$

其中，SOD为土壤有机碳密度（g/m²）；SOC为土壤有机碳含量（g/kg）；BD为土壤容量（g/cm³）；H为土层厚度（cm）。

$$DSOD=(SOD_2-SOD_1)/n \tag{5-5}$$

其中，$DSOD$为土壤年固碳速率[g/m²·a]；SOD_2为长期定位试验n年后土壤含碳量的末值（g/m²）；n为长期定位试验的年数。

$$SCC=DSOD×A×10^{-8} \tag{5-6}$$

其中，*SCC*为土壤固碳量（Tg/a）；*A*为农田面积（hm²）。

5.3 保护性耕作与碳汇

农田碳汇要通过一定的农田管理措施来实现，主要是通过加强高标准农田建设、采用保护性耕作措施、改变水稻灌溉方式、促进秸秆还田、增加有机肥施用、采用轮作制度和合理利用土地等，提升农田土壤的有机质含量，减少温室气体排放，增强农田土壤固碳能力。其中，保护性耕作是一项非常重要的新型绿色农业技术，它以免耕和秸秆还田为核心。

5.3.1 保护性耕作概述

1）保护性耕作在世界的起源和发展

以免耕为主的保护性耕作技术最早起源于美国，由于利用大型机械大面积、多频次翻耕农田、耕地裸露和气候持续干旱等，美国于1934年遭遇了前所未有的"黑风暴"。大规模沙尘暴横扫美国2/3的国土，造成大量农田被毁、牲畜死亡、作物减产，给美国的农牧业生产带来了严重的影响，还带来了美国历史上最大的一次"生态移民"潮。沉痛的教训引起人们对传统耕作方式的反思与质疑，也迫使美国于1935年成立了土壤保持局，组织土壤、农学、农机等领域专家开始对传统耕作方式进行改良研究，并逐步对少耕、免耕和地表覆盖等保护性耕作技术进行了试验研究和推广，同时也拉开了世界主要国家开展以免耕为主的保护性耕作研究的序幕。现在，保护性耕作技术已成为发达国家可持续农业的主导技术之一。该技术已在美国、加拿大、墨西哥、巴西、阿根廷、澳大利亚等70多个国家得到推广和应用。

2）保护性耕作在中国的引进和发展

中国自20世纪60年代开始引进和试验少耕、免耕等保护性耕作，并进行系统的相关理论与单项技术研究，还在全国各地进行了试验研究和应用。

自 20 世纪 80 年以来，中国时常遭受沙尘暴的威胁和影响，其发生的频率及强度均逐年有所提高，在造成土壤板结、植被破坏等不良影响的同时，也带来了土地沙漠化及水土流失等问题。相关研究揭露了背后的罪魁祸首——土地过度开垦、耕作和肆意放牧。随后，国家密切关注环境保护与农业生态整治，颁布实施了包括退耕还林还草、限制过度放牧在内的系列方针政策。在此背景下，具有生态保护与增产节支等多重功能的保护性耕作技术受到了各级政府的高度关注，并在半干旱地区首先得到了加速推广式的应用，其作业模式与相关作业机具的研发在全国蓬勃兴起，保护性耕作技术迎来了前所未有的发展机遇。

2002 年，中国开始正式全面推广保护性耕作，经过多年发展，中国保护性耕作技术在理论研究和示范推广方面取得了较大进展，初步形成了具有不同地域特色的保护性耕作技术体系。中国保护性耕作在秸秆还田和免耕播种领域均取得了一定进展，在旱田和水田的保护性耕作方面初步形成了适合中国国情的技术体系。

3）保护性耕作的概念

保护性耕作的定义有一个长期的发展过程。以美国为例，美国对保护性耕作的定义经历了三个不同的历史阶段。前两个阶段都已经涉及作物残茬覆盖，第三阶段明确规定了农田表土 30% 残茬覆盖量。美国最新定义为"保护性耕作是指播种后地表残茬覆盖面积在 30% 以上，免耕或播种前进行一次表土耕作，用除草剂对杂草进行防除的耕作方法"。国内学者对保护性耕作的定义最初是以水土保持为中心，保持适量的地表覆盖物，尽量减少土壤耕作，并用秸秆覆盖地表，减少风蚀和水蚀，提高土壤肥力和抗旱能力的一项先进农业耕作技术，但目前国内对保护性耕作仍没有统一的认识。

高旺盛（2010）针对国内各主要提法并结合我国现状认为，保护性耕作是指通过少耕、免耕、地表微地形改造技术及地表覆盖、合理种植等综合配套措施，从而减少农田土壤侵蚀，保护农田生态环境，并获得生态效益、经济效益及社会效益协调发展的可持续农业技术。其核心技术包括少耕、免耕、缓坡地等高耕作、沟垄耕作、残茬覆盖耕作、秸秆覆盖等农田土壤表面耕作技术及其配套的专用机具等，配套技术包括绿色覆盖种植、作物轮作、带状种植、间作种植、合理密植、沙化草地恢复以及农田防护林建设等。根据对土壤的影响程度可以将保护性耕作技术划分为三种类型。

（1）以改变微地形为主，包括等高耕作、沟垄种植、垄作区田、坑田等；

（2）以增加地面覆盖为主，包括等高带状间作、等高带状间轮作、覆盖耕作（包括留茬或残茬覆盖、秸秆覆盖、砂田、地膜覆盖等）等；

（3）以改变土壤物理性状为主，包括少耕（含少耕深松、少耕覆盖）、免耕等。

4）保护性耕作的实施效应

（1）保土

传统翻耕下，土壤裸露且疏松，雨水的冲刷和风力的侵蚀极易造成大量表层土壤的流失，而保护性耕作由于减少了土壤的翻动，加上秸秆残茬的覆盖保护，可以有效地控制土壤风蚀水蚀，减少土壤流失和田间扬尘。

（2）保水

保护性耕作主要是通过减少地表径流、增加降水入渗以及减少土壤水分蒸发实现保水的效应。保护性耕作通过免（少）耕、地表秸秆或残茬覆盖，阻碍降水直接拍击地面，避免土壤结壳、防止板结，增加自然降雨的入渗，减少地表径流。秸秆残茬还阻碍水流、减缓径流速度，使雨水入渗时间延长。同时秸秆覆盖地表使土壤表面空气同大气之间的对流交换程度减弱，降低了地表水分蒸发速度，保持了土壤耕层蓄水量。

有资料表明，一年一熟地区农闲期，深松覆盖、免耕覆盖与传统翻耕裸露田相比，土壤蓄水量分别提高 8.79% ~ 13.39% 和 7.72% ~ 8.05%，降水储蓄率提高 13.72% 和 11.28%，降水利用率提高 25.55% 和 11.83%。

（3）控温

秸秆覆盖和地膜覆盖对光辐射吸收转化和热量传导均有影响。一方面，覆盖在地表形成一层土壤与大气热交换的障碍层，既可以阻止太阳直接辐射，也可以减少土壤热量向大气散失，同时还可以有效地反射长波辐射；另一方面，免耕形成的土壤结构容重低，不利于热量向土壤中传导。因此，覆盖条件下土温年、日变化趋于缓和，低温时有"增温效应"，高温时有"降温效应"，这种双重效应有利于作物生长。在保护性耕作方式下，地表由于有作物残茬和秸秆覆盖，地温受气温影响较小，处于一种相对恒定的状态，常规耕作地表裸露，地温对气温变化较敏感。

（4）培肥

保护性耕作把大量秸秆通过翻耕的方式还田，直接增加有机质。农作物秸秆中含有大量的氮、磷、钾、钙、镁、硫等元素，是农作物生长必需的主要营养元素。在保护性耕作方式下，大量农作物秸秆及残茬通过翻耕方式还田，使土壤中的氮、磷、钾和其他多种营养元素含量增加，土壤有机质含量提高，达到提高土壤肥力功效。中国农业大学研究结果表明，实行保护性耕作，土壤有机质每年增加 0.03% ~ 0.06%，速效氮年提高约 1.2%，速效钾年提高约 0.89%。

翻耕使土壤疏松，有利于土壤中的好气性细菌繁殖，同时也使土壤中的有机碳与空气接触进而被氧化，形成气态二氧化碳，释放到大气中去；土壤中的养分分解快、多，土壤养分迅速消耗，土壤有机质明显下降。实施保护性耕作，有利于土壤中的嫌气性细菌繁殖，土壤养分分解慢，有利于养分积累，有机质逐年增加。加拿大研究表明，20 世纪农业大开发，机械化深耕深翻土地，大量二氧化碳向空气中排放，土壤中有机质迅速下降，其结果是大气中二氧化碳含量增加，温室效应加剧，全球气候恶化。20 世纪末，随着保护性耕作推广，土壤有机质含量逐渐上升，大气中二氧化碳含量又开始减少，形成既有利于培肥地力又减少温室效应的良性循环。

免耕土壤的孔隙分布较合理，在全生育期内都能保持稳定的土壤孔隙度，且土壤同一孔隙孔径变化小，连续性强，有利于土壤上下层的水流运动和气体交换。

免耕还可增加土壤生物和微生物的数量和活性，免耕使土壤中微动物特别是蚯蚓的数量和活性增加，而土壤中蚯蚓数量的多少是衡量土壤肥沃程度的重要标志。蚯蚓在土体中的翻动可改善土壤结构，其残体可增加土壤有机质含量。免耕、少耕为土壤微生物提供了生存的环境，秸秆覆盖还田为微生物的生存活动提供了丰富的有效能源。土壤微生物的活动加速了秸秆腐解过程，反过来秸秆腐解又为土壤微生物活动提供了有效能源，从而促进土壤质地和结构的改善，提高了土壤的肥力。

（5）增产

免耕通过改变土壤的结构性、养分有效性和持水性来提高作物的产量，而秸秆还田则不仅直接增加了土壤碳输入，还通过增加土壤微生物含量、营养成分含量、改善土壤结构等提高了作物产量。保护性耕作还应用了新型农业机械技术，对粮食增产起到了促进作用。但是，保护性耕作也有不利增产的因素，主要有以下四点：

① 长期实行免耕、少耕，易在冻土层下形成紧实的机具压实层，容重提高，孔隙性变差，影响根系下扎和土壤通气性、通透性，直至影响作物产量。一般保护性耕作田，应3～5年深松一次，打破紧实障碍层。

② 保护性耕作不易掌握秸秆覆盖时机和覆盖量。一方面，秸秆覆盖地表，土壤水分较多，但地表温度降低。播种出苗阶段地温低，对作物出苗会产生不利影响，特别是春播玉米等作物。为了减少降低温度的影响，应采用清除种行上的覆盖物，以及疏松种行表土等措施。另一方面，秸秆覆盖量过大，需要进行浅旋（耙）处理地表时，应注意补施一定的氮肥。因为秸秆中碳/氮比值较高，一般在60：1。秸秆在与土壤混合后腐解过程中，需要吸收一定的氮素，造成与作物争氮，影响作物生长，进而影响作物产量的提高。

③ 保护性耕作易产生病虫害和杂草滋生问题。与传统耕作方式相比，免耕、少耕的麦田杂草种子散落土表，出草时不需要顶土消耗养分，出草齐、数量多、个体壮、分蘖多、群体大，株高增加8%～30%，鲜草重增加19%～50%，且随着耕

作年限的延长，草害有逐年加重的趋势，杂草群落演替加快，恶性杂草的发生趋于严重，增加了防除难度。除草稍有疏忽和迟缓，极易形成草荒，成为影响作物产量主要因素之一。

④ 保护性耕作措施中的免耕技术保护了土壤中的病原菌，为其繁殖创造了环境条件，秸秆还田则将病原菌残体和秸秆内越冬越夏的病原菌又带回了大田，使其得以积累，加之秸秆覆盖增加了土壤含水量和腐殖质以及适宜的气候条件等，致使作物病情加重。

保护性耕作可以减少土壤耕作次数，有些作业一次完成，减少机械动力和燃油消耗成本，降低农民的劳动强度，具有省工、省时、节约费用等特点。燃油的减少也为温室气体减排作出了贡献。另外，保护性耕作由于有大量秸秆还田，增加了土壤有机质，可以减少化肥的使用，既降低了生产成本，又减少了因大量使用化肥所带来的潜在环境威胁，秸秆还田还避免了焚烧所带来的环境污染问题。

5.3.2　保护性耕作固碳减排机理

1）保护性耕作固碳机理

保护性耕作具有碳汇和碳源的双重属性，其核心措施——免耕和秸秆还田主要通过土壤固碳和生物固碳两种方式发挥碳汇效应，但两种措施的联合使用在不同碳汇方式下的交互效应不同。免耕与秸秆还田两种措施联合使用产生的土壤固碳效应高于单一措施，但存在"反协同效应"，即免耕和秸秆还田两种措施联合使用时，土壤固碳量低于各自单独使用时固碳量的总和。生物固碳源于保护性耕作对作物产量的影响，免耕通常会带来减产，而秸秆还田具有增产作用，并且秸秆还田对免耕的减产有减缓效应。

（1）生物固碳

在农田生态系统中，农作物在生长过程中通过光合作用对大气中 CO_2 的固定属于生物固碳，是碳汇的重要来源之一。保护性耕作通过改变作物的生长环境及产量影响生物固碳，免耕提高了土壤的结构稳定性、养分有效性和持水能力，使作物有更高的产量；但免耕容易致使土壤板结，抑制作物生长，也会因土壤温度降低而不利于作物种子的萌发，导致作物产量降低。秸秆还田不仅直接增加土壤的碳输入，而且可以改善土壤结构、提高养分含量、增加微生物的生物量，进而有助于作物产量的提高。但由于农作物增加的生物量大多在短时期内被收割和消耗，经分解又释放到大气中，因此认为农作物生物量碳汇约为零。

（2）土壤固碳

免耕因减少了对土壤的干扰而为土壤团聚体有机碳提供了更好的物理保护，从而减少了土壤有机碳的分解。秸秆还田通过提供更多的有机质来加速大团聚体的形成以促进土壤有机碳固存。与常规耕作相比，免耕条件下较高的土壤湿度和较低的土壤温度会减缓有机残留物的降解速度，促进土壤有机碳固存。

（3）土壤有机碳含量

保护性耕作减少了对土壤的扰动，加上地表残茬的作用，减少了表土有机碳的流失，增加了表层有机碳的含量。但是和传统耕作相比，通常免耕覆盖增加的土壤有机碳主要集中在土壤表层几厘米深度，并不总是引起整个土体土壤有机碳的增加，表现出明显的层化现象，即土壤表层有机碳含量高，随着深度的增加而有机碳含量呈下降趋势，甚至出现较低的水平。另外，土壤固碳具有明显的滞后效应，免耕覆盖在5~10年后才能有明显的土壤碳固定效应。

土壤有机碳与土壤团聚程度关系密切，团聚体形成作用被认为是土壤固碳的最重要机制。土壤团聚体是土壤结构的基本单元，其数量和质量直接决定土壤质量和肥力，不同粒级团聚体在养分的保持、供应及转化能力等方面发挥着不同的作用。耕作带来的机械扰动破坏了大团聚体，暴露出原先被团聚体保护的土壤有机碳，提升土壤有机碳的分解速率。保护性耕作可显著提高表层土壤大团聚体的含量与团聚体的稳定性，秸秆还田措施中植物残体的输入有效改善了作为团聚体胶结剂的土壤有机质状况，促进了团聚体的形成和稳定。大团聚体在新鲜植物残体周围形成，大团聚体破碎后释放出原先被大团聚体包裹的新老微团聚体后，微团聚体数量就会相应增加，免耕覆盖使土壤有机物质输入增多，土壤有机碳含量增加，就会出现更多的新大团聚体，而微团聚体相应减少。保护性耕作还可提升团聚体有机碳含量，免耕覆盖增加了新鲜植物残体有机碳含量，更多的有机碳被大团聚体保护起来，进而促进了有机碳在土壤中的固定。

（4）土壤有机碳组分

与土壤总有机碳相比，有机碳组分对农业措施改变的敏感性更强，有利于揭示耕作方式对土壤有机碳的影响机制。土壤有机碳主要以重组形式存在，重组有机碳是轻组有机碳分解后聚合形成的，其结构复杂，不易被土壤微生物转化、分解与利用，是土壤有机碳的稳定部分，可用于指示评价土壤有机碳的固存性能，被认为是衡量土壤固碳能力的重要指标。轻组有机碳是土壤碳库的活性部分，主要来自新鲜动植物残体以及根系分泌物，易被土壤微生物分解利用，对人类活动（诸如耕作、秸秆还田等措施）相对敏感，是衡量土壤碳库质量的重要指标。

合理的保护性耕作措施能够改善土壤轻组、重组有机碳组分之间的动态转化条件，提升土壤中轻组有机碳含量。秸秆还田可增加外源有机碳投入，能够显著提升土壤轻组有机碳含量；免耕保护表层土壤不受扰动，降低了轻组有机碳的分解速率；免耕还显著提高了土壤微生物量，使得土壤微生物碳相应提高。

2）保护性耕作减排机理

农田是温室气体（主要包括CO_2、CH_4和N_2O）排放的来源之一，农田系统中N_2O和CH_4的排放量分别比CO_2的排放量多265倍和28倍。免耕和秸秆还田之后，土壤的物理、化学性质及微生物量得以改变，产生了与保护性耕作之前不同的温室气体排放量。免耕减少了犁壁耕作导致的土壤有机碳损失，致使CO_2释放量降低，降低了土壤温度，而使CH_4排放量减少，土壤温度的降低还使土壤呼吸速率下降，从而减少了呼吸作用产生的CO_2。秸秆还田因土壤有机碳增加和土壤孔隙度增大而促进土壤呼吸，增加了CO_2的排放量；有机质腐化过程消耗O_2，强化了厌氧环境，抑制甲烷菌的活性，导致CH_4排放增加；秸秆还田为反硝化或硝化提供更多的碳氮基础，促进N_2O的排放。免耕和秸秆还田两者交互对温室气体排放的影响，目前学界尚未达成共识。

（1）保护性耕作净碳汇

保护性耕作净碳汇指的是保护性耕作净的碳固定效应，表现为保护性耕作生物固碳与土壤固碳之和与温室气体排放的差。一般来说，保护性耕作有利于农田土壤净碳汇的增加。

（2）保护性耕作在中国的重要实践

保护性耕作在中国的试验推广是从北方开始的，其中，东北黑土地保护性耕作是一大重点。作为世界仅有的四大黑土区之一，东北平原长期采用以旋耕、秸秆离田、秸秆田间焚烧为主的常规耕作，由此导致了严峻的土壤退化问题。东北黑土"变薄、变瘦"，严重威胁到国家粮食安全和东北地区的生态环境，亟待开展保护与利用相结合的技术研发与示范推广。国家出台了一系列政策措施推动黑土地保护性耕作的实施，地方政府和各科研团体也积极进行理论探索、长期实践与重点技术攻关。现在，东北地区尤其是吉林省保护性耕作面积发展位居全国首位。

东北的"梨树模式"是中国保护性耕作试验具有当地特色、因地制宜的一种成功探索与应用。2007年，由中国科学院沈阳应用生态研究所张旭东牵头，联合吉林省梨树县农业技术推广总站、中国科学院东北地理与农业生态研究所和吉林省土壤肥料工作总站，在吉林省梨树县高家村建立了"中国科学院保护性耕作研发基地"。通过将科学研究、技术开发和示范应用相结合，建立了一整套玉米秸秆覆盖少/免耕全程机械化技术模式，开创了农艺-农机融合的现代玉米耕作模式，促进了东北黑土地玉米耕作制度的改革，为东北黑土的可持续利用奠定了理论和技术基础。到2022年，对应用效果的监控已有15年，进一步验证了保护性耕作除有效控制土壤遭侵蚀外，在土壤培肥及蓄水抗逆方面也有积极的效果。

纵观保护性耕作产生的原因到现在研究的关注点，我们不难发现，保护性耕作研究经历了由单纯技术效益到长期效应及理论机制研究的发展。保护性耕作最初的研究主要集中在减少耕作、秸秆管理技术的效果，如水土流失的控制、保土培肥效果等，现在已经由单纯的技术研究逐步转向保护性耕作的长期效应及其对温室效应的影响、生物多样性等理论的研究，为保护性耕作的长期推广提供理论支撑。

5.4 农区畜牧业与碳汇

快速发展的农业是碳排放的第二大来源，畜牧业在其中占据了较大比重。联合国粮农组织（FAO）调查数据显示，畜牧业生产活动所导致的温室气体排放已占到了全球人类活动碳排放量的 18% 左右。农区畜牧业是畜牧业的重要组成部分。

农区畜牧业是指以农业生产为主的地区内的畜牧业，土地利用类型主要是农田。这类畜牧业所依托的地区一般具有较好的农业资源和气候条件，因此畜牧业的发展潜力也较大。农区畜牧业与农田利用紧密相关，可以通过改善畜牧管理措施、品种选育等间接提升土壤的碳汇潜力，因而也具有较大的碳汇潜力。

5.4.1 农区畜牧业的特征

农耕区以舍饲为主的畜牧业称农区畜牧业。农区畜牧业的特点是：

第一，以耗粮型畜牧业为主。家畜种类主要是消耗粮食较多的猪、家禽、役畜和山羊等，饲料来源是农产品、饲料粮、秸秆和野草、野菜等，并利用山坡和零星草地放牧。

第二，兼用型畜牧业比较发达，如乳役兼用或肉役兼用的养牛业、养马业和养驴业等。

第三，以舍饲为主。除了在农作物收获后进行短期茬地放牧外，其余时间均在畜舍内进行人工饲养。

第四，饲料费用占的比重比较高，一般占畜牧费的65%以上。能充分实现农牧结合，经营管理较为细致，生产水平较高。经营方式主要是农家副业，还有国有牧场和畜牧专业户。

5.4.2 农区畜牧业碳排放

每年全球食品生产形成的温室气体排放约为173亿吨二氧化碳当量，其中57%来自动物食品。综合来看，畜牧业和水稻种植排放的甲烷约占粮食体系温室气体排放量的35%。畜牧业成为当前温室气体排放量的主要来源之一。农区畜牧业由于采取以舍饲为主、耗粮型为主的喂养方式，因此是重要的碳排放源。

1）肠道发酵碳排放

牲畜的肠道发酵是碳的一个重要排放源。在牲畜的日常生活中，其能量代谢是通过甲烷菌生成的甲烷排出体外，食物在牲畜肠胃中发酵会产生大量的甲烷。不同种类的牲畜肠道发酵的位置也有所不同，将牲畜分为反刍动物和非反刍动物两类，如牛、羊等反刍动物的甲烷产生于瘤胃和后肠中；而猪等非反刍动物的甲烷则产生于大肠中。值得注意的是，这两种形式产生的碳排放量远远不同，统计资料显示，反刍动物如牛和羊等的碳排放量最大，几乎占到了全球生物碳排放量的95%，而猪等非反刍动物碳排放很少，仅占余下的5%。目前，反刍动物排放的甲烷所产生的碳排放量已经占到全世界碳排放量的20%左右，甚至超过了所有交通工具的总和。

2）粪便分解碳排放

牲畜粪便的主要成分是有机物和水，在很多微生物的作用下粪便得以分解，在复杂的分解过程中就产生了甲烷等碳排放源。根据甲烷产生的化学作用机制，动物粪便分解产生的碳排放量与所有微生物分解、粪便特性和温度环境均有一定的关系。甲烷的产生所需的厌氧微生物对温度、湿度和酸碱平衡度都有要求。一般来说，牲畜粪便温度和湿度越大，粪便分解所带来的碳排放量就越大。然而，牲畜粪便的碳排放与其饲料的种类及消化能力也有关系，饲料的能量越高，牲畜的消化率越高，产生的碳排放量也就越大。在处理牲畜粪便时，不同的处理方式也会影响粪便分解过程中的碳排放，粪便的水分含量越大，碳排放量就越多，因此，以固态形式处理的牲畜粪便因其通过有氧的方式进行分解，几乎不会产生碳排放。

3）饲养能源消耗碳排放

畜牧业的发展是一个产业链的发展过程，在牲畜的饲养过程中需要直接和间接地消化大量的能源，特别是在畜牧业的饲料方面需要较大的供应量，而在饲料的生产过程中会消化大量的化肥等，这些都会间接地产生碳排放。另外，在牲畜养殖过程中，随着产业化升级和规模化经营的推广，需要为畜牧业提供的专门规模的养殖场，而规模化经营也要求畜牧业经验和管理的升级，如供暖、降湿、照明等，都需要机械化运作，这些机械化运作必然带来能源的消耗和必要的碳排放。因此，在畜牧业的产前、产中和产后饲养及管理方面带来的间接畜牧业碳排放也是重要的影响因素。

5.4.3　农区畜牧业碳汇及增汇路径

中国的畜牧业可划分为牧区畜牧业和农区畜牧业两种类型。相关研究发现，森林、草地和农田一起构成了中国的三大碳库，在碳循环中起着极其重要的作用。对于牧区畜牧业来说，草地资源是最为重要的碳汇来源。而中国东部、南部农区的畜牧业以畜禽密集型养殖为主，饲养的牲畜占全国总数的80%。除了草地资源之外，畜牧业发展所依托的多为没有植被附着的农地，碳汇功能及潜力相比牧区畜牧业较低，因而相关研究也相对较少。需要注意的是，土壤碳汇是农业碳汇的重要组成部分，农区畜牧在农区生产中会带来土地利用方式、农业生产方式的变革，也会在一定程度上影响其所依托的土壤的碳汇潜力，因而农区畜牧业可以通过多种方式变化以提升土壤碳汇功能，实现增汇。其具体的增汇路径主要包括以下几个方面：

1）土地利用变化

通过改变土地利用方式，如将草地转化为林地或农田，可以增加碳汇储存，减少温室气体排放。这种土地利用变化可以通过提高土壤质量、植被覆盖率等手段来实现。

2）农业生产方式

通过改变农业生产方式，如采用有机农业、精准农业等技术，可以减少化肥、农药等的使用，从而减少温室气体排放。这种农业生产方式可以促进土壤微生物的繁殖和有机质的合成，从而增加土壤的碳汇能力。

3）畜牧业管理

通过改变畜牧业管理方式，如合理安排放牧时间、放牧频率、放牧量等，可以促进植被的生长和土壤有机质的积累，从而增加碳汇储存。

4）能源利用方式

农区畜牧业可以通过改变能源利用方式，如采用可再生能源（如太阳能、风能等）替代传统能源（如煤炭、石油等），降低能源消耗和碳排放量。

5）废弃物处理方式

农区畜牧业可以通过改变废弃物处理方式，如采用废弃物资源化利用技术（如堆肥、生物质能利用等）替代传统废弃物处理方式（如填埋、焚烧等），减少废弃物的产生和碳排放量。

5.5 农田碳汇案例

5.5.1 农田碳汇核算案例

本节以湖北省农田碳汇测算为例，说明农田碳汇的测算过程，可以作为农田碳汇评估的参考。

1）主要参数来源（见表5-1至表5-3）

表5-1　　　主要农作物碳吸收率（C_f），干重比（W_i）及经济系数（H_i）

作物类型	碳吸收率	干重比	经济系数
水稻	0.4144	0.855	0.489
小麦	0.4853	0.87	0.434
玉米	0.4709	0.86	0.438
豆类	0.45	0.82	0.39
薯类	0.4226	0.45	0.667
油菜籽	0.45	0.82	0.271
花生	0.45	0.9	0.556
芝麻	0.45	0.9	0.417
棉花	0.45	0.92	0.1
甘蔗	0.45	0.32	0.75
麻类	0.45	0.83	0.83
烟叶	0.45	0.83	0.83
蔬菜	0.45	0.15	0.83
瓜果	0.45	0.9	0.7

数据来源：谢婷，张慧，苗洁，等. 湖北省农田生态系统温室气体排放特征与源/汇分析［J］. 农业资源与环境学报，2021，38（5）：839-848.

表5-2　　　　　　　各类农业生产投入碳排放系数

碳排放源	碳排放系数	来源
氮肥	$2.12kg \cdot kg^{-1}$	
磷肥	$0.64kg \cdot kg^{-1}$	陈舜等，2015
钾肥	$0.18kg \cdot kg^{-1}$	
复合肥	$1.77kg \cdot kg^{-1}$	中国农村统计年鉴，2022
农药	$4.93kg \cdot kg^{-1}$	张婷等，2014
农膜	$5.18kg \cdot kg^{-1}$	
柴油	$0.59kg \cdot kg^{-1}$	WEST T O，MARLAND G，2002
灌溉	$20.48kg \cdot hm^{-2}$	李波等，2011
翻耕	$312.6kg \cdot hm^{-2}$	田云、张俊飚等，2013

表5-3　　　　　　　　　各类型稻田CH₄排放因子　　　　　单位：kg·hm⁻²

水稻类型	CH₄排放因子
早稻	241.0
中稻	236.7
晚稻	273.2

数据来源：田云，张俊飚. 中国农业生产净碳效应分异研究 [J]. 自然资源学报，2013，28（8）.

　　土壤翻耕是造成土壤中温室气体排放的主要原因，其中N_2O则是土壤碳排放的重要排放源。但由于计算农用地N_2O排放量所需数据缺乏且获取困难，本章借鉴韦良焕等（2019）测算出的湖北省2000—2016年农用地N_2O排放量，但由于该文只测算到2016年，且排放量后期有下降趋势，采用基于2007—2016年这10年的数据平滑出2021年参考的N_2O排放量（见表5-4）。

表5-4　　　　　　　　　湖北省农用地 N_2O 排放量　　　　　单位：万吨

年份	农用地N_2O
2007	0.7057
2008	0.7805
2009	0.8322
2010	0.8346
2011	0.8472
2012	0.8432
2013	0.8091
2014	0.7946
2015	0.6966
2016	0.699
氧化亚氮排放量平均值	0.7843

数据来源：韦良焕，林宁，莫治新. 中国省域农业源N_2O排放清单及特征分析 [J]. 浙江农业学报，2019，31（11）：1909-1917.

土壤容重及土壤厚度因现实原因无法找到整个湖北省的整体数据，因此我们以湖北省东西中三个地区代表城市的土壤监测数据，按照大致耕地面积比重计算加权平均值得出（见表5-5、表5-6）。

表5-5　　　　　　　　　　　　主要参数列表

参数	含义	取值		来源
		2021年	2012年	
NSC	无化肥和有机肥施用情况下农田有机碳变化	$0g \cdot kg^{-1} \cdot a^{-1}$	$0g \cdot kg^{-1} \cdot a^{-1}$	万小楠等，2022
BD	土壤容重	$1.25g \cdot cm^3$	—	湖北省土壤数据
H	土壤厚度	20.84cm	—	湖北省土壤数据
S_p	湖北省耕地面积	4 768.6千公顷	3 390.06千公顷	湖北省第三次国土调查数据
PR	农田秸秆还田推广施行率	23%	23%	张国等，2022
NF	化学氮肥施用量	96.1万t	156.1645万t	湖北省统计年鉴，2022
CF	复合肥施用量	101.5万t	103.8734万t	中国农村统计年鉴，2022
SGR_j	作物j草谷比	见表5-6	见表5-6	农业农村部办公厅
CY_j	作物j当年产量	湖北省统计年鉴	—	湖北省统计年鉴

表5-6　　　　　　　　　　　　主要作物草谷比

作物	草谷比
玉米	2.05
水稻	1.28
小麦	1.38
棉花	3.32
油菜	2.05
花生	1.50
豆类	1.68
薯类	1.16
甘蔗	0.11

数据来源：农业农村部办公厅.

2）研究方法

（1）净碳汇法

直观地通过计算农田生态系统中农作物的碳吸收量和农田碳排放量的差值得出净碳汇量，偏向于以农作物为主。

需要的数据：各农作物的碳吸收率（C_f）、经济产量（Y_i）、作物干重比（W_i）、经济系数（H_i）；各类碳排放源的数量（E_i）及其碳排放系数（δ_i）。计算公式为：

①碳吸收量（C_t）

$$C_t = \sum_1^n C_i = \sum_1^n C_f \times Y_i \times W_i \div H_i \tag{5-7}$$

因为农田生态系统碳排放分为自然碳排放和人为碳排放，因此我们将碳排放量分为各类农业生产投入碳排放和稻田 CH_4 排放以及农用地 N_2O 排放三方面进行计算加总。

②碳总排放量（T_t）

$$T_t = \sum_{i=1}^n T_i = \sum_{i=1}^n E_i \times \delta_i \tag{5-8}$$

③净碳汇量（N_t）

$$N_t = C_t - T_t \tag{5-9}$$

（2）固碳速率法

固碳速率法只考虑农田土壤的碳汇，通过土壤容重、农田有机碳和土壤固碳速率等数据计算出农田净碳汇，偏向于以土壤为主。

需要的数据包括：各作物当年产量（CY_j）及草谷比（SGR_j），氮肥施用量（NF）、复合肥施用量（CF）、耕地面积（S_p）、无化肥和有机肥施用情况下我国农田有机碳变化（NSC）、土壤容重（BD）、土壤厚度（H）、农田秸秆还田推广施行率（PR）、农田面积（SC）。

计算公式为：

①农田生态系统净碳汇量

$$CSCS = (BSS + SCSR_N + PR \times SCSR_S) \times SC \tag{5-10}$$

②无固碳措施条件下农田土壤固碳速率（以碳计）

$$BSS = NSC \times BD \times H \times 0.1 \tag{5-11}$$

③施用化学氮肥和复合肥的农田生态系统土壤固碳速率

$$SCSR_N = 1.5339 \times TNF - 266.7 \tag{5-12}$$

④单位面积耕地化学氮肥、复合肥总施用量（以氮计）

$$TNF = (NF + CF \times 0.3)/S_P \tag{5-13}$$

⑤秸秆全部还田的农田生态系统土壤固碳速率（以碳计）

$$SCSR_S = 43.548 \times S + 375.1 \tag{5-14}$$

⑥单位耕地面积秸秆还田量

$$S = \sum_{j=1}^{n} CY_j \times SGR_j/S_P \tag{5-15}$$

3）核算结果

（1）净碳汇法计算结果

采用净碳汇法核算的湖北省 2012 年和 2021 年的碳吸收量和碳排放量结果如下：2012 年湖北省农田净碳汇为 1 743.08 万吨，农田生态系统碳吸收量为 2 964 万吨，各类农作物对碳吸收的贡献由大到小依次为水稻、小麦、油菜籽、蔬菜、玉米、棉花、花生、薯类、豆类、芝麻、烟叶、甘蔗、麻类（如图 5-1 所示）；农田生态系统碳排放量为 1 220.92 万吨，其中农资投入和自然碳排放分别占比 66.79% 和 33.21%；农资投入中施用氮肥和复合肥引起的碳排放量占比较大，分别为 40.6% 和 22.5%；自然排放中农用地 N_2O 气体和稻田 CH_4 气体排放分别占比 5% 和 27.6%。

2021 年湖北省农业净碳汇为 2 040.55 万吨；农田生态系统碳吸收量为 3 154.55 万吨，较之 2012 年增加了 190.55 万吨，湖北省以水稻为主要粮食作物，播种面积较大，故碳汇能力强，在 2012 年至 2021 年这十年增加的碳吸收量中贡献较大，占比 88.3%；由于蔬菜、玉米、豆类等经济作物具有更高的经济效益，农户更倾向于种植这类作物，因此蔬菜等作物种植面积增加，固碳能力也高于其他作物。2021 年农田生态系统碳排放量为 1 114 万吨，较之 2012 年减少了 106.92 万吨，其中土地

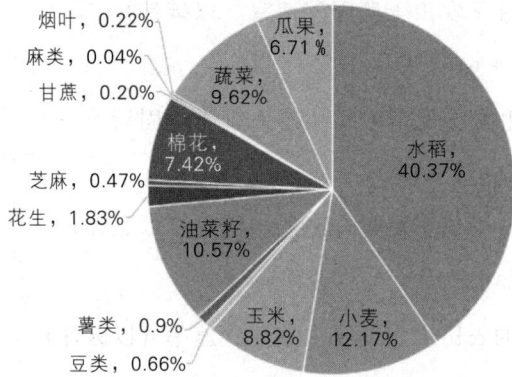

图5-1　2012年各农作物碳吸收量占比

翻耕碳排放减少43.09万吨，占比40.3%；稻田 CH_4 气体排放减少33.46万吨，占比31.3%。

用净碳汇法对各类农作物的碳汇进行计算，可以得出各类农作物对于碳汇的贡献度。碳吸收能力出现差异主要与播种面积有关，对于湖北省而言，首先，水稻是对碳汇贡献量最大的一类作物，水稻的播种面积从2012年的2 017.88千公顷增加到2021年的2 272.59千公顷（如图5-2所示），碳汇贡献度也由40.4%增长到43.3%，水稻的碳汇潜力不断显现，这与湖北省的饮食结构密切相关。其次，小麦、蔬菜和油菜籽对碳的吸收也有较大贡献。农田碳排放主要包括农资投入和自然排放。2021年农资投入的碳排放量相较2012年减少，自然排放量增加。自然排放主要是稻田 CH_4 气体和农用地 N_2O 气体排放，其中中稻为主要排放源，其播种面积由1 252.99千公顷增加到2 019.15千公顷，在自然排放中的占比也由2012年的49.87%增加到2021年的75.05%。农资投入中氮肥和复合肥2021年占比相较2012年虽有下降，但仍为主要的排放源。最后，翻耕对农田生态系统碳排放也有较大影响。

（2）固碳速率法计算结果

参考GB/T1.1-2020《生态系统评估 生态系统生产总值（GEP）核算技术规

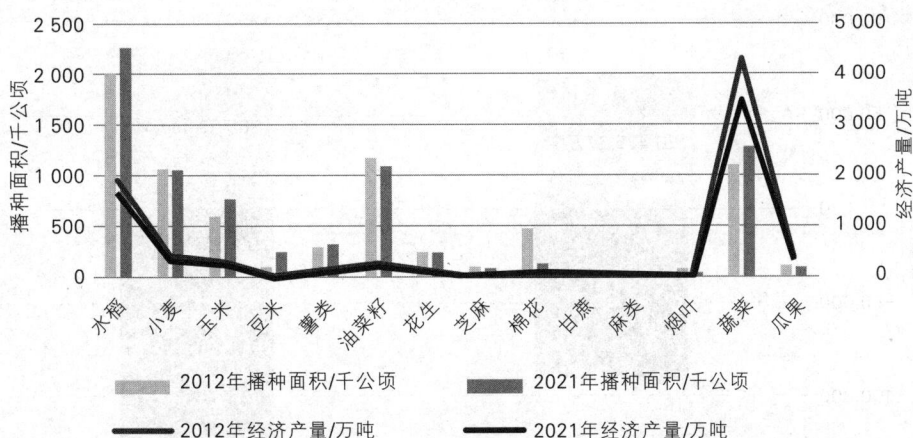

图5-2　2012年与2021年主要农作物播种面积与经济产量

范》，固碳速率法中净碳汇分为无固碳措施条件下农田土壤固碳量、施用氮肥和复合肥条件下农田生态系统土壤固碳量和秸秆全部还田条件下农田生态系统土壤固碳量这三部分。由于在无化肥和有机肥施用的情况下我国农田有机碳变化的取值为0（陈舜等，2105），下文主要讨论施用化肥和秸秆还田的土壤固碳量两个部分。通过计算得出湖北省2012年农田净碳汇量为 $-19\,700.29$ 万 $t \cdot a^{-1}$，其中施用化肥（氮肥和复合肥）的土壤固碳量为 $-90\,125.56$ 万 $t \cdot a^{-1}$、秸秆还田的土壤封存量为 $70\,425.27$ 万 $t \cdot a^{-1}$。湖北省2021年农田净碳汇量为 $-40\,685.02$ 万 $t \cdot a^{-1}$，其中施用化肥（氮肥和复合肥）的土壤固碳量为 $-126\,984.45$ 万 $t \cdot a^{-1}$，秸秆还田的土壤碳封存量为 $86\,299.43$ 万 $t \cdot a^{-1}$（如图5-3所示）。与2012年相比，2021年的农田土壤净碳汇减少了 $20\,984.73$ 万 $t \cdot a^{-1}$，且主要是化肥施用部分减少了 $36\,858.89$ 万 $t \cdot a^{-1}$，秸秆还田部分增加了 $15\,874.16$ 万 $t \cdot a^{-1}$。湖北省2012年农田土壤固碳速率为 $637.37t \cdot hm^{-2} \cdot a^{-1}$，其中施用化肥的土壤固碳率为 $-265.85t \cdot hm^{-2} \cdot a^{-1}$，秸秆还田的土壤固碳速率为 $903.22t \cdot hm^{-2} \cdot a^{-1}$；2021年农田土壤固碳速率为 $520.55t \cdot hm^{-2} \cdot a^{-1}$，其中施用化肥的土壤固碳速率为 $-266.29t \cdot hm^{-2} \cdot a^{-1}$，秸秆还田的土壤固碳率为 $786.84t \cdot hm^{-2} \cdot a^{-1}$。

以土壤为主体对土壤固碳效益进行测算分析，由所得数据可知，2021年农田净碳汇量为 $-40\,685.02$ 万 $t \cdot a^{-1}$、即碳源，碳排放量大于碳吸收量，且与2012年净碳

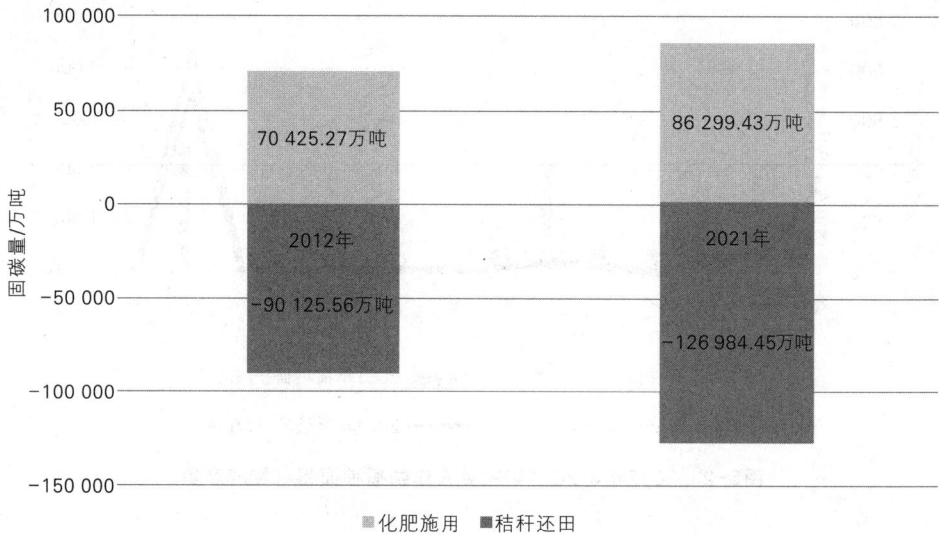

图5-3 2012年和2021年化肥施用和秸秆还田固碳量

汇量−19 700.29万t·a⁻¹相比，农田土壤的碳排放更加显著，从总体上说明了促进土壤固碳较难实现。在2012年到2021年通过秸秆还田来增加土壤碳储量的效果更加明显，而施用化肥导致的碳排放量仍在增加且涨幅比秸秆还田的碳吸收量涨幅更大，导致农田土壤碳汇不断减少。和2012年相比，2021年的主要农作物的产量有较明显的增加，成熟农作物的茎叶部分即秸秆产量增加，根据一定的秸秆还田施行率可以得知还田的秸秆数量也有增加，相应的秸秆还田会促进土壤固碳，使碳吸收量增多。2012年和2021年中的秸秆还田固碳量分别为70 425.27万t·a⁻¹和86 299.43万t·a⁻¹，都为正值且在这两年之间秸秆还田总体的固碳量上升幅度较大（如图5-4所示），说明秸秆还田在增汇减碳中发挥重要作用。

（3）净碳汇法与固碳速率法结果比较

根据中国多尺度排放清单模型（MEIC）于2022年11月发布的1990—2021年中国大陆地区电力和供热、工业和建筑业、民用和商用、交通四大部门CO_2排放数据，2012年湖北省碳排放总量为9 582.57万吨，农田生态系统净碳汇量为1 743.08万吨，农田净碳汇在总排放量中占比达18.19%。2021年湖北省碳排放总量为8 028.93万

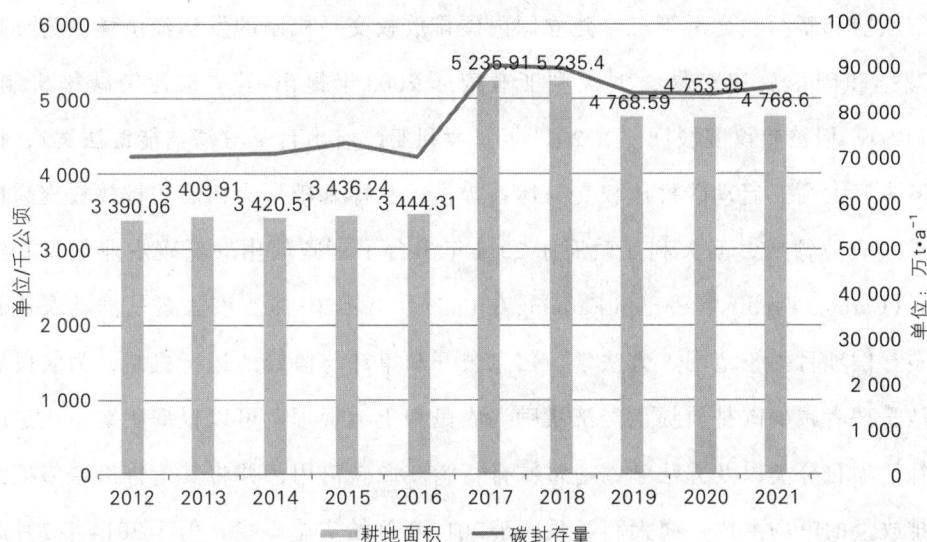

图5-4 固碳速率法下秸秆还田固碳量

吨，和2012年相比减少1 553.64万吨，农田生态系统净碳汇量为2 040.55万吨，在总碳排放量中占比达25.42%，相比2012年占比增加。由此可知，农田生态系统对于减少湖北省碳排放总量的贡献总体上呈上升趋势，农田生态系统的碳汇潜力不断提高。水稻作为湖北省主要粮食作物，播种面积在各类农作物中居于首位，对农田生态系统净碳汇量有较大影响。小麦是湖北省农作物中碳吸收率最大的作物，其播种面积的变化会带来碳吸收量的较大变化，其播种面积的增加将会对净碳汇量的增加产生较大影响。

5.5.2　农田碳汇交易案例

1）案例背景

下面介绍生态产品价值实现案例——澳大利亚土壤碳汇市场交易实践。

（1）法律框架和主管机构

澳大利亚开展碳排放权交易时间较早，早在2003年就启动了新南威尔士州温室气体减排计划，后在2012年7月，开始在全国推行碳排放权交易，澳大利亚成为继欧盟和新西兰之后第三个建立国内碳排放权交易机制的发达经济体。为支持碳减排和碳排放权交易，澳大利亚政府于2008年提出了"碳污染减排机制"（CPRS），但被参议院驳回。在2011年澳大利亚政府出台了《清洁能源法案》，该法案为澳大利亚启动碳排放权交易体系提供了法律基础。为拓展碳排放权交易体系进入农业领域，澳大利亚政府于2011年出台了《碳信用（低碳农业倡议）法案》（Carbon Credits（Carbon Farming Initiative）Act 2011）。该法案是推动农业领域碳补偿项目关于范围、方法学、信息公开和审计与监管的运行机制，为农民和土地管理者减少碳排放提供经济激励。农民和土地管理者可以根据法案中核定的碳补偿项目分类以及方法学，通过减排行为获取碳信用额并将其出售给希望抵消碳排放量的市场主体。澳大利亚政府于2012年开始实施碳税，但于2014年7月废除该碳税计划，并取消了原定于2015年开始逐步建立碳排放交易机制的计划，并根据《碳信用（低碳农业倡议）法案》于2015年创建了基于碳信用的"减排基金"（Emissions Reduction Fund，ERF），用于资源的碳抵消计划，之后在此基础上又成立了"气候解决方案基金"（Climate Solutions Fund，CSF）——通过政府直接参与，投资25.5亿澳元，并在2019年追加20亿澳元投入气候解决方案基金，以作为澳大利亚碳信用机制的一部分，帮助土地所有者、社区和企业开展碳信用项目并避免产生碳泄漏，推动政府实现"到2030年排放量比2005年减少26%~28%"的目标。减排基金和气候解决方案基金将土壤碳储存作为重要方法，并在农业方面针对牧场和耕地设置了土壤碳项目。同时，澳大利亚政府先后确定2020年比2000年减少5%、2030年比2005年减少26%～28%的减排目标，为农田土壤碳汇项目的开展创造了条件。

澳大利亚工业、科学、能源与资源部是气候解决方案基金的主管部门，负责制定政策、技术规则、相关立法及监督。清洁能源监管机构负责基金的实际运行、技术规则的具体起草，并代表政府进行碳信用额购买。

项目业主通常需要采用在国家权威机构备案的减排方法学编制项目实施方案，经过批准后严格实施方案，并开展碳汇计量和监测工作。以土壤系统为项目实施单位产生的额外的（以该系统原碳排放量为基线情形）经过权威机构核查并认证的碳减排量，即所谓的"抵消信用"。当控排企业的实际碳排放量超过允许排放限度时，企业可以通过购买碳汇等领域减排项目产生的抵消信用，用于一部分的碳排放配额的清缴，这种通过市场机制实现土壤生态效益价值补偿的途径即为"土壤碳汇交易"。

（2）主要做法

澳大利亚土壤碳汇项目主要是政府主导下的基于减排基金和气候解决方案基金的土壤碳汇市场。澳大利亚土壤碳汇项目将土壤碳汇与碳排放权交易市场衔接起来，市场参与者通过运行土壤碳项目获取碳信用额度，并将其出售给澳大利亚政府、公司或者其他私人买家，以实现土壤碳汇价值。

澳大利亚土壤碳汇项目主要有四个步骤：一是项目规划。在项目规划阶段，申请者需要参加由清洁能源监管机构组织的资格审查以及对项目成本进行预估。审查内容包括：项目的土地范围，申请者是否拥有土地相关合法权益，是否获得监管部门的批准以及土地合法权益方的同意，保证项目是全新的。项目成本主要包括运营、取样、报告、审计方面的支出。二是项目注册。申请人需要在清洁能源监管机构网站上进行项目注册，包括提交各类资格证明材料、项目土地管理策略、项目区地图和预估减排量并选择项目持续期。三是项目运行。在项目区内圈定碳估算区域，通过随机取样测定土壤碳基线（基线取样），以测量初始土壤碳水平，基线取样后按照土壤管理策略开展土地管理活动并按计划进行采样分析。四是撰写碳抵消报告及获取碳信用。碳抵消报告包括土地管理策略副本及土地管理活动开展情况、采样轮次及采样结果、报告期内土壤碳水平变化量、报告期内项目区排放量、报告期内净减排量（报告期内土壤有机碳水平变化量扣除项目产生的排放量的值）等内容，报告评估后若有效就可获取碳信用额（单位数量的碳信用额相当于1吨二氧化碳）。

（3）主要成效

澳大利亚土壤碳汇是对生态系统碳汇价值实现机制的有益探索，既利用耕地生态系统拓展了碳汇新类型，又实现了对耕地资源的有效保护，形成耕地保护的经济链条和良性循环。澳大利亚土壤碳汇项目取得了以下成效：

一是有利于耕地资源保护。作为土壤碳汇形成的重要方式，各类保护性耕作有利于增加土壤中的碳含量，澳大利亚土壤碳汇项目对此进行了详细的规定，严格约束耕地的管理活动，促进了土壤有机碳的形成及其他养分的增加，有效提升了耕地质量。澳大利亚新南威尔士州的实践案例表明，通过实施完全留茬等措施，能够减少土壤侵蚀，促进土壤有机质的增加，提高耕地的生产力和耐旱性。

二是有利于建立土壤碳汇体系。澳大利亚通过财政支持建立气候解决方案基金，制定土壤碳汇测定方法、信用产生办法、交易办法等措施，形成了政府购买土壤碳汇的补偿机制，提高了各方参与土壤碳汇项目的积极性，同时带动了土壤碳汇信用的生产及其在市场交易中的活跃度，有利于建立完整的生态系统碳汇体系，助力碳中和。

三是通过经济手段促进了生态价值实现。澳大利亚自设立农业土壤碳项目以来，其有效申请数量逐年上升，2021年上半年，澳大利亚农业土壤碳项目（包括耕地和牧场）达到了45个，超过2020年同期水平（9个）；农业碳项目产生的澳大利亚碳信用单位（Australian Carbon Credit Unit，ACCU）达到27.56万个。同时，澳大利亚政府为每个ACCU付出的补偿资金由2019年6月的约10美元，增长至2021年6月的14.5美元，有利于促进土壤碳汇产品的价值实现并形成耕地保护的良性循环。

（4）主要特点

澳大利亚土壤碳汇项目的主要特点总结如下：

① 降低了项目成本。为降低项目成本，减排基金对评估方法、项目批准和核查报告进行了简化，简化交易流程，优化参与标准，提高市场主体参与土壤碳汇项目的积极性。

② 规避了风险。气候解决方案基金设置三种折扣：一是项目持续期折扣（100年减5%，25年减25%）；二是进行两轮采样折扣，在基线取样后第一次、第二次

抽样中获取的碳信用先按实际测定量的 50% 进行计量，第三轮及以后不采样；三是根据每次土壤固碳量变化程度设定折扣额度。

③ 建立了相对完备的法律体系。《碳信用（低碳农业倡议）法案》为农民提供了农业领域碳补偿项目的范围、方法学，气候解决方案基金在农业领域针对牧场和牧地专门设置了土壤碳汇项目，这些法律法规为澳大利亚土壤碳汇项目的实施创造了条件。

2）我国存在的问题

对比发达国家碳汇交易的发展，我国尚存在一些问题和不足。具体来说，

（1）法律制度不完善。缺少针对性立法并且规范层级较低，农业碳减排方法学较少，梳理中国十二批减排方法学备案清单，农业领域备案的减排方法学仅有 13 项，农田减排方法学也仅有 3 项。农业碳排放标准和碳减排核算方法有待统一，由于农业碳排放源多样性及碳排放标准不统一问题，可操作性差，一定程度上限制了碳汇发展。

（2）由于测量成本过高导致项目持续时间较长，对产权稳定性提出要求。自 2020 年起，我国部分地区农田承包经营权陆续到期，预计至 2028 年到期数量会达到顶峰，约有 1 亿农户承包经营权到期。2021 年中央一号文件提出"有序开展第二轮土地承包到期后再延长 30 年试点，保持农村土地承包关系稳定并长久不变"。因此，从农户角度出发，在不进行土地流转的情况下，多数地区能够用于开展农田土壤碳汇项目的时长不超过 40 年，一旦到期后农田管理方式发生改变，则极有可能造成已储存在农田土壤的碳重新回到大气中。

（3）土壤碳汇市场机制不健全，土壤碳汇项目回报率低。我国碳交易市场初具模型，但大多集中于非标准化项目交易，交易规模小，目前我国碳交易均价为每吨 49 元，远远低于国际碳交易价格，项目经营者收益少，甚至无法覆盖碳汇项目的成本。

3）重要启示

（1）完善相关法律法规

加强立法工作，完善碳基金制度。农业碳汇具有很强的可逆性，借鉴澳大利亚

的做法，采取政府监管与市场手段相结合的方式，出台专门的农业碳汇法案。同时，可通过生态补偿机制和碳基金制度鼓励保护性耕作，提高市场主体进行保护性耕作的积极性。此外，可以优先开展土壤碳汇项目试点经营，根据实践不断发现问题，健全碳汇交易制度，完善法律法规。

（2）提高社会参与度

探索社会资本参与农田土壤碳汇开发途径，引导粮食相关企业关注生产链条中的碳中和问题，推动其利用补偿等多种形式确保农田管理方式长久有效以及农田土壤固碳量的增加。另外，可探索设立农田土壤碳汇交易中介机构或鼓励有实力的企业开展农田土壤碳汇项目，灵活运用土地流转等相关政策，在活跃农田土壤碳汇市场交易的同时促进农田管理方式不因土地权益的改变而变化。

（3）建立农田土壤碳汇项目方法学

加强农田土壤固碳机理研究，探索建立农田土壤碳汇项目方法学。推进评估机制和标准化建设，同时，借鉴澳大利亚经验，根据项目期持续时间，设置不同持续年限的土壤碳汇计入量比例，可随项目持续期的缩短设置较低的碳汇计入量比例，如30年设置30%的计入量比例，20年设置20%的计入量比例。

（4）完善碳交易市场

完善与碳交易相关的配套基础设施，规范碳交易市场的有序交易，加强碳交易监管，不断完善碳交易体系，扩大国内碳交易范围，保证稳定的碳价格，开拓国际碳交易市场。

（5）转变农业生产方式

将农田土壤碳汇开发作为机遇，在遏制"非农化"和防止耕地"非粮化"的前提下，探索多种路径促进农田土壤固碳并显化其碳汇价值，适度开发相关生态产品，如与农业生态旅游相结合，或基于农田土壤碳汇建立区域间碳汇补偿机制，以增加农民收入，防止耕地撂荒。同时，可探索通过土地流转实现规模经营，降低农田土壤碳汇项目成本。

（6）提高低碳意识

提高市场四个环节主体的低碳意识，加大循环经济理念的宣传教育，转变消费理念、生活方式和生产方式，建立健全碳标签制度，使理念深入实践，促进全社会低碳风尚形成，加速绿色转型，减少转型阻力。

案例来源：苏子龙，石吉金，周伟，等. 国外农田土壤碳汇市场交易实践及对我国的启示 [J]. 环境保护，2022，50（5）：63-67.

课后思考

1）简答题

（1）简述农田碳汇的特点。

（2）简述农田碳汇的评价方法。

（3）简述静态箱法与动态箱法的异同。

（4）简述保护性耕作的固碳减排机理。

（5）简述保护性耕作的实施效应。

2）名词解释

农田碳循环　农田碳汇　土壤有机碳　保护性耕作

第6章 湿地、流域与海洋碳汇及其评估方法

6.1 湿地、流域与海洋碳汇概述

6.1.1 湿地碳汇

湿地生态系统的碳循环是指由湿地生态系统所吸收的碳量及所制造和排放的碳量，其主要体现在二氧化碳、甲烷、土壤有机碳含量、可溶性有机碳含量等方面。湿地生态拥有强大的碳储存能力并且因此成为碳循环的重点研究对象。通常来说，湿地生态系统由于较低的有机质分解速率和较高的生产力而成为重要的碳汇。但是在对其进行大尺度评估的过程中却存在着显著的不确定性。湿地生态系统中的植物利用光合作用可吸收外界 CO_2 变为自身能量，而通过调节气孔行为，植物可实现与大气环境的气体交换，从而影响周边环境的水分及碳循环。CH_4 主要来源于湿地，不同研究报道中所发布的湿地生态系统中 CH_4 的释放量存在显著的差异，导致这一差异的原因就是在于不同地理位置、不同类型的湿地对于 CH_4 的排放有着很大的影响。湿地 CH_4 的释放量主要取决于水体或者土壤的溶氧量，且环境含氧量越高，CH_4 的释放量越少。湿地土壤由于有机碳含量较高，因此极大地影响了全球大气的碳循环，同时巨大的有机碳汇量也会对温室气体的排放产生影响。此外，可溶性有机碳也是湿地生态系统碳循环的重要组成部分。

湿地与森林、海洋并称为全球三大生态系统。是大气中 CO_2 等温室气体的重要碳汇。湿地面积虽然只占据全球陆地面积的4%~6%，但是其却包含着全球30%左右的碳，是全球最大的碳库。泥炭地是湿地当中最常见的类型，也是当前研究较

多的湿地类型。泥炭型湿地主要分布于北半球的中高纬度地区，其面积约为全球湿地的50%~70%，总面积超过$4×10^6$ km^2，其碳储备占全球土壤碳储备的33%左右。北半球泥炭型湿地的碳积累每年约$20g/m^2$，低于其他类型湿地。但因泥炭型湿地拥有巨大的碳储存潜力，若气候条件发生改变，其可能会成为大气环境碳的主要来源。

6.1.2 流域碳汇

内陆水系是将碳从陆地输送到海洋的关键管道，但这一管道并非中性管道，因为它会向大气中释放温室气体，并将碳储存在沉积物中。目前，内陆水域在全球碳循环中的作用，因大量水库的碳封存和温室气体排放功能且与气候变化相关而被修改并变得更为复杂化。此外，水库与天然河流和湖泊在许多方面都有所不同，由于其沉积速率高，流域面积与水库面积之比较大，从而促进了其表面温室气体的排放和沉积物中碳的积累，因此由于水库数量的增加，它们对全球碳循环的贡献将在今后十年中增加。根据先前的发现，水库可以作为碳汇或碳源，这取决于给定水库的使用年限、位置和气候。此外，水库碳储存和温室气体排放的大小取决于生产力、土地利用、地质、水体类型和流域形态。到目前为止，很少有研究同时考察水库中的碳储量和温室气体排放，许多量化储存量和排放量的努力都受到有限数据可用性的影响。

6.1.3 海洋碳汇

长期以来，在有关增加碳汇的政策讨论中，海洋基本上被回避，而经常采取植树造林等措施来增加陆地碳汇。然而，最近有研究结果强调海洋碳汇在减缓气候议程中的潜在核心作用。海洋是地球上最大的活性碳库，每年储存了全球93%的二氧化碳，吸收了人类活动排放的约1/3的二氧化碳。与陆地碳汇的碳储存时间跨度从几十年到几百年相比，海洋碳汇可以储存二氧化碳数千年，这说明了海洋碳汇在应对全球气候变化中发挥着不可替代的作用。除了海洋水体自身有巨大的碳汇功能外，海洋生态系统中的各类生物也在其碳汇功能中起着巨大的作用，拥有海洋碳汇功能的生物类群或生态系统主要包括浮游生物、大型藻类、贝类、红树林和珊瑚礁生态系统等。尽管海洋碳汇的重要性已得到公认，但由于涉及过程的复杂性和现有知识的局限性，仍存在许多争议和困难，主要集中在海洋碳汇的类别、时间尺度、边界和方法等方面。

尽管大量研究讨论了海水养殖、沿海湿地和近海生态系统的固碳潜力，但它们目前尚未完全被纳入碳汇清单。同时，不同碳汇储存周期尺度的识别和碳汇对减缓气候变化的贡献比例的确定也尚不明确。学界对海洋碳汇的核算方法至今未达成一致。

6.2 湿地、流域与海洋碳汇评价方法

湿地、流域与海洋等生态系统的采样流程较其他生态系统更为烦琐。以湿地为例，因为湿地内常有多种类型样地。湿地植物所固定和储存的碳含量核算方法主要是生物量法，即采用根据样方内单位植株的生物量、样方内植株密度、生物量在植物各器官中的分配比例及植物各器官的平均含碳量等参数结合湿地的总面积计算而成的。生物量法直接、技术简单、便于操作，但由于是从局部推出整体，因此不够精确，而且植物的生长是一个动态的过程，与多种因素密切相关，如土壤类型、气候状况等，不能单从植物的生产量上来衡量其固碳能力，同一种植物在不同的地方其生产量可能相差很大。在采样过程中，利用这种方法对地下根系部分进行采样有一定的难度，因此有些学者就用地上部分的生产量乘以地上与地下生产量的比率来大致估算，但这往往忽略了土壤微生物对有机碳的分解作用，进一步加大了测量的误差。样地清查法、非破坏性估算法、遥感信息估算法、钻土芯法、根冠比法、同位素示踪法、碳密度法是估算湿地、海洋等生态系统生物量的主要方法。其中，样地清查法是最广泛的估测方法，广泛应用于小尺度生物量估测。具体技术方法见第 4 章 4.2.1 节。

6.2.1 非破坏性估算法

非破坏性估测法估测碳汇能力，是指通过遥感监测、地面观测、同位素标记等非破坏性技术手段，对湿地、海洋等生态系统的植被、土壤、水文等关键要素进行监测和分析，进而估算相关生态系统的碳储存量和碳吸收能力。这种方法的核心在于避免对生态系统的直接干扰和破坏，同时确保估测结果的准确性和可靠性。其主要技术路线是：

（1）确定监测目标和范围。首先需要明确监测的目标湿地类型、地理位置和面积范围，以及需要监测的碳库类型（如植被碳库、土壤碳库等）。

（2）选择非破坏性监测技术。根据监测目标和范围，选择合适的非破坏性监测技术。例如，可以利用遥感技术获取湿地植被的覆盖度、生物量等信息；利用地面观测方法监测湿地土壤的水分、温度、pH值等理化性质；利用同位素标记技术追踪湿地碳的流动和转化过程等。

（3）数据收集与处理。利用所选的监测技术进行数据收集，并对收集到的数据进行预处理和分析。这包括数据的校正、增强、分类、提取关键特征信息等步骤，以确保数据的准确性和可读性。

（4）碳储量估算。基于处理后的数据，结合生态系统模型或经验公式，估算湿地生态系统的碳储存量。这包括植被碳储量、土壤碳储量以及整个生态系统的碳储存总量。

（5）碳汇能力评估。在估算碳储量的基础上，进一步评估湿地的碳汇能力。这涉及对湿地植被的光合作用、呼吸作用以及土壤碳的动态变化进行监测和分析，以了解湿地对大气中二氧化碳的吸收和固定作用。

（6）结果验证与修正。最后，对估算结果进行验证和修正。这可以通过与地面实测数据进行对比、利用其他遥感数据进行交叉验证等方式进行。验证结果的准确性对于提高估测精度和可信度至关重要。

用非破坏性估测法估测湿地碳汇具有保护生态系统、高效便捷和数据准确等优点，但也存在技术限制、成本较高和数据解释困难等缺点。因此，在实际应用中需要综合考虑各种因素，选择合适的监测技术和方法，以提高估测结果的准确性和可靠性。

6.2.2 遥感信息估算法

遥感信息估算法是利用遥感技术收集湿地、流域、海洋等生态系统，进而估算其碳储存和碳吸收能力的过程。这一过程涉及对湿地、流域、海洋植被、土壤以及整个生态系统的碳动态进行监测和评估，旨在了解湿地对大气中二氧化碳的吸收和固定作用，从而为气候变化研究和减排政策制定提供科学依据。此种方法目前在湿地碳汇评估中应用较为广泛。其主要技术步骤包含：

（1）数据收集。首先，需要收集湿地生态系统的遥感数据，包括卫星影像、无人机航拍等。这些数据应覆盖湿地的植被、土壤、水文等多个方面，以全面反映湿地的生态特征。

（2）预处理。对收集到的遥感数据进行预处理，包括校正、增强、分类等。这一步骤旨在提高数据的准确性和可读性，为后续分析提供基础。

（3）特征提取。利用遥感图像处理技术，提取湿地的关键特征信息，如植被指数、土壤湿度、地形地貌等。这些特征信息对于评估湿地的碳储存和碳吸收能力至关重要。

（4）碳储量估算。基于提取的特征信息，结合地面实测数据和生态系统模型，估算湿地的碳储量。这包括植被碳储量、土壤碳储量以及整个生态系统的碳储存总量。

（5）碳汇能力评估。在估算碳储量的基础上，进一步评估湿地的碳汇能力。这涉及对湿地植被的光合作用、呼吸作用以及土壤碳的动态变化进行监测和分析，以了解湿地对大气中二氧化碳的吸收和固定作用。

（6）结果验证与修正。最后，对估算结果进行验证和修正。这可以通过与地面实测数据进行对比、利用其他遥感数据进行交叉验证等方式进行。验证结果的准确性对于提高估测精度和可信度至关重要。

此种方法具有如下优点：

（1）覆盖范围广。遥感技术可以覆盖大面积湿地，实现对湿地碳汇的宏观监测和评估。

（2）高效快捷。遥感技术具有高效快捷的特点，可以迅速获取湿地生态系统的相关信息，为及时制定和调整减排政策提供科学依据。

（3）非接触性。遥感技术具有非接触性的特点，可以避免对湿地生态系统的直接干扰和破坏等优点，但也存在精度受限、成本较高、信息存在局限等不足。

6.2.3　钻土芯法

钻土芯法估测湿地碳汇，简而言之，就是通过钻探方式获取湿地土壤芯样，进而分析土壤中的有机碳和无机碳含量。这种方法能够直接反映湿地土壤碳库的状况，为评估湿地碳汇能力提供重要数据支持。通过钻土芯法，可以了解湿地土壤碳的垂直分布特征、碳储存量以及碳的动态变化，为湿地碳汇的估算和管理提供科学依据。其基本技术路线是：

（1）确定采样点。根据湿地生态系统的特点，结合地形地貌、植被分布、土壤类型等因素，合理确定采样点的位置和数量。采样点应覆盖湿地的不同区域和类型，以确保采样结果的代表性和准确性。

（2）钻探取样。使用专业的钻探设备，按照预定的深度和直径进行钻探取样。钻探过程中要保持匀速和稳定，避免对土壤造成过大的扰动和破坏。同时，要注意记录钻探过程中的土壤层次和特征，以便后续分析。

（3）样品处理与保存。将钻取的土壤芯样进行切割、称重和标记，然后妥善保存。样品应存放在干燥、阴凉、通风的地方，避免阳光直射和高温环境，以防止样品变质和碳损失。

（4）碳含量分析。将处理好的土壤样品送至实验室进行碳含量分析。常用的分析方法包括干烧法、湿化学法等。通过分析，可以得到土壤中有机碳和无机碳的含量及其比例。

（5）数据整理与分析。将分析得到的碳含量数据进行整理和分析，计算湿地土壤的碳储存量和碳密度。同时，可以结合湿地生态系统的其他参数（如植被生物量、水文条件等），进一步评估湿地的碳汇能力。

钻土芯法估测湿地碳汇具有直接性、准确性和全面性等优点，但也存在破坏性、成本较高和局限性等缺点。在实际应用中，需要综合考虑各种因素，选择合适的采样点、钻探深度和分析方法，以确保估测结果的准确性和可靠性。同时，也可以结合其他非破坏性估测方法（如遥感监测、地面观测等），提高湿地碳汇估算的精度和全面性。

6.2.4 根冠比法

根冠比法估测湿地碳汇的核心在于利用植物地上部分（冠部）与地下部分（根部）生物量的比例关系（即根冠比），结合已知的地上生物量数据，来估算地下生物量，进而推算湿地植被的总生物量及其碳储存量。湿地植被作为湿地生态系统的重要组成部分，其碳储存能力对于评估湿地碳汇功能具有重要意义。通过根冠比法，可以在不直接破坏湿地植被的情况下，较为准确地估算湿地植被的碳储存量，为湿地碳汇功能的评估和监测提供科学依据。其技术步骤如下：

（1）确定研究区域与采样点

• 选择具有代表性的湿地研究区域，并根据湿地植被的分布特点确定合理的采样点。

• 采样点应覆盖湿地的不同区域和植被类型，以确保估算结果的代表性和准确性。

（2）采集地上生物量数据

• 在每个采样点，通过收割或测量等方式获取湿地植被的地上生物量数据。

• 地上生物量数据应包括不同植被类型的生物量及其分布特征。

（3）测定根冠比

• 通过挖掘或钻探等方式获取湿地植被的地下生物量样本。

• 对地下生物量样本进行称重和分析，结合地上生物量数据计算根冠比。

• 根冠比的计算公式为：

根冠比 = 地下生物量 ÷ 地上生物量   (6-1)

（4）估算地下生物量

• 利用已知的地上生物量数据和测定的根冠比，估算湿地植被的地下生物量。

• 地下生物量的估算公式为：

地下生物量 = 地上生物量 × 根冠比   (6-2)

（5）推算湿地植被总生物量及碳储存量

• 将地上生物量和估算的地下生物量相加，得到湿地植被的总生物量。

• 根据湿地植被的生物量数据和植被的含碳率（一般通过实验室分析获得），推算湿地植被的碳储存量。

用根冠比法估测湿地碳汇具有非破坏性、简便易行和适用性广等优点，但也存在根冠比变异性、地下生物量估算误差以及需要辅助数据等缺点。具体来说，

优点：

（1）非破坏性。根冠比法估测湿地碳汇的过程中，无须直接破坏湿地植被的地下部分，减少了对湿地生态系统的干扰和破坏。

（2）简便易行。相对于其他方法，根冠比法操作简便，所需设备和人力投入较少，易于在野外环境中实施。

（3）适用性广。根冠比法适用于不同类型的湿地植被，包括草本、灌木和乔木等，具有较强的通用性和适用性。

缺点：

（1）根冠比变异性。不同湿地植被类型的根冠比存在差异，且同一植被类型在不同生长阶段和环境条件下的根冠比也可能发生变化。因此，根冠比的测定和估算存在一定的不确定性和变异性。

（2）地下生物量估算误差。由于根冠比的变异性以及地下生物量分布的复杂性，利用根冠比法估算地下生物量时可能存在一定误差。这种误差可能随着湿地植被类型和生长环境的变化而增大。

（3）需要辅助数据。根冠比法估测湿地碳汇需要依赖地上生物量数据和植被含碳率等辅助数据。这些数据的获取可能需要额外的实验和分析工作，增加了研究成本和复杂度。

6.2.5　同位素示踪法

同位素示踪法估测湿地碳汇的核心在于利用同位素标记的碳元素（如 14C）作为示踪剂，通过引入湿地生态系统，追踪其在湿地植物、土壤、水体等组分中的分布和变化。由于同位素在物理和化学性质上与原元素相同，但具有不同的质量数和核性质，因此可以通过质谱仪等高精度仪器进行精确测量。通过测量湿地生态系统中同位素标记碳的含量和分布，可以揭示碳元素在湿地中的迁移转化规律，进而估算湿地的碳储存量和碳汇能力。其技术步骤如下：

（1）同位素标记物的选择。根据研究目的和湿地生态系统的特点，选择合适的同位素标记物。常用的同位素标记物包括碳-14（14C），其中 14C 为放射性同位素。

（2）同位素标记物的引入。将同位素标记物引入湿地生态系统，这可以通过多种方式实现，如将标记的二氧化碳气体通入湿地水体中，或将标记的有机物添加到湿地土壤中。引入的同位素标记物应足够均匀且适量，以确保其在湿地生态系统中的代表性。

（3）样品采集与分析。在引入同位素标记物后的一定时间内，采集湿地生态系统中的植物、土壤、水体等样品。使用高精度质谱仪等仪器分析样品中的同位素组成，包括同位素标记碳的含量和分布。

（4）数据处理与模型构建。将分析得到的同位素数据进行整理和处理，结合湿地生态系统的其他参数（如植被生物量、土壤有机碳含量等），构建湿地碳循环模型。通过模型模拟和计算，估算湿地的碳储存量和碳汇能力。

（5）结果验证与讨论。将估算结果与湿地生态系统的实际情况进行对比验证，分析估算结果的准确性和可靠性。同时，讨论同位素示踪法在湿地碳汇估算中的优势和局限性，提出改进和优化建议。

用同位素示踪法估测湿地碳汇具有精确度高、可追溯性强和适用范围广等优点，但也存在成本较高、操作复杂和具有潜在风险等缺点。具体来说，

优点：

（1）精确度高。同位素示踪法具有高度的灵敏性和准确性，能够精确测量湿地生态系统中同位素标记碳的含量和分布，从而准确估算湿地的碳储存量和碳汇能力。

（2）可追溯性强。同位素示踪法可以追踪碳元素在湿地生态系统中的迁移转化过程，揭示碳循环的机制和规律。这对于理解湿地碳汇的形成和维持机制具有重要意义。

（3）适用范围广。同位素示踪法适用于不同类型的湿地生态系统，包括河流湿地、湖泊湿地、沼泽湿地等。同时，该方法还可以应用于不同尺度的碳循环研究，从微观的细胞水平到宏观的生态系统水平均可进行。

缺点：

（1）成本较高。同位素示踪法需要使用高精度质谱仪等昂贵设备进行分析，同时同位素标记物的引入也需要一定的成本。因此，该方法在实际应用中可能面临较大的经济压力。

（2）操作复杂。同位素示踪法的操作过程相对复杂，需要专业的技术人员进行操作和数据分析。同时，同位素标记物的引入和样品采集也需要具备严格的实验条件并遵守操作规程。

（3）具有潜在风险。虽然同位素标记物在自然界中的含量很低且对人体无害，但在大量引入湿地生态系统时仍需谨慎考虑其对生态环境可能产生的潜在影响。

6.2.6 碳密度法

碳密度法估测湿地碳汇，是指通过测量湿地土壤和植被的碳密度，进而计算湿地生态系统整体的碳储存量。这种方法基于湿地土壤和植被对碳的捕获、封存和转化能力，是评估湿地碳汇功能的重要手段。湿地中的植物通过光合作用吸收大气中的二氧化碳并合成为自身有机质，形成植物碳库；植物死亡后的残体可以沉积埋藏于土壤中，经过长期的腐殖化成为土壤有机碳，这是湿地具有固碳作用的主要原

因。碳密度法主要技术步骤如下：

（1）确定监测指标。首先，需要明确监测的湿地类型和范围，选择适当的监测指标，如土壤和植被中的有机碳含量、碳密度等。

（2）确定样点布置方案。根据湿地类型和面积，确定样点的数量和分布方式。样点的选择和布置应考虑湿地内部的空间异质性和不同微观尺度上的差异性，以确保监测结果的代表性。

（3）采样和分析。在确定的样点进行采样，包括土壤和植被样品。在采样过程中，应保持样品的完整性和避免污染。采样后，对样品进行化验分析，测定其有机碳含量。

（4）数据处理和质量控制。对采集到的数据进行处理和质量控制，包括数据筛选、清洗和统计分析等，以确保数据的准确性和可靠性。

（5）计算碳密度。根据样品的有机碳含量和样品体积（或干重），计算土壤和植被的碳密度。

（6）估测湿地碳储存量。根据湿地面积和土壤、植被的碳密度，计算湿地生态系统整体的碳储存量。

用碳密度法估测湿地碳汇是一种科学、准确的方法，但也需要考虑其成本、时间周期和受人类活动影响等因素。具体来说，

优点：

（1）科学性和准确性。碳密度法基于科学的测量和分析，能够较准确地评估湿地生态系统的碳储存量。

（2）可重复性和可比性。该方法具有可重复性，不同时间和地点的监测结果可以进行比较和分析。

（3）全面性。通过测量土壤和植被的碳密度，可以全面评估湿地生态系统的碳汇功能。

缺点：

（1）成本较高。采样、化验和分析过程需要专业的设备和人员，成本相对

较高。

（2）时间周期长。为了获得准确的监测结果，可能需要长时间的监测和数据分析。

（3）受人类活动影响。湿地生态系统的碳储存量可能受到人类活动的影响，如土地利用变化、污染等，这些因素可能增加监测和评估的复杂性。

6.3 湿地、流域与海洋碳汇案例

6.3.1 水库、流域大尺度碳汇测量评估案例

1）研究区概况与方法

（1）研究区概况

案例研究区位于江苏省盐城滨海湿地地区。根据《关于特别是作为水禽栖息地的国际重要湿地公约》（简称《湿地公约》，又称《拉姆萨尔公约》）的定义，并结合实际调查范围，该区域基本覆盖了整个盐城滨海湿地区。其西部界线大致以盐城自然保护区的陆域边界为界，向东则以最新实测的−6m等深线为东部界线。南北两侧则以盐城市的行政区划范围为界。整个研究区的面积约为 4 000 km²。

该地区是一个生态多样性的重要地带，具有重要的科研和保护价值。该区域的湿地生态系统不仅对当地的生态环境产生影响，还对全球气候变化起着重要的调节作用。此外，该地区的生物具有多样性，是众多珍稀物种的重要栖息地。

（2）研究方法

①遥感解译方法

对研究区影像进行预处理、正射校正和影像融合处理、大气校正、植被类型划分及解译，以消除或减少由于传感器、大气条件、地形等因素引起的畸变和噪声。结合野外调查与验证结果，利用基于专家知识的目视解译方法，在ArcGIS软件中

对2021年高分辨率遥感影像数据进行湿地植被类型解译，得到分类结果。试验精度验证采用混淆矩阵法，分类结果精度达87%，分类结果符合要求。

②盐沼碳密度计算

参见6.2.6 碳密度法。

③盐沼有机碳储量计算方法

计算盐沼湿地的有机碳储量，通常需要考虑土壤有机碳和植物生物量的贡献。可采用一种常用的样地设置方法计算盐沼有机碳储量。

2）结果与分析

（1）盐沼植被面积及分布

根据分类结果，2021年江苏盐城盐沼的面积为24 747公顷。其中，互花米草的面积约为12 861公顷，占研究区内盐沼总面积的51.97%。芦苇的面积约为11 446公顷，占研究区内盐沼总面积的46.26%。碱蓬的面积约为440公顷，占研究区内盐沼总面积的1.78%。

从分布情况来看，互花米草主要分布在海岸线附近，而芦苇则主要分布在盐沼的内部区域。碱蓬的分布较为分散，但主要集中在某些特定的区域。

（2）盐沼生态系统碳密度及碳储量结果

根据盐沼生态系统碳密度评估方法，盐城区域盐沼生态系统的生物量碳密度为（12.24±6.88）Mg C/hm²，沉积物碳密度为（241.59±56.69）Mg C/hm²。在盐城区域，盐沼生态系统的总碳密度为（253.83±57.64）Mg C/hm²。

（3）总碳储量

盐城盐沼生态系统整体的总碳储量为（6 786 068.58±1 852 522.66）Mg C。这表示该区域盐沼生态系统作为一大碳汇，对于减缓全球气候变暖具有重要作用。

具体到不同的植被类型，互花米草的总碳储量为3 297 059.48 Mg C，占整个盐沼生态系统的相当大一部分；盐地碱蓬的总碳储量为104 691.30Mg C；而芦苇的总碳储量为3 384 317.80Mg C。

数据表明，不同的植被类型在碳储量方面具有显著差异，这主要与其生长特性和分布有关。

3）盐城盐沼价值初步核算

（1）盐城盐沼产品价值初步核算

由于缺乏具体的统计数据，关于盐沼产品的价值核算，案例采用并参考了其他方法进行计算。案例统计了盐沼生态系统的直接经济价值，主要包括食品生产价值和原材料价值。根据 Costanza 等人研究的平均价值标准表中的滩涂盐沼（tidal marsh）一项，案例估算了盐城盐沼生态系统的食品生产价值和原材料价值。根据遥感监测数据，盐城盐沼的总面积为 24 747 公顷。根据国家统计局（2022 年）的数据，2021 年美元对人民币的平均汇率为 6.4515。通过计算，本案例得出盐城盐沼生态系统的食品生产价值为 7 439.94 万元，原材料价值为 2 586.42 万元。因此，盐城盐沼的产品价值初步核算为 10 026.36 万元。

（2）盐城盐沼储碳价值初步核算

储碳价值核算以市场价值法 $VC = C_{ocean} \times k_1 \times PC \times 10^{-6}$，案例得出了储碳价值的计算公式。其中，$k_1$ 表示碳的质量转化成 CO_2 的质量的系数 44/12，无量纲；PC 表示当地碳交易价格（万元/t）。案例使用了总固碳量为 643.35 万吨的数据，并参考了《中华人民共和国海洋行业标准——海洋核算方法》（HY/T 0349-2022）中的建议，采用了当地的碳交易年平均价格。由于无法获取盐城市的具体碳交易价格，案例采用了参考值进行计算，参考价格为 0.00238 万元/t。最终，案例得出了盐城盐沼海洋碳汇经济价值的初步核算结果为 15 311.73 万元。

（3）盐城盐沼释氧价值初步核算

案例采用替代成本法计算了盐城盐沼的释氧价值。通过公式 $VO = C_{ocean} \times k_2 \times C_1 \times 10^{-6}$，案例得出了释氧价值的计算公式。其中，$k_2$ 表示碳的质量转化成 O_2 的质量的系数 32/12，无量纲；C_1 表示工业制氧成本（万元/吨）。案例使用了总固碳量为 643.35 万吨的数据，并参考了《中国生物多样性国情研究报告》（1998 年）中的针叶林滞尘能力数据。我们采用了工业制氧的市场价作为制氧成本，并取价格平均值进行计算。

最终，案例得出了盐城盐沼海洋释氧价值的初步核算结果为711 974万元。

①盐城盐沼净化价值初步核算

对于盐城盐沼的净化价值，案例参考了其他方法进行计算。根据《中国生物多样性国情研究报告》（1998年），针叶林滞尘能力为33.2t/hm²，一般取针叶林滞尘能力的1/2作为盐沼滞尘能力，再用单位面积的平均值乘以其面积计算。削减粉尘价格为170元/吨，滞尘总量为6.37万吨。因此其净化价值是6 983.6万元。此外，盐沼还具有减轻海洋污染的价值。自然状态下互花米草富集汞的能力为 $4.43×10^{-5}$ g/g，通过计算盐沼植被单位质量生物量中的污染物含量和富集的污染物总量，案例得出了盐沼对汞的富集量。最终，案例得出了盐城盐沼减轻海洋污染的效益为852万元。因此，盐城盐沼净化环境、减轻污染的总价值为7 835.6万元。

②盐城盐沼总价值初步核算

海洋碳汇的经济价值按公式计算：$V_{ocean}=VP+VC+VO+VQ$；式中，V_{ocean} 表示海洋碳汇经济价值（万元/年）；VP表示产品价值（万元/年）；VC表示储碳价值（万元/年）；VO表示释氧价值（万元/年）；VQ表示净化价值（万元/年）。以上四种价值已经由前文估算得出。通过公式计算，案例初步估算出的盐城盐沼总价值约为745 147.69万元。

案例来源：[1] 罗敏，彭修强，闫玉茹，等. 江苏盐城盐沼碳储量评估及碳汇价值初步核算 [J]. 科技经济市场，2023，(8)：79-82.

[2] 彭修强，闫玉茹，孙祝友，等. 江苏盐城滨海盐沼湿地沉积物有机碳含量及碳储量研究 [J]. 海洋通报，2023，42 (4)：407-41.

6.3.2　湿地、流域与海洋交易案例

1）项目背景

海洋是地球上最大的碳汇体，海岸带蓝碳是潜力巨大的碳汇资源。营造和保护蓝碳生态系统，大力发展蓝碳经济，是实现增汇的重要途径。红树林是三大蓝碳生态系统之一，在应对全球气候变化方面发挥着重要作用。联合国环境规划署、粮农

组织和教科文组织政府间海洋学委员会发布的《蓝碳：健康海洋对碳的固定作用——快速反应评估报告》（简称《蓝碳报告》）指出，占全球海洋有限面积的滨海湿地在全球海洋碳储存中发挥着重要作用，红树林、盐沼和海草床湿地每年埋藏到沉积物中并长久保存的有机碳数量，约占海洋沉积物碳埋藏量的一半以上。海岸带蓝碳将会是碳中和负排放方案中的重要一环。因为相较于绿碳，蓝碳具有封存时效长、捕获效率高、有巨大生态环境效益三方面的优点。

鉴于红树林在蓝碳生态系统的重要作用，以及在应对全球气候变化中扮演的重要角色，湛江高度重视对红树林的保护，深入贯彻落实习近平生态文明思想和习近平总书记关于红树林保护修复的重要指示精神，多举措修复和保护红树林湿地资源。在全球红树林面积递减的大趋势下，湛江红树林面积逐年递增。

2）项目区概况

广东省湛江市三面环海，海岸线长达 1 556 公里，占广东省海岸线的 46%、全国的 1/10，并拥有我国面积最大、品种最多的红树林国家级自然保护区。

湛江红树林呈带状间断分布在雷州半岛的沿海滩涂。保护区共分 68 个保护小区，总面积约 20 278 公顷。其中红树林面积 7 228 公顷，红树林面积分别占全国的 33%、广东省的 79%，是目前我国红树林分布最为集中、红树林面积最大、红树林种类最多的自然保护区。据统计，保护区内有红树林 15 科 25 种，分布最广、数量最多的为红海榄、桐花树、白骨壤、秋茄，珍稀品种有玉蕊、角果木、银叶树等，另有多种鸟类、贝类及鱼类品种。保护区内的自然资源非常丰富。开发建设红树林造林项目，并以此为重点大力发展蓝碳经济，在湛江具有得天独厚的优势。

湛江红树林国家级自然保护区是我国蓝碳生态系统的重要组成部分，也是全球最大的红树林保护区之一。它不仅在控制海岸侵蚀、净化海水、调节气候、防灾减灾、保护生物多样性等方面发挥着重要作用，而且是我国应对全球气候变化的重要缓冲区和固碳区。近年来，湛江红树林自然保护区采取了一系列措施来保护和修复红树林生态系统。其发展历程如下：

1990年湛江红树林自然保护区成立。1997年经国务院批准，湛江红树林自然保护区列为国家级自然保护区。2006年被确定为全国首批自然保护区建设示范单位。

"十三五"期间（2016—2020年）：湛江市营造和修复红树林共1 961.5公顷。新造红树林545.5公顷。修复现有红树林1 416.0公顷。

通过实行这些措施，湛江红树林生态系统和生态环境逐步得到了改善，保护区的整个蓝碳生态系统基本实现了良性循环。这表明，保护和利用蓝碳生态系统对于应对全球气候变化和保护地球生态系统具有重要意义。通过加强蓝碳生态系统保护和修复，可以促进生态、经济和社会的可持续发展，为子孙后代留下一个更加美好的家园。

3）项目主要做法

湛江红树林造林项目是我国首个蓝碳交易项目，由广东湛江红树林国家级自然保护区管理局与自然资源部第三海洋研究所合作完成。该项目主要依托麻章区岭头岛湿地恢复工程以及退塘造林等手段，将湛江红树林自然保护区内从2015年到2019年种植的红树林所产生的碳汇进行开发。预计从2015年到2055年间，可以增汇抵消二氧化碳约16万吨，平均年减碳量达到4 000吨。该项目与北京市企业家环保基金会达成合作意向，由北京市企业家环保基金会购买湛江红树林造林项目的首笔5 880吨二氧化碳减排量，用以抵消基金会在日常工作及开展活动过程中的碳排放。此项交易为湛江红树林保护区获得了780余万元资金。湛江红树林造林项目经过了VCS[①]与CCBA[②]的双重核证确定减排量。VCS是目前国际上最广泛使用的自愿性减排量认证标准，而CCB标准属于附加标准，是对项目适应性、减缓气候变化、促进生物多样性保护以及社区可持续发展多重效益的认证标准。湛江红树林造林项目的成功实施，不仅有助于增加碳汇、减缓气候变化，同时也为当地带来了经济效益，促进了生态、经济和社会的可持续发展。这充分证明了保护和利用蓝碳生态系

---

① Verified Carbon Standard的缩写，即核证碳标准。
② Climate，Community and Biodiversity Alliance的缩写，即气候、社区和生物多样性联盟。

统的重要性和可行性，为我国乃至全球的蓝碳交易项目提供了有益的借鉴和参考。

4）主要成效

湛江红树林造林项目是我国首个蓝碳交易项目，通过市场机制进行碳汇交易，实现了红树林生态价值的经济转化。这一项目的实施，不仅有助于增加碳汇、减缓气候变化，同时也为当地带来了经济效益，促进了生态、经济和社会的可持续发展。作为买方的北京市企业家环保基金会通过购买湛江红树林造林项目的碳汇，实现了在日常工作及开展活动过程中的碳排放的抵消，从而降低了自身的碳排放压力。而作为卖方的湛江红树林自然保护区则通过出售碳汇，获得了资金支持，缓解了筹资难的问题，有助于推动红树林生态系统营造和修复工作的开展。此外，湛江红树林造林项目的实施还具有多重效益。通过蓝碳碳汇交易，红树林在固碳方面的生态价值和经济价值得以实现，这对于我国碳中和目标的实现具有重要的推动作用。同时，项目的实施还将改善当地环境，并通过技能培训提高当地社区和居民的生活水平和适应性，从而实现生态、经济和社会的协调发展。蓝碳碳汇交易市场机制的健全完善，将有助于吸引更多的社会资金加入蓝碳交易，推动蓝碳经济的发展。这将为实现我国的碳中和目标提供有力支持，同时也为全球应对气候变化和保护地球生态系统作出积极贡献。

5）存在的不足

湛江红树林造林项目作为我国首个蓝碳交易项目，在实施过程中面临着一些挑战和问题，主要包括红树林营造技术有待提高、投融资渠道不畅、碳汇市场交易及监管机制不够完善以及缺乏相应的法律和政策保障等，建议通过以下措施促进湛江红树林造林项目的成功。

（1）针对红树林营造技术的问题，需要加强技术研发和培训，提高红树林苗木质量和种植技术，确保红树林的成活率和生长质量。同时，加强病虫害防治和工业污染治理，减少人为干扰因素，为红树林营造和修复提供良好的环境条件。

（2）在投融资方面，需要拓宽资金来源，通过政府引导、市场运作和社会参与的方式，实现投资主体多元化。同时，完善蓝碳生态系统的价值评估体系，提高蓝碳核算和监测的准确性和可靠性，为碳汇交易提供科学依据。

（3）在碳汇市场交易及监管方面，需要建立健全交易机制和规范市场秩序，促进交易主体的多元化和市场的健康发展。同时，完善蓝碳碳汇交易项目开发认证的标准和程序，推动将渔业碳汇等更多生态系统纳入项目，丰富交易内容。

（4）在法律和政策保障方面，需要加强蓝碳生态系统和资源的立法保障，完善相关法律法规和政策体系。同时，建立健全生态补偿机制，提高民众参与蓝碳生态建设和保护的积极性和主动性。

案例来源：[1] 郑秀亮. 蓝碳交易助力碳达峰，碳中和 [J]. 环境，2021（5）.

[2] 吴逸然. 基于碳中和背景下蓝碳经济发展研究——以湛江红树林造林项目为例 [J]. 科技与金融，2022（3）：57-62.

课后思考

1）简答题

（1）简述湿地生态系统碳循环。

（2）简述生物量法的基本原理。

（3）简述碳密度法的基本步骤。

2）名词解释

海洋碳汇　同位素

3）论述题

以文中湛江红树林案例为例，探讨当前我国湿地碳汇交易存在的不足。

第7章 碳汇管理与政策

生态碳汇作为全球气候变化应对的重要手段，在国内外吸引着越来越多的人关注并加入研究。本章将深入探讨碳汇管理与政策的多个方面，包括碳汇的国内外管理概况、相关政策，以及碳汇项目及其管理的全貌。

首先，我们将从碳汇发展历史的角度重新定义林业、草原、海洋生态碳汇概念，并全面梳理国内外对这些生态碳汇的管理现状。透过比较不同国家和地区的管理措施与实践，我们可以更深入地了解各自的优势与不足。

其次，将以林业碳汇政策为主，介绍国内外生态碳汇政策。我们将从国外经验出发，探索各国在林业、草原和海洋领域所采取的政策措施以及实施的效果。同时，我们还将分析我国在这些领域的政策发展，探讨相关政策的制定、实施和评估。

最后，本章将聚焦于碳汇项目及其管理。我们将详细阐述中国碳汇项目的开发标准、项目开发流程以及目前的开发现状，并通过真实案例展示具体的项目管理和成果。从项目主体资格到运行周期，再到核查与能力建设，我们将全面介绍碳汇项目在不同环节的规范和要求，以及项目参与的可行性。

通过本章的内容，使读者全面了解碳汇管理与政策的国内外发展现状，并深入了解中国在碳汇项目开发和管理方面的实践与成果。这将为更好地推动碳汇领域的发展和应对气候变化提供有益的参考与借鉴。

7.1 碳汇国内外管理概况

本节内容将以重新定义概念为起点，从碳汇发展历史的角度重新定义林业、草原、海洋生态碳汇的概念。通过重新定义这些概念，我们将对它们的内涵和范围有更清晰的了解。接着列举国内外的实践经验，通过深入分析和研究总结，提供一个全面且系统了解生态碳汇的发展和实践情况的脉络。这将有助于读者在碳汇管理与政策制定方面作出明智的决策。

7.1.1 林业碳汇

1）林业碳汇的概念

1998年《联合国气候变化框架公约》第四次缔约方会议最早提到林业碳汇问题。2001年《联合国气候变化框架公约》第六次缔约方会议首次明确林业碳汇的概念。林业碳汇即将造林和再造林、森林管理以及减少毁林和森林退化等活动纳入国际碳贸易过程中，以降低大气中二氧化碳等温室气体浓度为目标进行的政策制定、综合管理和国际碳交易等一系列活动和机制。研究表明，2.48万亿吨碳存储在陆地生态系统内，其中，1.15万亿吨存储在森林生态系统内，光合作用使得森林发挥着碳汇作用。20世纪80年代以来，森林生态系统吸收工业排放的二氧化碳达总量的24%~36%。据测算，每去除1吨二氧化碳，造林再造林的成本在10美元到几十美元之间，生物能源与碳捕集储存技术的成本在100~200美元，直接空气捕集的成本甚至高达几百美元。政府间气候变化专门委员会（IPCC）最新报告显示，要实现《巴黎协定》1.5℃的温升控制愿景，除了节能以及零碳能源等措施，只能依靠负排放技术。而林业碳汇作为低成本的负排放技术之一，在碳中和过程中至关重要。

2）国际林业碳汇管理发展现状

自《京都议定书》签订以来，特别是《巴黎协定》将森林作为单独条款，标志着森林的碳汇作用已经得到国际社会的普遍认可。截至2021年4月，全球共有19个碳抵消机制，覆盖林业碳汇方向的占73%，位列所有行业第一位。由于《京都议定书》第二承诺期失去实际意义和森林存在碳逆转等非持久性问题，林业碳汇市场交易量有限，2020年交易规模占碳交易总量的比重不足6%。从交易市场看，林业碳汇交易大致分为管制市场、自愿市场、非市场机制三种类型（见表 7-1）。从项目类型看，截至 2021 年 4 月，全球共 66 个 CDM 林业碳汇项目成功注册，占比不足 1%；GS[①]林业碳汇项目 21 个，占比 1.42%；VCS 农林项目205 个，占比 12%，VCS 市场林业碳汇项目成为主体。根据 NatWest Markets 投资机构的预测，2021 年全球气候融资市场规模预计达 6 400 亿美元；2025 年国际森林碳抵消量预计可能出现供小于求的局面；2050 年碳抵消市场的规模预计达1 250 亿~1 500 亿美元/年。

表 7-1 全球林业碳汇交易市场发展状况

市场类型	市场特点	交易机制	项目范围	项目标准
管制市场	强制	发达国家缔约方通过资金和技术，在发展中国家造林和再造林，并通过清洁发展机制"核证减排量"抵消等量的碳减排数量	造林再造林	CDM 项目标准
自愿市场	自发、公益	经特定标准的确认和核证，建立自愿减排信用（VER），作为企业或个人抵消碳排放量	城市森林项目、改善森林管理项目、造林再造林项目、草地管理项目、REDD+项目[②]	农业、林业和其他土地利用项目 VCS、GS 等。
非市场机制	协议	根据林业行动结果由双边或多边政府付费，付费方不需要取得项目减排量或用来抵消，需经过经济独立的第三方认证才能获得相关费用	从亚马逊到巴西、从REDD+早期行动项目到巴西阿克里州和哥伦比亚、从乌干达到挪威政府	在本国建立详细复杂的碳核算系统前提下，以全国平均水平的碳核算为参考水平

① Gold Standard，即黄金标准。
② 减少毁林和森林退化的排放项目（REDD）+森林可持续管理以及保护和增加森林碳储量项目。

（1）纳入国家立法和政策体系

林业碳汇发展较成熟的国家和地区，普遍根据《京都议定书》《波恩政治协议》①《马拉喀什行动宣言》《巴黎协定》等公约的核心文件，作出减排目标承诺，各国法律也逐步将减排目标归入调整范围。为保障林业碳汇进入碳排放交易市场，多数国家和地区颁布了相关法案或政策文件。如澳大利亚出台了《森林权利法案》《碳汇权利法案》《产权转让法案》，以法律条文的形式明确规定了林业碳汇产权所属；出台了《碳信用（低碳农业倡议）法案》《清洁能源法案》《农业减碳行动法案》，用法律来保障林业碳汇单独参与碳交易。欧盟2020年发布了"2030年气候目标计划"，计划10年种植30亿棵树，同时积极筹建脱碳认证体系，将林业碳汇项目纳入欧洲碳强制交易市场。韩国出台了《森林碳抵消制度》《碳汇吸收的管理和改进法》，并制订了造林再造林、森林可持续经营、森林生物质能利用、植被恢复、避免毁林和森林退化等具体方案。

（2）建立多层次的林业碳汇标准体系

目前，国际上主要有四类林业碳汇标准：一是IPCC出版的方法学，包括《2006年IPCC国家温室气体清单指南》《2000年优良做法和不确定性管理指南》《土地利用、土地利用变化和林业优良做法指南》《土地利用、土地利用变化和林业特别报告》等。二是基于《京都议定书》相关规则的CDM碳汇项目标准，包括与CDM造林、再造林项目相关的，由CDM执行理事会批准的基线与监测方法学及适用工具。三是部分非政府机构、部门等以自愿碳市场的标准为基础制定的一些标准体系，包括气候、社区和生物多样性标准（CCBS），农业、林业和其他土地利用项目核证碳标准（VCS），碳固定标准（CarbonFix Standard，CFS），维沃计划（Plan Vivo System）等。四是部分国家以本国碳减排政策为基础制定的林业碳汇及碳交易标准规范，如澳大利亚、新西兰等均建立了适用于自己国家的碳管理体系，其中包含林业碳汇项目及碳汇交易内容。

---

① "执行《布宜诺斯艾利斯行动计划》核心要素"的政治协议，通称《波恩政治协议》。

（3）将林业碳汇归入碳信用机制

目前林业碳汇已经被纳入全球主要碳信用机制（见表7-2）。林业领域在过去五年中签发了最多的碳信用，占全球碳信用总量的42%。一是建立碳抵消机制。为提高履约的灵活性，多数国家和地区都采取"先松后紧"的碳排放配额管理政策，并建立配套的碳抵消机制。如美国加州规定超排企业可以购买碳信用单位来抵消碳排放；欧盟允许使用CDM项目产生的CER代替碳排放配额（EUAs）履约。二是明确碳信用单位使用规则。碳信用单位使用一般有额度限定。如澳大利亚规定在清偿年度碳负债时，最多只能使用欧盟体系50%的碳信用单位；京都机制碳信用单位不能超过12.5%，允许企业存入和提前透支，但提前透支有上限，不能超过其上个抵偿年度碳负债的5%。欧盟规定在履约的第一、二阶段，企业用国际碳信用额度抵消碳排放配额不超过2008—2020年免费配额的11%或第二阶段的国际碳信用额度（取较高者），第三阶段新加入的控排主体抵消上限为该阶段核证碳排放量的4.5%。在使用范围方面，多数国家都限定在国内使用。三是设立碳信用激励约束

表7-2   林业碳汇纳入碳信用市场情况

市场类型	信用机制	项目范围
强制碳市场	清洁发展机制（CDM）	造林/再造林项目（AR）
	黄金标准（GS）	造林/再造林项目（AR）
	核证碳标准（VCS）	造林、再造林和再种植项目（ARR）
		改进森林管理（IFM）
		减少毁林和森林退化的排放项目（REDD）
自愿碳市场	国家核证自愿减排量（CCER）碳市场机制	碳汇造林项目
		森林经营碳汇项目
		竹子造林碳汇项目
		租赁经营碳汇项目
		可持续草地管理

机制。如新西兰将森林按年限分为两个阶段：一是1989年后的森林，林权拥有者可以申领与其森林碳储量相对应的新西兰单位以出售获利；二是1990年前的森林，分两种情况，第一种情况是申领免费的新西兰单位后采伐森林，需归还已申领的新西兰单位，如果已将免费的新西兰单位出售，则必须依据市价购买相应的新西兰单位归还政府；第二种情况是毁坏原有的森林后再进行造林，必须归还原有森林所申领的全部新西兰单位。

（4）稳妥有序推动林业纳入碳市场

一是确定林业纳入碳市场次序。如新西兰2008年最先将林业纳入碳排放交易体系，后来逐步将常规能源、交通燃料、工业气体、废弃资源处理、农牧业等所有部门纳入碳排放交易体系，林业碳汇对新西兰减排的贡献比例达到25%~30%。二是定价由管制向市场逐步过渡。例如，新西兰政府为防止减排与碳汇项目产生竞争，统一规定碳交易单位为"新西兰单位"，在过渡期内每个"新西兰单位"价格固定为25新元，过渡期后逐步放开。澳大利亚规定2012—2015年实行固定碳价（23澳元/吨），2015—2018年过渡为弹性价格，2018年实行浮动价格；美国加州规定拍卖价格最低为10美元/吨（2012年），以后每年增加5%（外加通货膨胀率）。

（5）构建多元化林业碳汇融资机制

国际经验表明，财政、税收、金融等支持政策在林业碳汇项目融资中发挥着重要作用。一是财税政策支持力度大。例如，目前日本执行的林业补助金政策，依据造林成本分情况进行补助，一般性质的土地按照40%的标准补助，比较贫瘠以及水源地按照68%的标准补助；中央政府和地方政府按照2：1的比例对公益林实施生态效益补偿。另外，日本还从其他方面给予照顾，如减免征税、税基构成、延期纳税等。美国对公有林不仅设立造林补助基金、造林信托基金，而且实施税收减免政策；补贴办理林业保险业务的私营保险机构。墨西哥的消费转移支付和政府预算很大部分被用于林业碳汇项目。韩国对林业碳汇项目给予申报费用补贴。二是强大的金融市场支撑。林业碳汇期货可以改善市场信息不对称的问题，引导林业碳汇现货价格，从而有效规避交易风险。2005 年，欧盟碳市场就开展了 EUA[①]、CER[②] 和 ERU[③] 的期货、远期、期权、掉期交易，2021 年欧洲的碳汇期货单价已突破 50 欧元/吨，90% 以上的交易量都是由期货贡献的。部分金融机构陆续推出金融 衍生工具，如碳排放权期权、期货及掉期等，有些还专门从事购碳代理、咨询 及融资担保等中介业务。林业碳汇交易初期，世界银行设计了三种碳基金：原 型碳基金（PCF）、社区发展碳基金（CDCF）和生物碳基金（BIOCF）。支持林 业碳汇项目交易，推动林业碳汇发展。2008 年，为帮助发展中国家降低毁林及 因森林退化造成的碳排放，成立了森林碳伙伴基金（FCPF），加强森林经营， 增加林业碳汇。[④]

3）国内林业碳汇管理发展现状

我国采取了一系列措施来增加林业碳汇，如大规模推进国土绿化、森林资源保 护并加强森林经营，取得了较大进展。2020 年年末，我国森林覆盖率达 22.96%， 森林面积达 2.20 亿公顷，森林蓄积量超过 175 亿立方米。

（1）林业碳汇政策体系初步构建

在整体布局方面，我国对林业碳汇的发展定位日渐清晰。一系列重要文件的发 布和指示明确了政府的战略目标和政策导向。这些文件包括《中国应对气候变化国 家方案》（2007 年）、《国家应对气候变化规划（2014—2020 年）》、《乡村振兴战略 规划（2018—2022 年）》和《关于建立健全生态产品价值实现机制的意见》（2021 年）等。其中，重点强调了提高森林碳汇、建立碳排放交易市场以及研究市场化补 偿制度的重要性。此外，还有部委层面的文件，如《清洁发展机制项目运行管理办 法》（2005 年）和《关于加强碳汇造林管理工作的通知》（2009 年），为我国参与碳 减排项目和碳汇造林提供了规范和指导。

---

① 欧盟基准碳配额主力期货合约价格。
② 发达国家和发展中国家之间 CDM 机制下的核证减排量。
③ 发达国家和发达国家之间联合履行机制下的减排量。
④ 李岩柏，郭瑞敏. 国际林业碳汇交易对我国的启示 [J]. 河北金融，2022（1）：29-34.

在多部门协同推进方面，政府部门之间的协调和合作至关重要。相关文件如《温室气体自愿减排交易管理暂行办法》（2012年）、《国家林业局关于推进林业碳汇交易工作的指导意见》（2014年）、《国家林业和草原局关于进一步放活集体林经营权的意见》和《建立市场化、多元化生态保护补偿机制行动计划》（2019年）、《"十四五"林业草原保护发展规划纲要》（2021年）等文件，明确了多个部门的责任和合作机制。这些文件提出了发展林业碳汇的具体措施，如纳入碳交易市场、支持碳排放权抵消机制、建立碳汇减排交易平台等。通过多部门的协同推进，将林业碳汇的发展纳入全国碳排放交易市场，促进了碳减排工作的有效推进。

这些文件的发布和执行对我国林业碳汇的发展具有重要意义。首先，明确了政府对林业碳汇发展的重视和战略定位，将其纳入国家应对气候变化的重点范畴。其次，提供了政策支持和指导，为林业碳汇项目的实施和管理提供了依据和规范。此外，通过纳入碳交易市场和建立碳汇减排交易平台等措施，为林业碳汇的市场化运作和发展创造了条件。

尽管这些文件在推动林业碳汇发展方面起到了积极的作用，但仍然面临一些问题和困难。其中包括政策的具体落地和执行，相关机构之间的协同合作以及监管和核查机制的建立等方面的挑战。此外，碳排放权市场的建立和运行也需要面对技术、监管和参与主体的挑战。

总的来说，这些文件的发布和执行为我国林业碳汇的发展提供了明确的政策支持和方向。然而，需要进一步加强政策的具体落实和机制的建立，解决存在的问题和困难，以推动林业碳汇的可持续发展和有效应对气候变化的目标。

（2）林业碳汇基础研究取得进展

自2003年起，国家林业局加强林业碳汇研究，组织编制碳汇造林系列标准和林业碳汇计量监测体系。2006年注册全球首个CDM林业碳汇项目；2010年发布《碳汇造林技术规定（试行）》《碳汇造林检查验收办法（试行）》；2011年发布《造林项目碳汇计量与监测指南》；2013年发布《竹子碳汇造林项目方法学》；2020年国家林业和草原局办公室印发《2019年林业和草原应对气候变化政策与行动》

白皮书，发布《竹林碳计量规程》，中国林业科学研究院森林生态环境与自然保护研究所起草《森林生态系统碳库调查监测技术规范》等标准；2021年发布《林业碳汇项目审定和核查指南》。目前已经在国家发展和改革委员会备案的林业碳汇CCER国家标准有4类方法学：森林经营碳汇项目方法学、竹子造林碳汇项目方法学、竹子经营碳汇项目方法学、可持续草地管理温室气体减排计量与监测方法学。此外，各试点省市也相继制定了一些地方标准，如北京市的《林业碳汇项目审定与核证技术规范》、上海市的《城市森林碳汇调查及数据采集技术规范》以及广东省的《广东省林业碳汇普惠方法学》等。

（3）林业碳汇纳入碳排放交易市场

2011年，国家发展和改革委员会正式批准两省五市等七个省市作为碳排放权交易试点，2015年碳交易市场雏形基本形成。2020年年末，试点区域碳市场总成交量4.45亿吨，成交额103亿元。碳交易试点都承认林业碳汇CCER项目，但抵消比例规定不同，基本在5%~10%之间。有的对项目地域、时间、类型等有所限制，如《北京市碳排放权抵消管理办法（试行）》对用于碳抵消的林业碳汇项目减排量提出明确要求：必须是北京市的碳汇造林或森林经营碳汇项目；用于碳汇造林的土地必须为2005年2月16日后的无林土地，并且森林碳汇项目于此日期之后实施（石柳等，2017）。湖北省规定农林类是用于抵消的CCER项目的首要选择。2020年，生态环境部制定《碳排放权交易管理办法（试行）》，2021年发布配套的《碳排放权登记管理规则（试行）》《碳排放权交易管理规则（试行）》《碳排放权结算管理规则（试行）》，全国碳排放权交易2021年7月16日正式开市，CCER正式进入全国碳交易市场。

（4）大力推动林业碳汇项目开发和交易

目前我国主要有三类林业碳汇项目：一是CDM机制下的林业碳汇项目。二是CCER机制下的林业碳汇项目，其中包含福建林业核证减排量项目（FFCER）、北京林业核证减排交易（BCER）及省级林业普惠制核证减排量项目（PHCER）（广东碳普惠抵消信用机制）。因为自2017年起国家发展和改革委员会已经暂时停止办理CCER项目备案申请，所以许多CCER林业碳汇项目处于暂停状态。三是其他资源类项目，包含林业核证碳标准项目，非省级林业PHCER项目、贵州单株碳汇扶贫项目等。从交易情况看，到2020年年底，国家发展和改革委员会共计核准6个林业CDM项目，其中，5个已注册成功、2个项目获得签发，生物碳基金购买了部分减排量。备案13个林业碳汇CCER项目，其中，签发3个，成功售出1个项目的首期签发量。截至2021年6月，28个林业碳汇VCS项目成功注册备案，预计年二氧化碳排放量减少948.6万吨。3个林业碳汇GS项目注册成功备案，预计年均二氧化碳减排放量2.58万吨。从试点省市看，广东林业碳汇项目累计成交571.94万吨；福建林业碳汇累计成交275.35万吨；北京林业碳汇项目累计成交14万吨。

（5）林业碳汇金融创新步伐加快

2016年，中国人民银行牵头制定《关于构建绿色金融体系的指导意见》，初步建立起绿色金融政策体系。从林业碳汇金融产品创新看，多是个案突破，主要包括以下几类：一是林业碳汇收益权质押贷款，是指林业碳汇产品转化为货币的过程中，使用预期的碳汇收益作为抵押获取贷款，投资当前绿色产业，助力提高林业固碳能力；二是林业碳汇开发贷款，产品利率低、期限长，有效推动林业碳汇的开发与管理；三是林业碳汇交易权质押贷款，采取组合质押的模式，以预期碳汇交易权为担保方式进行质押融资，未来按约定时间购回林业碳汇，简称为"售碳+远期售碳"模式；四是林业碳汇指数保险，保险是按照约定的碳汇损失量标准进行赔付，碳汇损失量是按照合同规定的受灾原因，将造成的森林固碳能力损失进行指数化计算得出的结果。2010年7月，国务院批准成立了中国绿色碳基金，旨在增汇减排、应对气候变化。中国绿色碳基金先后在全国20多个省营建和参加管理120多万亩碳汇林，组织开发了全国第一个能够进行市场交易的林业碳汇CCER项目。

7.1.2 草原（地）碳汇

1）草原碳汇的概念

草原碳汇是指草原上的植被通过光合作用吸收空气中的二氧化碳，并将其固定在植被或土壤中，从而降低大气中二氧化碳浓度的过程、活动或机制。目前，中国超过70%的国家核证自愿减排项目是造林、再造林项目，碳汇项目类型较为单一，草原碳汇尚未进入市场交易，但发展前景广阔。

2）国际草原碳汇管理发展现状

碳汇指从大气中清除二氧化碳的过程、活动或机制，主要包括森林、草原、湿地等类型。在一定的交易体系下，碳汇可进行有偿转让，用来抵消买方的温室气体排放量。草原碳汇包括草植被和土壤两部分，其中，土壤固碳规模最大。总体来看，尽管《联合国气候变化框架公约》第23次缔约方大会上明确提出要改善草原的土壤碳，并制定了草原碳汇监测核证的方法学标准，但全球草原碳汇仍处于起步阶段。相比之下，欧美发达国家草原碳汇理论和实践进展较快，积累了一定经验。

（1）加强基础研究

鉴于草原碳汇基础研究较为薄弱，在基础数据、功能量化、经济价值等方面缺少系统研究梳理，各国相继开展了一系列研究。

日本是经济较为发达的国家，也是二氧化碳排放大国，多年来累计排放量位于全球第5~8位。日本草地总面积仅为1.87万km^2，占国土面积的5%，2/3的草地土壤为棕壤褐土。日本较为重视草地碳汇基础研究，近年来采用GIS、遥感等方法，结合点位采样，对全国范围内的草地面积和空间分布、草地有机碳的规模和空间分布进行了深入研究，初步摸清了草地碳汇家底。结果显示，日本草地的碳密度为$5.50kg/m^2$~$19.30kg/m^2$，平均为$11.40kg/m^2$，且随土壤类型和草龄等不同呈现出明显差异。草地土壤碳主要集中于表土层，累计固碳量高达2.14亿t，占日本表土固碳量的8%。部分草地单位面积固碳量超过毗邻的林地固碳量，因此可通过加强草地管理提高草地生态系统服务质量，进而提高碳汇水平。这些研究为推进草地碳汇交易奠定了科学理论基础。

美国近年来在林草应对气候变化方面投入较多。由于林火频发，易造成森林碳汇损失，美国已逐步将草地碳汇研究作为重要补充。2018年，美国加州大学戴维斯分校的研究人员进行了一项突破性研究，采用模型演替等方法，发现草地土壤固碳效果良好，在干旱和野火条件下，根系和土壤的固碳量仍较为稳定，几乎不会产生碳排放。该成果为造林成活率低、林火肆虐的干旱半干旱区应对气候变化提供了新的理论支撑。此外，对草种丰富度影响下的固碳价值进行研究表明，当草种丰富度提高10倍时，其固碳价值增加1倍。欧盟也开展了草地碳汇研究，结果显示，草地生态系统是一个净碳库，但放牧等干扰活动会减少固碳量，因此核心挑战是如何在放牧、畜牧产品供给和生态系统服务之间寻求平衡。

（2）建立方法学体系

联合国粮农组织于2014年会同中国农科院、中国科学院西北高原所和世界农林中心共同开发了可持续草地管理的碳汇方法学，对草地碳汇项目的定义、准备、监测、核证等进行了详细阐述，创立全球首个草地碳汇方法学理论，为草地碳汇的推广应用提供了重要基础保障。

在充分认识到草地固碳效果的基础上，美国也从方法学入手，完善了草地碳汇的计量核证体系。位于加州的气候行动储备组织（Climate Action Reserve）是一个环境类的非营利性组织，致力制定碳汇计量标准，监督第三方核证机构，发放减排项目的碳信用。2015年7月，该组织在美国农业部自然资源保护局的支持下，协助制定了美国首个《草地碳汇议定书》，系统介绍了草地碳汇方法学，就如何量化、监测、报告和核证草地碳汇量进行了详细阐述。其主要采用排放替代法，即使用生物地球化学模型和排放因子量化草地被转化为耕地后的碳排放量，以此作为草地土壤固碳量。在上述标准下，土地所有者可以通过保护草地获得碳信用。该议定书已经过3次修订并在全美推广，最新版本于2020年2月发布，为碳汇交易奠定了重要的前期基础。此外，卫片等现代科技的广泛使用显著降低了核证的成本。

（3）启动试点

美国于2012年启动了碳中和项目。该项目由美国农业部为环境保护基金会（Environment Defense Fund）提供保护创新资金，由其联合农场主、保护组织、投资集团等共同参与设计碳汇交易框架，启动草地碳汇交易试点。参照森林碳汇交易等较为成熟的体系，试点进展顺利。2018年7月，依照草地碳汇标准，美国完成首个草地碳信用交易。微软旗下的自然资本伙伴公司（Natural Capital Partners）购买了南方平原土地信托公司（Southern Plains Land Trust，SPLT）的4 787个碳信用。在此基础上，SPLT已将其工作拓展至第三方，目前气候行动储备组织的项目计划中还包括5个州的8个项目。除土地所有者外，项目还涉及自然保护协会（The Nature Conservancy）等保护组织、气候信托（Climate Trust）等投资机构和蓝源（Blue Source）等项目开发商，这些项目已从20多种不同类型的减排技术中获得了超过100万个信用。SPLT将利用收益继续保护科罗拉多州2个牧场的近8 000 t土壤碳，同时利用牧场为狐狸、老鹰等受威胁物种提供食物、哺乳空间和迁徙廊道等，提高了区域生物多样性，实现了经济发展和生态保护的双赢。不仅土地所有者，雪佛兰等知名的高排放车企也对草地碳汇显示出浓厚的兴趣。专家认为，草地碳汇交易将有效扭转美国草地被转化为农地的现象，在加州等排放大州，草地碳汇交易前景将十分光明。草地碳汇的潜力巨大，美国7.49万hm²草地每年能够协助减排15万t温室气体。

澳大利亚温室气体排放量占全球温室气体排放总量的比重不高，2020财年碳排放量为5.13亿t，较上年下降3%；但累计碳足迹和人均碳排放水平均很高，居发达经济体首位。近年来，澳大利亚山火频发，2019—2020年林火产生的温室气体排放量约为8.30亿t CO_2e。澳大利亚采取了征收碳税、核定碳信用、增加碳减排技术研发和应用投入等方式，力求减少排放量，草地碳汇在上述框架中也展现出较大潜力。澳大利亚建立了自愿性的减排基金，旨在鼓励农民和土地所有者创新方法和技术来减少温室气体排放，并开发了牧草地中的土壤碳核证的基本方法学。政府培育的碳市场于2012年正式启动，联邦政府通过了《碳信用（低碳农业倡议）法案》，成为全球同类法规中唯一允许农民和土地管理者通过草地碳汇来赚取和出售碳信用的法案。农牧民应证明其通过草种更新、改变放牧模式和放牧率、提供有机肥、改变草地灌溉等新的管理措施提高了草地固碳量，且必须保存土壤碳至永久性期限结束，一般为25年或100年。

葡萄牙是欧盟在草地碳汇方面探索较多的国家，政府创立了葡萄牙碳基金

（Portuguese Carbon Fund）。该基金选定了1个年均封存二氧化碳量为5t/hm²的牧场作为试点，通过固碳支付系统支持牧场安装生物多样性保护设施等。该基金还支持农牧民提升草地经营管理水平，进而提高草地固碳量。通过项目支持，该地区草原面积增加了4.8万hm²。

（4）完善政策

与1990年相比，2018年欧盟温室气体排放量减少了23%，但多年来仍高居全球前列。欧盟减缓气候变化的决心很大，行动十分有力，已经建立了全球最大的碳交易市场，全球约75%的碳交易在欧洲成交。欧盟于2019年年底推出了绿色新政，明确提出2030年欧盟的温室气体排放量将比1990年减少至少50%~55%，到2050年在全球范围内率先实现碳中和。2021年6月前，欧盟委员会将评估和修改碳排放交易指令、土地利用变化和林业法规等气候相关政策。绿色新政中对保护与修复生态系统和生物多样性高度重视。欧盟已经发布了最新的《2030年生物多样性战略》，并将在此基础上制定一项涵盖整个森林生命周期的《欧盟新森林战略》，促进森林对二氧化碳的吸收。尽管尚未将草地碳汇纳入统一的碳市场，但欧盟高度重视草地的减排贡献，在实践层面，绿色新政中的农业政策为农牧民推行草地环境友好实践提供资助，通过对永久草原的保护间接促进了草地固碳。

3）国内草原碳汇管理发展现状

草原是我国面积最大的生态系统，但关于其碳储量尚未有一致结论，目前的估计结果介于145亿t与645亿t之间。但各方研究明确认为草地碳汇能力较强，且相对稳定，主要存在于土壤中。进入21世纪以来，我国通过加大草原生态保护建设投入力度，深入实施退牧还草、京津风沙源治理等草原保护建设工程，建立了草原生态保护补助奖励机制，草原生态环境恶化势头得到了初步遏制。草地的碳汇功能得到广泛认可，但与国外草地碳汇进展相比，我国草地碳汇仍处于研究探索阶段，监测核证、交易试点尚未有实质性突破。同时，草地碳汇存在着底数不清、产权不明、核算方法和动态核证机制缺失、监管机制不成熟、尚未进入碳市场等问题。

（1）我国发展草地碳汇优势

我国草原面积大，通过种草和提高经营水平等方式可充分激发草地碳汇潜力。研究显示，恢复退化土地每年可新增碳汇 5 亿~10 亿 t，禁牧休牧和草畜平衡等方式可新增碳汇 40 亿~60 亿 t。

我国发展草原碳汇的意义：一是可助力草原生态建设。近年来，尽管我国加大了对草原生态建设的投入力度，但草原生态基础薄弱、保护难度大、资金严重短缺，仅内蒙古草原生态建设资金缺口每年即高达 42 亿元。推进草地碳汇交易将为草原生态建设提供重要的融资渠道，还将提高农牧民收益和草原经营管理水平。按照目前碳市场价格，通过草地碳汇交易每公顷可获益 150 元，是生态补偿标准的 1.5 倍。二是有利于实现生态产品价值。2021 年 2 月，习近平总书记主持召开中央全面深化改革委员会第十八次会议，正式通过了《关于建立健全生态产品价值实现机制的意见》，提出要探索政府主导、企业和社会各界参与、市场化运作、可持续的生态产品价值实现路径。我国草地生态功能多样，但其价值实现仍高度依赖财政补贴，缺乏有效的市场交易途径。草地碳汇交易则是对草地生态系统服务价值的直接购买，真正实现了绿水青山就是金山银山的目标。我国已在部分地区启动了草地碳汇项目，为下一步开展试点奠定了基础。

内蒙古地区分布着我国面积最大的天然草地，全区草原面积近 5 400 万 hm^2，约占自治区总面积的 45%，其中退化草原面积近 2 500 万 hm^2。2009 年，德国政府提供了 50 万欧元用于内蒙古自治区绿色金融发展和草原碳汇研究项目，制定了草原碳汇交易综合方案，初步探索国际草原碳汇交易模式。研究结果显示，内蒙古草地总碳储量为 37.60 亿 t。退化草原具有较大的增汇潜力。内蒙古深入实施围栏休牧禁牧、飞播牧草等工程，推进生态移民，草原生态环境得到了明显改善。据测算，内蒙古全区退化草原增汇潜力为每年 4 356 万~4 816 万 t。按照造林成本法的固碳价格 260.90 元/t 计算，采取围栏封育和草畜平衡两类措施的草原增汇价值分别为每年 113.56 亿元和 125.65 亿元。按照碳交易价格 50 元/t 计算，全区草原碳汇价值每年近 23 亿元，每年草原固碳（减排）价值约为 918 元/hm^2~4 779 元/hm^2。

（2）启示

随着气候变化对世界各地影响更为显著，草地碳汇作为应对手段得到了更多的重视和研究，基本形成了"研究—基础准备—试点探索—纳入碳市场—政策补充"的体系框架，对我国推进草地碳汇工作可能存在如下启示：

①进一步加强草地碳汇研究

目前一些发达国家和地区（如美国、日本、澳大利亚以及欧洲）等均将碳汇研究作为制定核证标准和交易的基础。我国在草地碳汇方面也已经取得了初步的研究成果，但与实际需要相比仍显不足，草原面积、草地碳汇量、不同草种间碳汇差异、草种丰富度和放牧等对碳汇影响尚未有统一数据和结论。因此应开展系统研究，加快补齐基础研究工作方面的短板，为碳汇监测、核证和交易提供有力支撑。

②完善草地碳汇基础准备工作

在将草地碳汇交易纳入碳市场之前，美国、澳大利亚、葡萄牙等国由主管部门牵头，通过基金等方式，与基金会和非政府组织合作，基本建立了较为完善的草地碳汇的法规、标准和监测核证体系，为碳汇交易提供了技术框架和政策法规基础。我国应充分借鉴该经验，坚持规则先行，制定相应法规、标准和扶持政策，推动《中华人民共和国草原法》《碳排放权交易管理暂行条例》修订，依法保障草地碳汇顺利推进。出台关于草地碳汇交易的指导意见，制定草地碳汇的监测和计量方法学，建立第三方监测评估制度，提高草地碳汇效率。此外，还要加快建设草地碳汇信息库，完善碳评估、碳交易等方面的人才培养，全面夯实草地碳汇交易基础。

③推动草地碳汇试点并逐步纳入碳市场

美国、澳大利亚、葡萄牙等国家草地碳汇交易均为试点先行，目前仍处于深化试点阶段。我国也应按照先易后难的原则，出台草地碳汇交易试点方案，在内蒙古、青海等草原资源丰富的省（区）开展草地碳汇交易试点，在草地碳汇核算方法学、项目运行机制、交易机制、管理体制等方面进一步探索，在充分总结试点经验和存在问题的基础上，在全国推广草地碳汇交易。前述几国目前均建立了碳市场，虽然草地碳汇尚未纳入其中，但在试点的基础上已具备了纳入碳市场的条件。自

2011年启动碳交易试点以来，我国在碳市场建设方面积累了丰富经验，但目前仍处于建设的关键时期，相关标准、交易规则、监管机制和服务体系正在形成。应充分利用这一机遇，将草地碳汇纳入碳排放配额和国家核证自愿减排量交易中，推动企业从草地碳汇供给方购买一定配额，实现草地生态产品的价值。同时，逐步将草地碳汇纳入碳市场，向全球充分显示我国应对气候变化的决心与行动，进一步突出我国在应对气候变化领域的领导地位，为世界树立中国样板、提供中国方案。

④进一步创新完善政策

在推动草地碳汇进入碳市场的同时，欧盟出台了绿色新政和生物多样性战略等一系列支持政策，突出了草地的固碳和保护生物多样性功能。我国应充分借鉴此经验，在系统评估草地碳汇相关政策的基础上，进一步出台草地碳汇指导意见或暂行办法，就草地碳汇纳入全国碳市场之前的研究、基础准备、试点探索等方面进行初步规划设计，明确时间表和路线图，同时在林草发展"十四五"规划中明确相关部署，为发展草地碳汇提供保障。

7.1.3 海洋碳汇

1）海洋碳汇的概念

在植被丰茂的山野，每一次呼吸都像在给肺部进行一次推拿。长期以来，人们对吸碳释氧的"绿碳"极为熟悉。相比之下，海洋植物与二氧化碳之间的关系就低调多了。其实，储存于海洋系统（包括滨海）的蓝碳，是地球上最大的碳库。据了解，"蓝碳"是相对于陆地生态系统植被固定的"绿碳"概念提出来的。2009年，联合国环境规划署、粮农组织和教科文组织政府间海洋学委员会发布了《蓝碳报告》，正式提出了蓝碳的概念。[①]

蓝碳即海洋碳汇，是利用海洋活动及海洋生物吸收大气中的二氧化碳，并将其

---

① i自然全媒体.碳中和的"蓝色方案"[EB/OL].[2021-04-20].https://mp.weixin.qq.com/s/VaDXtR2d8N8hgY8VPunUXQ.

固定和储存在海洋中的过程、活动和机制。其中，红树林、盐沼和海草床等都是典型的海岸带蓝碳，能捕获和储存大量的碳，并将其长期埋藏在海洋沉积物里。

海洋是地球上最大的碳汇体，海岸带蓝碳是潜力巨大的碳汇资源。《蓝碳报告》指出，占全球海洋有限面积的滨海湿地在全球海洋碳储存中发挥着重要作用，红树林、盐沼和海草床湿地每年埋藏到沉积物中并长久保存的有机碳数量，约占海洋沉积物碳埋藏量的一半以上。

随着全球 CO_2 浓度的持续升高以及海洋生态系统不断被破坏，世界各国对于增加生物碳汇以保护海洋生态系统越来越重视。目前国内在蓝色碳汇方面的研究尚处在初期阶段，未来还需探索更先进和精准的碳汇量测度办法，探索构建完整、科学、可持续的蓝色碳汇市场交易机制等，以实现蓝色碳汇应有的经济价值和生态价值。在此基础上，未来国内碳汇研究也要充分结合中国海岸带地区的自然与社会属性特点，进一步深化海岸带蓝碳研究，服务于中国海岸带地区的蓝碳保护和生态文明建设。

2）国外海洋碳汇管理发展现状

当前，蓝碳正从科学研究逐步发展成为全球气候治理体系的重要技术工具，是各国应对气候变化所关注的焦点之一。蓝碳国际规则体系正在加速构建中，欧美等发达国家正加快布局，以求引领全球蓝碳规则制定的方向。

（1）国际组织

2010年，保护国际基金会、世界自然保护联盟、联合国教科文组织政府间海洋学委员会共同发起"蓝碳倡议"，并成立科学和政策工作组。2011年《联合国气候变化框架公约》缔约方第17次会议发布《海洋及沿海地区可持续发展蓝图》报告，规划了蓝碳保护和发展的路径。目前，世界自然保护联盟（IUCN）等国际组织已发布蓝碳政策纲要、蓝碳生态系统全球科学评估报告、蓝碳释放因子评估方法等文件，并酝酿制定详细的蓝碳制度和实施规则。2021年5月，世界自然保护联盟发布了《欧洲和地中海蓝碳项目创建手册》，提供针对欧洲地区蓝碳资源管理政策、蓝碳项目实施和认证、碳储量计算和蓝碳生态系统恢复等方面的工具和建议，并提出运用自愿碳补偿机制吸引企业等多元主体参与规划蓝碳资源保护的可行路径。
2021年在英国格拉斯哥举办的《联合国气候变化框架公约》缔约方大会第26次会
议（COP26）上，蓝碳成为重点议题之一。

（2）各国实践

2021年12月，欧盟委员会在关于去除、回收和可持续储存碳建议的文件中强
调，欧盟将通过发起蓝碳倡议、加强对海洋生态脆弱地区的风险研判、加强对沿海
地区生态环境和生物多样性的保护投资、加大对沿海湿地的海藻类植物和软体动物
的养殖培育等多种方式，大力发展蓝碳经济，实现碳吸收、碳固定和粮食安全、扩
大就业的有机结合。当前，荷兰、西班牙、法国等欧洲国家正通过卫星遥感等先进
技术手段开展对湿地、盐沼、海草床等的评估和修复行动。

澳大利亚高度重视国内蓝碳资源的保护，2022—2023财年澳大利亚联邦政府
计划投入1亿澳元用于向海洋公园和蓝碳相关的项目投资。同时，澳大利亚还在研
究制定以引入潮汐流项目改善沿海湿地生态环境、增加盐沼面积、扩充蓝碳储备的
碳信用机制。此外，加紧构建蓝碳资源保护开发的相关制度体系，探索建立第一个
国家海洋生态系统核算账户，用于统计、测量和展示海洋生态系统的状况及其在生
物多样性、旅游观光、碳封存等方面的价值与意义。

日本引入企业、渔业合作社、环境保护协会等相关社会力量参与蓝色经济建
设。例如，经日本国土交通省批准成立的日本蓝色经济协会推出"蓝色信贷"项
目，目前该项目已经在横滨市、山口县蜀南市、兵库县的港口和运河区启动实施。
其中，商船三井公司购买的10.9吨蓝碳额度将用于抵消世界上第一艘电动油轮
"Asahi"所排放的二氧化碳。

印度尼西亚在全球环境基金的支持下实施了为期四年的"蓝色森林项目"，建
立了国家蓝碳中心，编制了《印度尼西亚海洋碳汇研究战略规划》。同时，印度尼
西亚重点加强对红树林生态系统的修复和保护工作，在印度尼西亚泥炭地与红树林
修复署的领导下，计划修复200万公顷退化的泥炭地和红树林生态系统，为印度尼
西亚将来在国际市场的碳汇交易和碳汇收入提供坚实基础。

在蓝碳市场交易机制建设方面，虽然全球尚无以蓝碳为主的强制性碳排放交易市场，但美国、澳大利亚、新加坡、阿拉伯联合酋长国等国家也先后提出了建立蓝碳交易的构想和计划。

（3）国际合作

2015年以来，澳大利亚先后发起国际蓝碳伙伴倡议和太平洋蓝碳倡议，举办环印度洋蓝碳大会等研讨会，通过与东南亚、太平洋岛国和印度洋岛国加强国际合作，提升其在全球气候变化中的话语权。澳大利亚还与印度尼西亚建立渔业合作工作组，共同开展碳汇渔业开发和管理研究。2018年，韩国发起了"东亚海区域蓝碳研究网络"，希望以此为抓手在东亚海区域内推动蓝碳研究进程。

3）国内海洋碳汇管理发展现状

我国是世界上少数几个同时拥有红树林、盐沼和海草床三大海岸带蓝碳生态系统的国家之一，蓝碳研究走在了世界前列。但同时也面临着生态系统资源退化，蓝碳资源储量、固碳能力和增汇潜力底数不清、相关法律法规不健全等一系列挑战。

当今，大气中的二氧化碳含量增加导致全球气候变化加剧，成为可持续发展面临的严峻挑战。自2020年12月中央经济工作会议首次将"做好碳达峰、碳中和工作"列为2021年重点任务以来，碳达峰碳中和成为社会关注焦点。2021年政府工作报告也提出，"扎实做好碳达峰、碳中和各项工作"。

"做好碳达峰、碳中和工作"其中一个重要途径是增加碳汇。生态系统增加碳汇的路径主要有陆地碳汇和海洋碳汇，分别称为"绿碳"和"蓝碳"。地球上的蓝碳生态系统在光合作用过程中将碳固定下来，形成蓝色碳汇。比如，红树林、海草床、柽柳、碱蓬等，都承载着"蓝碳"的使命。

那么，我国近海"蓝碳植物"的生存状况如何，面临着哪些挑战，我国在蓝碳领域正在开展哪些研究和规划？这些都是人们关注的话题。

国际社会对碳排放的关注由来已久，蓝碳扮演着越来越重要的角色，并成为各国政府和科学家追逐的焦点和热点。2010年，《联合国气候变化框架公约》缔约方第 16 次会议正式提出"蓝色碳汇计划",强调要重视沿海海洋生态系统对降低二氧化碳水平的作用,指出如果能重视并正确地管理,蓝碳对减缓气候变化有很大的潜力。目前,中国蓝碳研究已走在世界前列。据了解,十余年来,我国先后安排了许多涉及蓝碳的科研项目,催生出一批较高水平的科研成果。值得一提的是,中国科学院院士、厦门大学教授焦念志团队提出的海洋微型生物碳泵理论框架,解释了海洋巨大溶解有机碳库(新蓝碳)的来源,得到国际同行的广泛关注和认同。由此,海洋研究科学委员会(SCOR)设立了海洋微型生物碳泵理论科学工作组,由我国科学家领衔,成员包括来自 12 个国家的 26 名科学家。此外,我国科学家还在著名国际学术品牌美国"戈登论坛"发起并获批设立"海洋生物地球化学与碳汇"永久论坛等,都彰显了海洋微型生物碳泵理论及其研究的国际影响力,标志着我国在海洋碳汇领域走在了国际前沿。2011 年,原国家海洋局启动我国首批滨海湿地固碳示范区建设,科研人员在厦门市下潭尾建成 20 亩红树林湿地固碳能力提升技术应用示范区,并取得良好效果,这为此后提升滨海湿地"碳汇"功能提供了技术依据。两年后,我国 30 多个涉海科研院校、部委和企业形成了以基础研究为主,涵盖产、学、研、政、用的联盟体——全国海洋碳汇联盟,旨在推动蓝碳研发,服务国家需求。2014 年 8 月,在中国科学院学部第 39 次科学与技术前沿论坛上,我国海洋科学家又自发成立了"中国未来海洋联合会",推出了"中国蓝碳计划"。这些活动极大促进了我国蓝碳研究进展,实现在认识生态系统基础上的蓝碳科学管理,为海洋强国建设决策提供了科技支撑。2015 年,中共中央、国务院《生态文明体制改革总体方案》提出"逐步建立全国碳排放总量控制制度和分解落实机制,建立增加森林、草原、湿地、海洋碳汇的有效机制"。2019 年 3 月,浙江省温州市洞头区政府联合浙江大学海洋学院开展的蓝碳生态系统项目实施试点完成。该项目根据洞头的生态系统、海洋灾害、物种资源等特征,结合当地"南红北柳""蓝色海湾""海洋牧场"等海洋生态建设项目实施,形成了成本低、效果显著、可推广的蓝碳增汇新技术和综合管理方法。

2020 年,自然资源部北海局教授级高工宋文鹏带领团队完成的北海区海岸带保护修复工程项目调查，基本掌握了我国渤海及北黄海区域海草床、盐沼等蓝碳生态系统的空间分布及面积数据，同时开展了盐沼植被、海草床现状调查和生态状况评估，为我国蓝碳生态系统碳储量、固碳速率和碳汇潜力评估提供了重要的基础数据。基于此，北海局初步估算黄河口盐沼生态系统总碳储量超过400万吨碳，年碳汇量超过3.4万吨碳。

据《蓝碳报告》估算，保护和恢复海洋蓝色碳汇及改善对其的管理，可避免每年高达450万亿克碳的损失，该数字相当于人类目前计划的碳减排量的10%。"碳中和"是应对气候变化的必由之路，海洋"负排放"（即增汇）是实现"碳中和"的重要途径，焦念志说。对此，宋文鹏也十分认同：做好碳达峰、碳中和，除了要减少二氧化碳排放外，还有一个重要途径就是着力增加碳汇。宋文鹏说："在全球范围内基于海洋的增汇方案，可在2030年每年减少近40亿吨二氧化碳当量的排放，到2050年每年减少约110亿吨。"为实现增汇，焦念志认为，我国应选择典型的盐沼湿地、红树林湿地和海草床生态系统，建立滨海湿地碳通量监测网络，查明滨海湿地水—土—气—生物循环中的碳通量、时空演变与受控机制。此外，还要构建滨海湿地蓝碳示范区，为建立不同类型的滨海湿地固碳增汇生态管理模式提供可借鉴的经验。[①]

7.2 碳汇相关政策

7.2.1 国外碳汇政策

1）林业碳汇

在碳中和背景下，森林碳汇作为解决二氧化碳排放上升最经济有效的方法之一，受到越来越多的关注。当前实现碳中和的努力基本上从两个方面展开：一是通

---

① i自然全媒体.碳中和的"蓝色方案"［EB/OL］.［2021-04-20］.https：//mp.weixin.qq.com/s/VaDXtR2d8N8hgY8VPunUXQ.

过节能、促进可再生能源发展等途径进行碳减排；二是通过增加碳汇，如林业碳汇、碳捕集、利用及封存（carbon capture，utilization and storage，CCUS）等固碳技术来固定空气中的二氧化碳，从而降低碳浓度。企业可以根据自身发展情况选取相应的技术进行减排，也可以在碳交易市场上购买配额来抵消自身的排放量。

随着气候问题逐渐显现，各个国家都开始重视森林碳汇的发展和管理。中国、澳大利亚、英国、美国、韩国、新西兰、巴西等国都有正在实施或正在开发的林业碳汇项目。其中，欧盟国家在 2005 年就成立了碳排放交易市场，森林碳汇是其成员国之间可以使用的清洁发展机制的重要组成部分。澳大利亚在 2014 年 7 月废除碳税、实施减排基金后，大量林业碳汇项目活跃在碳排放交易市场。巴西明确指出需要关注土地利用、土地利用变化和再造林以增加碳汇，希望能够减少毁林造成的碳排放。中国的全国性碳排放权交易市场也于 2021 年 7 月启动运营。根据联合国政府间气候变化专门委员会第四次报告的预测，到 2030 年，全球碳汇能力将达到 27.5 亿吨二氧化碳/年。

（1）欧盟

碳排放权交易，是通过市场的手段促进温室气体减排的政策机制。温室气体排放配额和基于温室气体减排项目产生的碳抵消信用是碳交易市场最基础的两种交易产品。构建完善的碳金融体系要在建立碳市场的基础上，逐步丰富碳金融产品，促进多元化的碳市场参与方式，发展全方位的碳金融服务。作为运行时间最早、规模最大的强制碳交易市场，欧盟碳市场在机制建立和碳金融体系发展方面都积累了丰富的经验教训。欧盟碳市场从 2005 年开始运行，涵盖欧盟 28 个成员国（2020 年 1 月英国退出欧盟）以及挪威、冰岛和列支敦士登，覆盖该区域约 45% 的温室气体排放，为 31 个国家的 11 000 家高耗能企业及航空运营商设置了排放上限。欧盟制定了碳市场相关法律法规，明确了统一的总量设定、配额分配、MRV（监测、报告、核查）等标准和规则并逐步修订完善，建立了较为完备的政策法规体系，具体由各成员国的碳交易主管部门负责实施。欧盟碳市场从成立起，其运行可以分为四个阶段，本章对其进行整理汇总，见表 7-3。

表7-3　　　　　　　　　森林碳汇支持政策经验借鉴及启示

阶段	第一阶段	第二阶段	第三阶段	第四阶段
时间段	2005—2007年	2008—2012年	2013—2020年	2021年之后
减排目标	按照《京都议定书》第一承诺期减排要求,在1990年的基础上减少8%的温室气体排放	到2012年,在1990年的基础上减少8%的温室气体排放	到2020年,在1990年的基础上减少20%的温室气体排放	到2030年,在1990年的基础上减少40%的温室气体排放
覆盖范围	欧盟28个成员国	欧盟28个成员国、挪威、冰岛和列支敦士登	欧盟28个成员国、挪威、冰岛和列支敦士登	欧盟27个成员国
总量控制	20.58亿吨CO_2	18.59亿吨CO_2	2023年为20.84亿吨CO_2,之后每年线性减少1.74%	每年线性减少2.2%

数据来源: EUROPEAN COMMISSION. Action C. EU ETS Handbook [EB/OL]. [2024-10-23]. https://climate.ec.europa.eu/system/files/2017-03/ets_handbook_en.pdf.

　　欧盟排放交易体系遵循着限额与交易原则。这意味着欧盟需要规定一个温室气体排放总量,从而在这个总量的上限内通过市场手段来进行排放配额交易,从而对提供森林碳吸收和转化的林场所有人和经营者实现森林生态补偿。故而在该体系中,森林生态系统由于其能够对二氧化碳进行固定、存储和转化,减缓气候变化,而在当今成为欧盟排放交易体系中一个关键性的要素,同样也就成为实现欧盟森林生态补偿制度的一个非常重要的途径。对欧盟排放交易的理解包括,在欧盟对这一体系设想中,主要考虑森林碳汇作为一项服务的来源,从事林业的相关企业、团体与个人等作为提供者;也需要考虑森林碳汇实施的受益方。上述双方构成欧盟排放交易体系的基本框架,进而通过针对上述两个变量的理解与分析,阐释这一体系的具体运行中提供者自身的变化,包括生产经营、增加或减少运营资本等和外部环境对提供者施加的各种影响,包括政策的支持或遏制、市场的变化等,都可以在相当程度上影响着整个交易体系的运行。通过运行,能够实现这一体系的动态变化,进而有助于针对森林碳汇相关的排放交易展开动态评估。与之密切相关的是，这一交易体系的运行，为森林碳汇发挥相应的作用提供了必要的基础。在这一交易体系的运行中，通过森林碳汇的有效运用，展现森林碳汇的交易属性。换言之，这一交易体系的运行能够借助森林碳汇的提供者促进产品与受益方购买产品之间的交易进程。交易的内容，可以通过森林碳汇的实践落实相应的交易实现。

与欧盟排放交易体系密切相关的是欧盟的森林生态补偿制度，其得以存在的原因在于，在整个欧盟的林业规划与发展中，欧盟碳排放的实施以及相应的管制，需要森林生态补偿制度发挥相应的平衡性作用。这一补偿制度的主要作用在于：密切落实欧盟对森林生态和欧盟成员国林业发展的有效掌控，进而提供更为可靠的产业服务等。同时，这一作用也需要明确释义为对欧盟治理下以市场交易作为导向所开展的经济活动以及保障等。依据上述分析，可以对欧盟在排放领域中相关政策的意义进一步释义为：

第一，加大政策激励，让林业释放更大的碳汇潜力。根据欧洲森林研究所的研究成果，即《森林和林业部门在欧盟 2020 年后气候目标中的地位》，这一报告认为林业对欧盟应对气候变化具有相当重要的作用。进而针对欧盟的碳市场现状，这一作用可以进一步解读为欧盟在林业的发展中提供了相对可靠的政策支持，包括财政补贴与税收等。根据这一报告的相关阐释，欧盟执行林业发展、森林碳汇的明确规划与具体实践，目的在于塑造涉及林业的产业链和提供相当可靠的林产品；将碳汇的发展作为其中的关键进程加以落实。

第二，欧盟的进展有土地利用、土地利用变化及林业排放（Land Use, Land-Use Change and Forestry, LULUCF）核算、在欧盟共同农业政策改革框架下纳入气候政策措施两方面。①在德班决议修订土壤和森林（排放）核算规则后，欧盟采纳了一份关于土地利用、土地利用变化、林业排放和清除核算规则的决议，将欧盟境内最后一个主要的无共同规则的部门——森林和农业部门的排放和清除纳入欧盟气候政策框架。成员国有义务报告它们如何增加森林和土壤部门的碳清除以及如何减少这些部门的碳排放。欧盟立法进度超过了气候公约决议的要求，立法从国家层面逐步强制性地核算草地和农田排放。这些规则将有助于增强温室气体核算的完整性。根据国际规则，目前湿地排水和湿地复湿实行自愿核算。②欧盟委员会关于2013年后共同农业政策改革的建议于2011年10月提出，并在2013年6月欧洲理事会和欧洲议会的共同决策程序中获得通过。根据欧盟委员会的上述规划，在欧盟的共同农业政策制定中，纳入了与森林碳汇密切相关的环境保护措施及相应的政策规范。对此，可以进一步解读为：在欧盟积极参与全球气候变化的应对中，欧盟的相关政策落地发挥了必要的作用。这一作用可以进一步释义为：随着具有碳汇参与作用变量的欧盟共同农业政策的实施，可以更为充分有效地发挥欧盟控制气候变化的作用，尤其是针对更为具体的农业环境改善、森林与草原保护与物种多样化等。

　　欧盟关于LULUCF相关活动温室气体排放和清除的核算规则决议，并没有针对农业、林业制定具体的减排目标。而关于共同农业政策的改革中设定了直接支付中30%必须是环保措施的规则，实际上制定了一个具体的气候政策措施及目标。

　　第三，欧盟森林管理战略与政策的改革。主要举措包括：①围绕生物圈的碳汇能力，量身定制欧盟气候减缓战略，努力平衡森林最大化的碳封存能力同替代能源或原材料生产之间的关系；②制定出台科学规范的森林优化管理技术，如选择更好的树种、最佳化轮作制度、龄级结构（age-class distribution）、优化收获方式和收获量等；③推出强制性的欧盟层面法规政策，实施欧盟森林与土地有限资源的综合管理，强化协调森林与土地资源的有效开发利用；④建立早期预警机制，避免欧盟森林建设达到碳汇能力的极限。

　　根据上述分析，大致能够明确欧盟森林碳汇支持政策在确立与执行的进程中具有相对积极的意义。同时，上述政策的不断推进，在相应的时间与空间范围内落实为针对欧盟森林碳汇得以有效实施的关键所在。进而言之，对于我国森林碳汇支持政策的相关设想，欧盟森林碳汇政策可供借鉴的经验与启示在于：其一，为我国森林碳汇支持政策的制定提供相应的参照设想，包括森林碳汇支持政策的相关标准设计、原则设想等，都可以对比欧盟的相关进程；其二，对于欧盟森林碳汇支持政策的相关举措评价，应考虑在借鉴的同时，进行必要的修正，尤其是需要结合我国森林碳汇的相关现实；其三，针对我国森林碳汇支持政策的未来演变，有必要考虑借鉴欧盟的机制化建设经验，同时也需要将相关机制建设的落实与我国森林碳汇支持政策的相关机制构建之间确立相对可靠且具有持续性的对接。

（2）美国

美国是最早应对温室气体减排问题的国家之一。早在 2003 年 6 月，美国在芝加哥建立了全球首个碳减排交易平台——芝加哥气候交易所（Chicago Climate Exchange，以下简称 CCX）。针对芝加哥气候交易所的相关研究，主要明确为：美国通过芝加哥气候交易所的运行，确立了相应的温室气体排放设想。对事关芝加哥气候交易所及其运作方式的相关研究，大致明确为：芝加哥气候交易所有三种基本运行方式，包括会员制运营、交易模式（限额贸易、补偿贸易）和相对独立的交易系统。①在会员制运营方面，需要考虑注册会员（企业等），落实减排承诺与强制约束等。进而通过会员制的设想，逐步优化美国在碳排放领域的相关进程。②在交易模式方面，通过设置交易的规模与规范等，展现相应的经济属性和制度属性。尤其是在涉及碳排放的交易中，需要遵循来自政府的相关规范措施。③在交易系统方面，借助交易内容的相关规划与规范，实现芝加哥气候交易所的有效运营。按照对芝加哥气候交易所的相关理解，逐步明确芝加哥气候交易所提供的可借鉴的经验。芝加哥气候交易所的设立与运行，为美国的碳排放提供了较为规范的运行模式，因而对规范森林碳汇的交易市场起到了一定的借鉴作用。进而言之，虽然芝加哥气候交易所为美国森林碳汇的交易起到了抛砖引玉的作用，但是当时的美国特朗普政府对于气候变化的消极态度，阻碍了全球气候外交的顺利进展。

虽然曾经辉煌的芝加哥气候交易所为美国参与气候变化的应对，展现了案例丰富的实施方案，但是以美国特朗普政府对待气候变化的消极态度作为分析视角，芝加哥气候交易所运行时期的经验积累并未得到重视。这进一步造成美国森林碳汇政策的发展在 21 世纪第二个十年后期陷入窘迫困境。这一困境的存在与持续，客观上造成美国难以通过森林碳汇支持政策展现其对全球气候变化的积极参与。

对照美国森林碳汇支持政策的进程，我国森林碳汇支持政策的相关设想，可以借鉴的思路有：其一，我国森林碳汇支持政策的落实，应充分体现我国对全球气候变化履行有效应对的国际责任。与这一国际责任所密切相关的是，借此强化并提升我国在推进森林碳汇支持政策过程中所确立的国际上负责任的大国形象。其二，我国森林碳汇支持政策的发展进程，要重视与发达国家之间开展更多与森林碳汇项目相关的国际合作。因而在具体施行我国气候外交的过程中，要积极探索与更多的西方国家开展基于森林碳汇项目的国际合作。

（3）澳大利亚

作为发达国家的澳大利亚，尽管其 CO_2 排放量仅仅占全球的约1.5%，但澳大利亚却是全球人均碳排放量最高的国家之一，近全球均值的5倍（2009年）。这一局面表明对澳大利亚而言，该国在应对气候变化等相关领域，必须承担起相应的国际责任，即需要澳大利亚根据国际社会的需求，确立澳大利亚在温室气体减排中的相关议程与目标。2007年澳大利亚签署《京都议定书》，并确立其中期减排目标为到2020年，温室气体排放减少5%~15%（较之2000年）。这一目标的实现，构成澳大利亚参与全球气候治理的关键基础。进而，2011年澳大利亚提出到2050年的温室气体减排目标，即较之2000年，减少60%。这些目标的提出与不断落实，展现了澳大利亚依托温室气体减排有效参与应对气候变化并履行国际责任的基础成果。

为改变这一状况，澳大利亚政府早在2007年12月就正式签署了《京都议定书》。对于碳排放领域，需要明确2011年澳大利亚提出的《清洁能源法案》中关于固定碳价计划（CPM）的相关规定，对于其他发达国家的减排提供了相对有效的样本。基于市场机制的节能减排政策效率较高，受到许多发达国家政府的青睐。其中，碳税是直接对 CO_2 排放征税。进而通过碳税的征收，逐步落实澳大利亚应对气候变化的具体措施。

澳大利亚在应对气候变化中比较突出的特点是运用碳税政策来促进实质性减排，这是针对生产工艺过程、化石能源燃烧等所产生的 CO_2 排放量征税，利用价格信号影响市场主体行为，进而达到抑制碳排放的目标。

结合这一特点分析，可以进一步细化碳税的功能，以及澳大利亚借助碳税的作用发挥落实应对参与气候变化的相关举措。其一，将碳税作为碳排放控制的关键标准。在澳大利亚，CO_2排放量每年达到2.5万吨，构成征收碳税的起点。目前，有超过500家污染企业被征收碳税。这一关键标准的确立为澳大利亚碳税的有效征收确立了必要的制度性规范。其二，碳排放许可的确立，为企业的CO_2排放量设置了上限。这一上限的确立可以为澳大利亚企业的温室气体排放设定必要的限制。其三，澳大利亚政府为参与CO_2排放量减排的相关企业提供政府援助。根据澳大利亚确立的澳大利亚碳信用单位（ACCU），开展对澳大利亚森林碳汇项目的有效支持。根据上述分析，可以明确澳大利亚在森林碳汇项目与相关产业的积极举措。这一系列举措的提出与落实，在相当程度上展现了澳大利亚借助森林碳汇实现其温室气体减排进而展现其应对气候变化的有效参与。

为了既兼顾到减排形象，又有效控制实质性减排对国内民意的影响，澳大利亚政府在与森林碳汇密切相关的政策领域作出了一系列的积极调整，具体包括：其一，2011年提出并通过了"农业减碳行动"（Carbon Farming Initiative）计划，对农业和林业领域的碳补偿项目落实进行了相关的部署。其二，澳大利亚政府在2013年7月发布的《清洁能源法案》修正案（征求意见稿），主要涉及澳大利亚对国家碳市场进行相关调整，进而使其符合澳大利亚实现节能减排与有效参与应对全球气候变化的综合性平衡。其三，允许企业存入和透支碳信用单位，同时设置透支上限。上限的设置也可以进一步促使企业自觉参与森林碳汇项目。根据上述进程，可以明确澳大利亚对碳税的设置与实践等，展现了澳大利亚落实其有效参与应对气候变化的基本进程。而以数量控制为特点的CO_2排放配额交易机制逐渐受到了推崇，排放配额交易机制也显示出了碳税无法比拟的优势。

进而言之，就我国森林碳汇支持政策的持续完善而言，可以借鉴澳大利亚的碳税政策这一方式。但也有必要强调的是，关于碳税政策的具体设想、相关运行等，应考虑对接我国落实碳税政策的具体形势。按照相关形势的理解，需要明确的是：其一，就我国森林碳汇政策的持续发展而言，碳税政策的介入应考虑更为充分的、结合我国森林碳汇现实的科学调研与客观评估；其二，应针对碳税政策的落实，确立相对可靠的政策支持。这一政策支持，不仅应强调与优化森林碳汇支持政策与碳税政策之间的有效契合，应对可能出现的政策障碍，而且应妥善考虑碳税政策自身的合理化设置比例与推进时间等。

（4）韩国

韩国应对全球气候变化表现为，随着签署《京都议定书》后，韩国逐步推进相应的制度化建设。尤其是李明博总统上台后，强力推动着韩国相关制度的建立，短短几年时间，已经初步建立起了一套国内的强制减排体系及排放权交易市场。与这一态势密切相关的是，韩国逐步确立应对气候变化的各种制度性措施并明确作出韩国在温室气体减排方面的各种承诺。

韩国作为世界第十一大经济体，是OECD工业化国家中第七大温室气体排放国。2009年于哥本哈根召开的《联合国气候变化框架公约》第15次缔约方会议暨《京都议定书》第5次缔约方会议，韩国承诺将在2020年完成温室气体排放水平比BAU（business as usual，一切如常）情境下减少30%的减排计划。为达到这一目标，韩国从2009年起一直推进全国碳市场建设，直到2015年1月，韩国启动了全国性碳排放权交易市场（KETS），韩国碳市场的体量仅次于欧盟碳排放交易体系（EU-ETS），是目前世界第二大国家级碳市场。作为东亚地区第一个启动国家级碳市场交易的国家，韩国碳市场的发展经验对我国的碳市场交易有一定的借鉴作用。

截至2017年11月，韩国碳市场已纳入约599家控排企业，其中包括5家境内航空公司，排放规模占全国温室气体排放总量的68%。韩国碳市场交易分三个阶段进行，分别是阶段一（2015—2017年）、阶段二（2018—2020年）和阶段三（2021—2025年）。三个阶段的配额分配采取从免费过渡到以免费分配为主、有偿拍卖为辅的方式。

对于韩国森林碳汇项目的相关理解，韩国对于森林碳汇项目的推动，主要意在确立李明博政府时期相关制度运行的同时，逐步实现韩国在温室气体减排方面的承诺。按照这一承诺，韩国碳交易市场得以确立与运行，同时政府根据碳交易市场的运行实际情况进行调整，进而落实韩国的森林碳汇项目。

①政策措施

通过对韩国碳市场发展的分析，可以发现其具有完备的碳市场相关法律制度。韩国在全面启动碳排放权交易市场前就已经通过相关立法来界定参与企业，规范交易形式，其中起到重要作用的有以下两个法律：第一，《低碳绿色增长基本法》。该法于2010年4月14日正式颁布施行，主要内容包括绿色增长国家战略、绿色经济产业、气候变化、能源等项目以及各机构和各单位具体的实施计划。此外，该法还对实施气候变化和能源目标管理制度、温室气体中长期的减排目标、温室气体综合信息管理体制以及低碳交通体系等相关内容做了说明。该法律对政府的职能作出了很多规定和要求，体现了政府在碳市场建设过程中的关键作用和主导地位。政府需要制定有关发展和扶持资源循环产业的政策，从而提高企业资源节约利用率，推动企业绿色经营，减少废弃物排放；同时政府要努力开创绿色产业、促进绿色技术革新、构建低碳交通体系、推进碳市场的开发等。第二，《温室气体排放配额分配与交易法》。该法颁布于2012年5月，其具体内容规范详细，有较强的可操作性，为韩国碳市场的发展奠定了坚实的法律基础。此外，韩国政府还先后颁布了《温室气体排放配额分配与交易法实施法令》（2012年）、《碳汇管理和改进法》及其实施条令（2013年）以及碳排放配额国家分配计划（2014年）等其他相关法律配套措施，从立法层面上保障了韩国碳排放权交易体系的顺利运行。

②组织机构

森林碳汇项目的落实，主要考虑到来自韩国政府、科研机构和各种社会组织的支持。这一支持的推进能够体现为以下三方面相互关联的进程。首先，明确韩国森林碳汇的项目管理机构（如图7-1所示），即韩国政府尤其是韩国森林厅对于韩国森林碳汇项目的管理职责。这一管理职责的确立，主要涉及的是森林碳汇项目进程等级；同时，韩国森林碳汇中心（隶属于韩国森林厅）负责对森林碳汇项目进行登记与评价等活动。其次，韩国森林碳汇项目的认证机构是韩国的林业振兴院，主要职责涉及对森林碳汇项目的碳吸收量进行认证与奖励等；同时韩国国立森林科学院（隶属于韩国森林厅），明确碳汇项目的运营标准与森林碳汇的技术开发。最后，韩国森林碳汇项目的落实，也涉及必要的韩国森林碳汇项目的补偿制度运行；这一制度运行的实现，主要涉及向交易性碳汇项目（400万韩元）和非交易性碳汇项目（300万韩元）提供必要的政府补贴。

③森林碳汇项目认证流程

在了解了韩国森林碳汇项目的相关研究，明确了韩国森林碳汇项目整体运行对制度建设与制度运行给予重视的基础上，我们需要进一步明确韩国森林碳汇项目的认证流程。这一流程主要涉及以下内容，对其整理绘制流程图，如图7-1所示。在这一流程中，首先，需要森林碳汇项目的申请人以文本的形式，向森林碳汇中心提交申请；其次，森林碳汇中心对项目进行审查与登记；再次，需要森林碳汇的项目申报人、执行人向森林碳汇中心提供监测报告并获得相应的认证；最后，项目的执行人通过认证进行碳汇交易。按照这一流程的规范有序运行，能够明确认识到，韩国政府对森林碳汇项目是非常重视的。韩国政府在参与应对全球气候变化过程中，对森林碳汇项目的有序施行发挥着相当重要的作用。对比韩国森林碳汇支持政策的持续演变，应充分考虑其森林碳汇项目所具有的积极意义。这一积极意义所带来的借鉴作用为：第一，可以为我国森林碳汇支持政策与相关项目的对接提供一种有效的流程尝试。但也有必要加以注意的是，这一尝试的落实，应重视相关项目设想的可靠性、可行性与地域特点等。第二，韩国森林碳汇支持政策对森林碳汇项目认证过程的设想与具体规则等，可以为我国推动森林碳汇项目的发展进程，提供有借鉴意义的参照和依据。

（5）日本

长期以来，日本对全球范围内气候变化问题的参与是相当积极的。按照日本政府提出的目标，日本2020年的温室气体排放，较之1990年应减少25%。由于1990年日本的温室气体排放总量为12.25亿吨二氧化碳当量（不包括土地利用和森林）。但是从1990—2005年期间，日本的温室气体排放总量呈上升趋势，从1990年的12.25吨二氧化碳当量，增加到2005年的13.97亿吨二氧化碳当量。因而日本要实现2020年的减排目标，需要在2005年的基础上减排4.78亿吨二氧化碳当量。

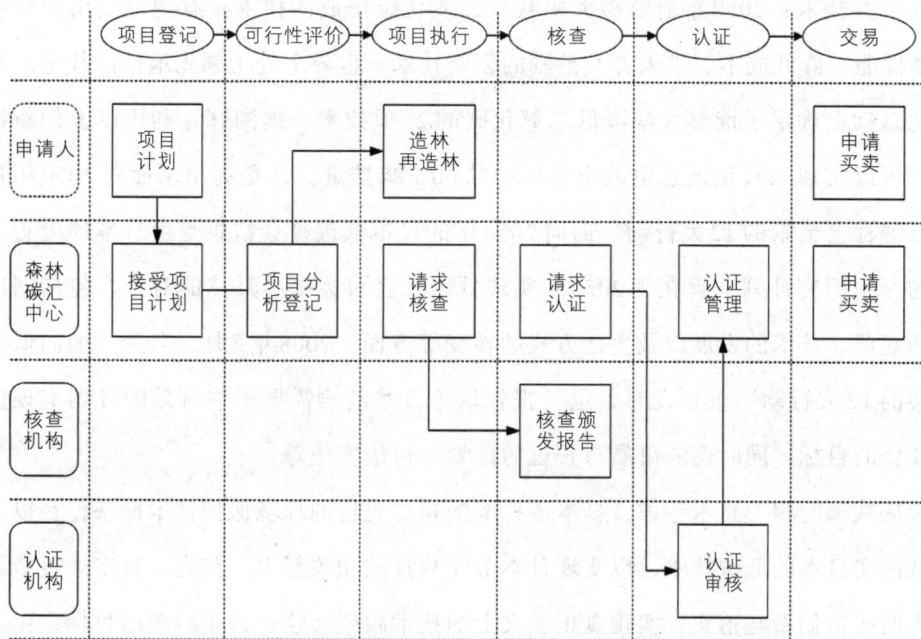

图7-1 韩国森林碳汇项目认证过程

按照上述分析，日本政府对于气候变化的应对更多地考虑了对本国的经济社会发展的全面统筹与有效安排。其原因在于以下两个方面。第一，长期以来，日本作为资源匮乏的国家对可持续发展的追求与认可，客观上为日本积极应对气候变化提供了相对坚实的基础；第二，日本出于对国际事务参与的现实考虑，对国际责任的履行在全球治理中多有体现。应对气候变化，作为全球治理的一部分，也相应地体现为对国际责任的落实。因此，就日本国家治理的整体演变进程而言，推动可持续发展、展现日本参与气候变化的国际责任是体现日本政府倡导的低碳社会的重要发展模式。早在2007年5月，日本首相安倍晋三的第一个任期期间，安倍就提出将低碳社会作为日本的发展模式，并提出日本的温室气体减排目标为，到2050年达到2007年的一半。同时日本政府采取了一系列的措施，以致力于低碳社会建设。一是日本提出《凉爽地球——创新能源技术计划》，为日本实现温室气体减排明确了21项技术。创新能源技术计划主要从以下几个方面确定了有助于减少温室气体排放的重点技术：2050年前能够大幅减少二氧化碳排放的技术；有望研发出能大幅提高性能、降低成本、扩大普及范围的创新技术；世界上处于领先地位的技术。并在此基础上确定了能够大幅降低二氧化碳的21项技术。据测算，利用以上创新技术，可以实现二氧化碳总量减半目标中的60%减排量。二是提出了面向2050年日本低碳社会情景的12大行动。面向2050年的日本低碳社会情景是由日本环境省发起的一项研究计划，旨在为2050年实现低碳社会目标提出具体的对策，包括制度上的变革、技术的发展以及生活方式的转变等方面。2008年5月，名为"面向低碳社会的12大行动"报告发布，这一报告认为日本政府需要采取有效的计划实现低碳社会的目标，同时确立可靠与长远的计划并付诸实施等。

从减碳的相关技术考虑，日本依托本国相对先进的环境保护技术储备，在以下领域落实日本的低碳技术，以实现日本节能减排的相关努力。首先，日本通过节能减排的政策创新与落实，实现真正意义上的技术减碳。这一技术减碳的目标主要涉及日本在汽车制造领域的电动汽车、汽车用电池以及智能交通等领域的相关技术创新。其次，日本的气候变化政策、温室气体减排的相关政策已然得到落实。其中，日本低碳社会行动计划的施行，主要体现为日本对于全球气候变化的应对，实现与现有国家治理之间的有效对接。因此，日本作为全球森林覆盖率最高的国家之一，对森林碳汇的落实可以依托上述进程得以有效开展。从未来的发展态势考虑，日本森林碳汇的项目实施可以首先从国家层面的低碳社会构建着手，制定、实施与推动日本森林相关项目（如林业）的发展进程。从林业发展的现实与趋势考虑，日本政府需要明确在森林碳汇的林业发展规模与具体部署中，将林业的具体发展与森林碳汇之间的协同推进加以落实。同时，关于森林碳汇的交易市场、交易规则和交易体系，日本政府需要作出更为细致的规划并付诸实践。此外，有关日本森林碳汇项目的推行，也可以考虑与其他国家之间开展横向的国际合作。

2017年12月11日发布的《2016财年日本国家温室气体排放》报告显示，自2009年起，日本二氧化碳排放量一直处于上升态势，维持在12亿吨以上并出现了多起严重污染环境的重大事件，尤其在福岛核电站核泄漏事故发生后，为了取代核发电，更多地使用天然气和煤炭进行火力发电，这一情况导致二氧化碳排放量逐年增加。

日本在《巴黎协定》中确定的国家自主贡献（NDC）减排目标是到2030年比2013年水平降低26%，目标的实现需要继续推进减排的力度以及加大经济投入。由于日本的科技水平较高，具有较高的边际减排成本。而中国作为发展中国家，减排成本较低，可以通过合作为日本提供更多的减排机会。但是，由于日本政府2013年退出了《京都议定书》，所以日本政府不允许再使用《京都议定书》下的CDM减排量，因此，日本如果想利用海外减排的机会，需要在抵消机制之外作进一步努力。对于相同的境内减排量，中国的边际减排成本要小于日本。日本可以通过与中国开展互利合作，以技术换取排放权，探索发展国际技术合作的可能性，完成其气候目标。

针对日本森林碳汇政策的落实与评价，有必要强调的是，日本政府关于本国森林碳汇的政策设想具有规划上的合理性、科学性等特点。但是，由于2011年日本大地震的冲击等影响，日本森林碳汇的具体实践效果大打折扣。因而对于日本森林碳汇政策的未来发展而言，开展与中国等国家的有效国际合作，应作为相应的路径加以明确。

2）草原碳汇

欧盟在应对气候变化方面采取了非常积极的措施，其中包括了碳交易市场的建立和绿色新政的推出。根据欧盟的绿色新政，到2030年，欧盟的温室气体排放量预计将比1990年至少减少50%~55%，并且计划到2050年实现碳中和。在推动碳市场发展方面，欧盟确实在努力扩大其碳交易体系的范围，并且也在探索将更多的减排项目纳入其中。例如，欧盟已经发布了最新的《2030年生物多样性战略》，并且计划制定一项新的森林战略，以促进森林对二氧化碳的吸收。尽管目前草地碳汇尚未被纳入统一的碳市场，但欧盟在绿色新政中的农业政策为农牧民提供了资助，以推行草地环境友好实践，间接促进了草地固碳。此外，欧盟在2021年提出了新的森林战略，旨在通过一系列措施改善欧盟森林的数量和质量，增强其保护、恢复和弹性，并计划到2030年额外种植30亿棵树。这些措施显示了欧盟在推动全球减排和建立更加可持续的经济体系方面的领导作用。通过这些政策和措施，欧盟不仅在减少自身的温室气体排放，也在鼓励和支持其他国家采取类似的行动，共同应对全球气候变化的挑战。

3）海洋碳汇

国际社会日益认识到海洋碳汇的价值和潜力。过去几年里，保护国际基金会、联合国教科文组织政府间海洋学委员会和世界自然保护联盟共同发起了"蓝碳倡议"计划，成立了碳汇政策工作组和科学工作组，发布了一系列海洋碳汇报告。

美国国家海洋和大气管理局（NOAA）从市场机会、认可和能力建设、科学发展三个方面提出了国家海洋碳汇工作建议。印度尼西亚在全球环境基金（GEF）的支持下实施了为期四年的"蓝色森林项目"（Blue Forest Project），建立了国家海洋碳汇中心，编制了《印度尼西亚海洋碳汇研究战略规划》。此外，肯尼亚、印度、越南和马达加斯加等国已启动盐沼、海草床和红树林的海洋碳汇项目，开展自愿碳市场和自我融资机制的试点示范。

7.2.2　国内碳汇政策

1）碳汇政策变迁

近年来，国家陆续出台了与生态碳汇相关的政策，不断规范和完善相关的制度建设。总体来看，我国碳汇政策的发展历程可大致分为以下三个阶段（见表7-4）。

第一阶段萌芽期（2009年以前）：2005年发布的《国家林业局关于印发2005年工作要点的通知》提出了加强对国际林业碳汇的研究。2007年成立了国家林业局应对气候变化和节能减排工作领导小组，开启了我国林业碳汇的研究工作。2008年发布了《中共中央　国务院关于2009年促进农业稳定发展农民持续增收的若干意见》，有关碳汇的主要内容是建设现代林业，发展碳汇林业。这个阶段我国开始关注碳汇领域，启动林业碳汇研究。

表7-4   我国碳汇政策发展历程

发展阶段	年份	事件
第一发展阶段	2005年	国家林业局《关于印发2005年工作要点的通知》
	2007年	成立国家林业局应对气候变化和节能减排工作领导小组
	2008年	《中共中央 国务院关于2009年促进农业稳定发展农民持续增收的若干意见》
第二发展阶段	2009年	《国家林业局关于促进农民林业专业合作社发展的指导意见》
	2011年	国务院《"十二五"控制温室气体排放工作方案》
	2012年	国家林业局《林业应对气候变化"十二五"行动要点》
	2014年	国务院《关于创新重点领域投融资机制鼓励社会投资的指导意见》
第三发展阶段	2015年	中共中央 国务院《生态文明体制改革总体方案》
	2021年	习近平总书记:"要提升生态碳汇能力,强化国土空间规划和用途管控,有效发挥森林、草原、湿地、海洋、土壤、冻土的固碳作用,提升生态系统碳汇增量。"
	2022年	党的二十大报告提出,积极参与应对气候变化全球治理

第二阶段探索期(2009—2014年):2009年,颁布了《国家林业局关于促进农民林业专业合作社发展的指导意见》,主要内容涉及实施重点生态建设工程,增加农田和草地碳汇。2012年,国家林业局发布了《林业应对气候变化"十二五"行动要点》,提出了建设全国林业碳汇计量监测体系,开展国内碳汇造林试点等。这个阶段林业碳汇建设工作全面铺开,并开始探索农田碳汇和草地碳汇等。

第三阶段成长期(2015年至今):2015年中共中央 国务院印发《生态文明体制改革总体方案》,强调建立增加生态系统碳汇的有效机制。2021年,随着全国碳交易市场的建立,碳汇交易市场也得到发展。2021年,习近平总书记在中央财经委员会第九次会议上进一步提出:"要提升生态碳汇能力,强化国土空间规划和用途管控,有效发挥森林、草原、湿地、海洋、土壤、冻土的固碳作用,提升生态系统碳汇增量。"党的二十大报告提出,积极参与应对气候变化全球治理。生态系统碳汇功能在我国实现碳中和目标过程中扮演越来越重要的角色。

2）碳汇政策梳理评价

巩固提升生态系统碳汇能力是碳达峰十大行动计划之一，是助力碳中和目标实现、应对气候变化的重要举措。碳汇政策是以巩固和提升生态系统碳汇能力为目标的政策合集。目前国内对森林碳汇的政策和研究较为成熟，而对海洋和草原碳汇的研究尚处于探索起步阶段，为了体现政策的变迁和演进，以下以介绍林业碳汇政策为主，对海洋和草原碳汇的政策不作详细介绍，政策内容可以参考本章7.1.2节和7.1.3节。

森林作为陆地生态系统中最大的碳库，是我国当前碳汇政策的主体。我们研究梳理了2000年以来我国森林碳汇有关政策的发展演变历程，并从生态政策、经济政策和保障体系建设三个维度分析和评价了政策成效与存在的问题，以便读者更好地了解我国生态碳汇政策的变迁过程。研究结果表明：

（1）从生态政策看，天然林保护、退耕还林还草和"三北"防护林三大林业工程增加了我国森林面积和蓄积量，显著提升了森林碳汇增量，但森林可持续经营管理体系尚未健全，需进一步精准提升森林质量，健全成果长效巩固机制，增强森林固碳能力；

（2）就经济政策而言，我国已形成多层级林业碳汇交易市场，有效推动林业碳汇项目建设，同时各类金融产品的开发和补贴政策的实施为碳汇项目提供了多元化资金支持体系，但整体融资规模和补贴范围有限，需拓宽融资渠道，强化资金支持；

（3）在保障体系建设方面，我国森林碳汇保障体系处于重点建设阶段，需完善森林碳汇有关法律法规、加快各类森林技术研发与标准制定，保障我国森林碳汇政策平稳运行。

随着气候变化的加剧，生态系统独特的碳汇功能日益受到国际社会的重视，已成为各国政府应对气候变化和实现经济社会可持续发展的重要手段。森林是陆地上最大的固碳系统，其生物量占陆地生物量的85%~90%，在区域和全球的碳循环中起着主导作用。森林碳汇不仅是一种经济有效的应对气候变化方式，还兼具保护生物多样性、涵养水源、防风固沙、促进可持续发展等多重效益。因此，中国也将巩固和提升森林生态系统碳汇能力作为应对气候变化的重要举措。

碳汇政策是以巩固和提升生态系统碳汇能力为目标的政策合集。发展森林碳汇长期以来是我国碳汇政策的主要内容，在新时期被赋予更迫切的要求。2003年中国碳汇管理办公室成立，开启我国林业碳汇管理工作。2007年《中国应对气候变化国家方案》提出明确的碳汇目标，把增加森林碳汇作为应对气候变化的重要措施。之后，我国在2009年联合国气候变化峰会和2015年国家自主贡献目标中再次对森林蓄积量和森林面积作出"双增"承诺，进一步推动我国森林碳汇发展。2020年碳达峰、碳中和目标（以下简称"双碳"目标）的提出，将森林碳汇应对气候变化的地位和作用提升到新的高度。此后出台的指导文件《中共中央 国务院关于完整准确全面贯彻新发展理念做好碳达峰碳中和工作的意见》和《2030年前碳达峰行动方案》明确提出持续巩固提升碳汇能力、部署碳汇能力、巩固提升行动等"碳达峰十大行动"。2000年以来，我国出台了一系列森林碳汇政策，形成了比较完备的政策体系，为提升我国森林碳汇能力和应对气候变化起到重要作用。

新时期对发展森林碳汇能力提出了更高的要求，梳理近些年我国森林碳汇有关政策的发展和演变以及潜在优化空间，对厘清我国碳汇总体发展进程、构建适应"双碳"目标的碳汇政策体系同样具有重要意义。通过系统梳理2000年以来中国森林碳汇有关政策发展演变历程，探讨政策实施的增汇效果和存在的问题，可为我国森林碳汇政策创新、生态系统碳汇能力巩固提升与助力碳中和目标实现提供决策参考。

（1）我国森林碳汇有关政策发展演变历程与评价[①]

我国高度重视森林碳汇在应对气候变化中的重要作用。自2000年以来不仅将碳汇目标纳入现有生态政策规划，通过提升森林面积和森林蓄积量增强森林固碳能

---

① 刘宇，羊凌玉，张静，等. 近20年我国森林碳汇政策演变和评价 [J]. 生态学报，2023，43（9）：3430-3441.

力，也通过建设碳汇交易市场、提供金融资金支持等市场手段激励林业碳汇项目开发，同时还通过加强法律体系建设和有关技术标准制定等行政措施，为我国森林碳汇快速发展提供保障。因此，下面围绕有助于促进我国森林碳汇能力提升的主要政策措施，从生态政策、经济政策和保障体系建设三方面进行政策梳理与评价，为进一步增强我国森林碳汇功能、实现可持续发展提供政策参考。

①生态政策

国家以大工程带动大发展，深入实施了天然林保护、退耕还林还草、"三北"和长江中下游地区等重点防护林建设、京津风沙源治理、野生动植物保护和自然保护区建设、重点地区速丰林基地建设等重点生态工程。六大重点工程的实施虽然以改善生态环境、恢复和发展森林资源为初衷，但在建设过程中呈现出较强的增汇效果。其中，天然林保护、退耕还林还草和"三北"防护林三大工程区新增植被固碳量占六大重点工程新增植被固碳总量的82.78%，对我国森林碳汇能力提升效果显著。目前，生态文明建设迈入以降碳为重点战略方向的新阶段，加强森林生态建设与碳减排目标的一致性、巩固提升森林生态系统碳汇能力也成为新时期各项生态工程的重要任务之一。

I. 天然林保护工程

天然林保护工程自2000年正式启动，20年间天然林实现了由区域性、恢复性增长到全面保护修复的跨越式转变，截至2018年工程区天然林面积增加近 $1\,000\times10^4\text{hm}^2$，天然林蓄积量增加 $12\times10^8\text{m}^3$，天然林碳汇能力显著提升。工程一期为恢复植被数量、缓解森林资源过度消耗问题，采取了限伐减产、商业性禁伐等措施，有效增加森林面积。新一轮工程建设中明确提出"新增碳汇 $4.16\times10^8\text{t}$"的目标，同时天然林保护范围从工程区向全国范围的扩展以及封山育林、改造培育等森林经营管护措施的强化，进一步提升了天然林质量，有效促进了工程区森林植被碳储量的增长。工程建设期间，工程区森林植被年均新增碳储量达到36.9Tg C~77.5Tg C（1Tg C= $0.01\times10^8\text{t C}=0.0367\times10^8\text{t CO}_2$），碳汇功能显著增强，为持续提升森林碳汇能力提供坚实保障（见表7-5）。

表7-5　　　　　　　　　　　　天然林保护工程年均新增碳储量

研究时期	碳汇类型	年均新增碳储量 （Tg C/a）
1999—2013 年	森林植被（天然林和人工造林）	77.5
1999—2018 年	森林植被（天然林和人工造林）	54.9
1998—2010 年	森林植被和死木枯枝落叶层（天然林和人工造林）	36.9
	土壤有机碳	31.5
2000—2010 年	森林植被（人工造林）	13.9
1998—2018 年	森林植被（人工造林和调减木材产量）	13.0
1998—2002 年	森林植被（人工造林和调减木材产量）	8.8
1998—2010 年	森林植被（人工造林）	2.6

随着二期工程的完成，天然林保护工作将成为林业的一项常态化工作。为提升可持续性和巩固增汇功能，在下一阶段的规划设计中主要有两方面问题需完善。一是森林经营管护方案科学性有待提升。我国目前天然林保护政策较为严苛，导致成熟林和过熟林没有得到及时砍伐利用，一定程度上不利于天然林的可持续发展，还可能形成碳源。同时二期工程虽然加大了管护力度，但管护措施科学性有待完善，导致中幼林抚育面积较小，次生林、退化林分修复不够规范，限制了天然林可持续发展和碳储量的长期增加。二是需重视碳排放和碳泄漏对固碳效益的抵消作用。碳汇项目的有效性体现为净固碳或净减排能力，需扣除项目隐藏的碳排放和碳泄漏等因素。有关研究测算发现一期工程产生的碳泄漏和碳排放共同抵消了工程固碳效益的 9.82%，主要是由于调减工程区木材产量带动工程保护边界外的木材采伐量增加，引起碳排放增加，从而抵减工程区内部的固碳效益。

Ⅱ. 退耕还林还草工程

1999—2020 年间，我国共实施两轮退耕还林还草工程，20 年间完成退耕还林还草 1 400×10⁴hm²，宜地荒山造林 1 800×10⁴hm²，封山育林 310×10⁴hm²，是我国森林面积增加的主要来源。前一轮工程以加快林草植被恢复为主要目标，开展大规模退耕还林和荒山造林任务，并结合限定生态林比例进行补植补造等措施，显著提高了造林面积。新一轮工程将"固碳释氧"列入生态效益监测评估体系，继续扩大退耕还林还草规模，并通过加强林木管护等措施促进植被生长，丰富单位面积生物量，以增强工程固碳能力。同时鼓励发展林下经济和多种经营方式缓解复耕问题，巩固还林成果。随着工程建设、土地利用方式由耕地转为林地，土壤有机物质含量得以提高，土壤有机碳明显增加。建设期间，森林植被和土壤有机碳年均新增碳储量分别达到16.0Tg C~26.7Tg C 和 11.4Tg C~14.5Tg C（见表7-6），成为提升森林碳汇的重要组成部分。

表7-6 退耕还林工程年均新增碳储量

研究时期	碳汇类型	年均新增碳储量（Tg C/a）
1999—2010	森林植被	26.7
1999—2008	森林植被	24.4
2000—2010	森林植被和土壤有机碳	23.1
2000—2010	森林植被和死木枯枝落叶层	16.5
	土壤有机碳	8.2
1999—2012	森林植被（只包含乔木林）	16.0
1999—2012	土壤有机碳	14.5
1999—2012	土壤有机碳	12.0
2000—2008	土壤有机碳	11.4

目前，退耕还林还草工程在巩固和提升碳汇功能方面还存在以下不足：一是任务落实困难，森林面积难以增加。退耕还林面临着耕地保有量和基本农田的刚性约束，许多应退宜退的土地因规划不够明确，或者受基本农田限制而不能退。同时新一轮补助标准下调，农民参与积极性下降，导致退耕地块落实困难，工程进度缓慢，难以有效提高森林面积。二是巩固成果长效机制尚未健全，固碳增汇效益有待

提升。由于退耕林地的后续管护、改造和采伐利用等配套政策措施尚不完善，导致林木质量有待提升，同时林地后续产业发展不成熟，经济收益不明显，进而影响农户复耕意愿，还林成果无法得到长效巩固。三是相对于天保工程而言，退耕还林还草工程碳排放与碳泄漏的抵消作用较高。受生计和增收因素约束，农户不仅在工程边界外开垦耕地造成植被面积流失，并且退耕后农户更倾向于种植碳强度更高的经济林替代生态林，导致碳排放增加，固碳效益抵消作用加大。

Ⅲ."三北"防护林建设工程

"三北"工程建设期限从1978年到2050年，分三个阶段、八期工程进行，目前已完成五期工程。截至2017年工程区森林面积净增加2 200×10⁴hm²，森林覆盖率达到13.57%，总固碳增量累计达2 310Tg C，相当于1980—2015年中国工业CO_2排放量的5.23%，取得了显著的固碳效益。工程初期由于对防护林结构布局缺乏科学规划，未充分考虑地区环境差异，造林成林率较低。在2000年后，尤其是党的十八大以来，通过加大工程投资力度、因地制宜配置防护林结构以及明确退化林分改造重点与模式等措施强化科学造林与经营，使造林成林率得到提高，碳汇能力得到提升。建设期间，工程森林植被年均新增碳储量达到10.0Tg C~32.5Tg C（见表7-7），是提升我国森林碳汇功能的重要载体。

表7-7 "三北"防护林工程年均新增碳储量

研究时期	碳汇类型	年均新增碳储量（Tg C/a）
1978—2017年	森林植被	32.5
1978—2010年	土壤有机碳	17.7
	森林植被	17.2
2001—2010年	森林植被和死木枯枝落叶层	10.0
	土壤有机碳	2.4
1978—2008年	森林植被（只包含灌木林）	1.5

对于进一步提升防护林固碳效益，工程后续建设仍面临严峻挑战。一是受自然资源制约，造林难度加大。"三北"工程地区生态环境脆弱，水资源矛盾日益突出，造林成林难度逐渐升级。二是林分退化严重导致治理难度提高。由于生理过熟、立地条件严酷、树种选择局限等多重原因，工程建设成果不稳定，前期所造林木逐渐老化退化，需要进行大量的更新改造与退化修复工作。尽管目前已经加快林分改造修复进度，但工程区依旧呈现退化林分总量增加且局部加重的趋势。三是防护林经营管理体系尚未健全。在营林过程中，关于林分补植补造、抚育修复等政策措施尚不完善，森林采伐、公益林经营等机制与实际生产不相适应，造林成果难以巩固，防护林质量效益有待提升。

Ⅳ.三大生态工程

总结碳汇效益，通过比较三个工程增汇效益发现，天然林防护工程森林植被年均新增碳储量最为显著，这主要源于天然林保护工程区带来的固碳效益。一方面天然林生物量种类丰富，生态系统稳定，实施管护措施后森林质量显著提高，有效促进碳汇能力提升；另一方面天然林保护工程区覆盖天然林 $1.3 \times 10^8 hm^2$，高于退耕还林工程和"三北"工程造林面积，大范围的天然林保护抚育将带来更多碳汇效益。在"双碳"目标下，我国对全国森林覆盖率和森林蓄积量提出了更高的要求，三大生态工程作为扩大林草资源总量、提高植被覆盖度的重要载体，目前在促进碳汇能力提升中仍存在经营管护措施不完善、成果长效巩固机制不健全和工程实施过程存在碳泄漏等问题。基于此，进一步扩大人工造林面积，加强对现有林地抚育管理，提升整体森林质量，促进森林可持续经营，将成为增强生态工程碳汇功能、巩固提升我国森林碳汇能力的重要方向。

②经济政策

森林碳汇所具有的生态价值需要通过市场机制给予体现、补偿和激励。目前，在建设生态补偿机制方面，我国主要形成了碳汇交易、融资支持和财政补贴三类经济政策。

I.碳汇交易

林业碳汇项目将森林生态系统碳汇功能开发为碳汇产品，为林业经营主体提供可观的经济收益。正向激励碳汇产品供给量提升，对实现碳中和目标有重要意义。我国的林业碳汇项目始于清洁发展机制的造林再造林项目，但项目申报流程复杂、开发要求严格且主要在低收入国家实施等因素限制了该项目在我国的发展，后期国际核证碳减排标准下的林业碳汇项目成为我国参与的主要国际碳汇项目。国际核证碳减排标准旨在降低申请者的成本和负担，申请效率较其他国际标准更高，同时核证后的项目可在国际碳市场进行交易，相较国内项目扩大了需求的范围和成交的可能性，广受林业经营者欢迎。目前国际核证碳减排标准备案的林业碳汇项目实施面积已达 $102×10^4hm^2$，项目期内预计可抵消 $5.2×10^8t\ CO_2$。同时，随着国内碳交易试点的启动与发展，中国核证减排机制下林业碳汇项目和各地方林业碳汇项目应运而生，推动国内林业碳汇交易市场的发展。尽管 2017 年中国核证减排机制下碳汇项目出于规范自愿减排交易的考虑暂缓申请受理，导致目前国内林业碳汇交易主要以地方林业碳汇项目为主，但其暂缓审定的项目实施面积高达 $141×10^4hm^2$，预计可抵消 $4.8×10^8t\ CO_2$，碳汇潜力巨大。随着全国碳交易市场的发展和中国核证减排机制重启，我国碳汇项目将得到更快发展。总体而言，我国已形成以国际核证碳减排标准和中国核证减排机制下的林业碳汇项目为主的多层级林业碳汇交易市场，有效推动林业碳汇项目建设与发展（见表7-8）。

我国林业碳汇项目建设存在供给意愿较低、有效需求不足等问题，导致林业碳汇产品价值无法顺利实现。对项目供给者而言，一方面，林业碳汇项目具有经营周期较长、前期沉没成本较大、收益滞后等特性，同时其开发准入门槛较高，对土地合格性和造林抚育等技术要求较为严格；另一方面，我国当前林业碳汇交易价格低于经营者预期，甚至低于平均造林成本，两者共同导致我国林业碳汇项目供给意愿较低。从需求层面来看，目前碳交易市场的配额量超发情况严重，且以免费配额为主，同时我国林业碳汇项目的最高抵消比例较低，导致控排企业对林业碳汇有效需求不高，限制了林业碳汇市场的发展。

表7-8   我国主要林业碳汇备案项目对比

碳抵消机制类型	范围	最高抵消比例	备案项目数	实施规模（x10⁴hm²）	预计减排量（x10⁴t CO₂e）	成交量（x10⁴t CO₂）	2020年1月1日至2021年12月31日交易均价（元/t CO₂）
清洁发展机制	国际	当年排放量的5%	5	2	439	—	4.2~18.7
国际核证碳减排机制	国际	—	36	102	51 869	—	—
中国核证减排机制	全国	当年配额量的5%	15	43	6 562	约200	10.9~52.0
北京林业核证减排项目	地方	当年配额量的5%	4	0.5	93	13	13.8~61.0
福建林业核证减排项目	地方	当年排放量的10%	23	8.3	347	284	9.0~37.7
广东碳普惠核证自愿减排项目	地方	当年排放量的10%	56	—	182		23.6~40.5

该表仅列出我国主要林业碳汇交易项目，黄金标准、大型活动碳中和碳抵消机制、贵州单株碳汇扶贫项目、福建三明市的林业碳票交易等因备案数量少、成交量小等原因未纳入统计。此外，该表格仅列出已成功备案的项目，审定中的项目未纳入。

Ⅱ.融资支持

融资政策将社会资金转移至造林、森林管理等增汇活动，保证林业碳汇项目的顺利开展。目前面向林业碳汇融资的平台包括绿色碳汇基金会、林业碳汇绿色债券、林业碳汇权质押贷款、林业碳汇保险。绿色碳汇基金会是我国最早建立且支持造林和森林经营项目最多的融资途径，由中国绿色碳汇基金会、省市县碳汇基金、县区碳汇专项三级管理和资金募集体系构成，资金主要来源于政府财政与社会资本捐赠，整体融资规模和预期碳汇效益有限，其中青海省碳汇造林项目和老牛冬奥碳汇林项目产生的碳汇效益相对较高，预计未来30年产生的碳汇量分别为$20.58×10^4t$和$38×10^4t$。为进一步扩大融资规模、拓宽融资渠道，以带动碳汇项目发展，绿色金融债券和林业抵押贷款等金融产品相继产生。其中林业信贷政策因贷款期限相对灵活，操作难度较低，可行性较强，成为金融机构参与碳汇融资最为主要的途径，有助于形成较大规模的碳汇效益。如2017—2022年国家开发银行发放贷款1 141亿元，支持了约$400×10^4hm^2$森林的建设维护，预计2030年后每年可以实现碳汇$7 200×10^4t$。同时针对林业碳汇项目经营周期长、风险难以预测等问题，绿色保险产品得到开发，为碳汇林和林业碳汇价格提供双重风险保障，稳定林业碳汇交易收入，提升林业碳汇供给能力。林业碳汇保险虽然发展年份较短，但融资规模可观，2021年首单林业碳汇指数保险为福建新罗区近$100×10^4t$年固碳量提供2 000万元保额。整体而言，我国林业碳汇融资渠道逐步拓宽，从政府财政支持为主向金融机构、企业和社会公众共同参与转变；金融产品种类不断丰富，呈现出多层次金融产品融合发展趋势（见表7-9）。

表7-9　　　　　　　　　主要林业碳汇融资政策出台时间及内容概要

年份	内容
2010	中国绿色碳汇基金会成立，建立碳汇融资管理和资金募集体系，为政府、企业和公众搭建了通过营造碳汇林等措施减排的平台
2015	中国人民银行宣布在银行间债券市场推出绿色金融债券，重点用于支持节能、污染防治、林业碳汇等项目
2016	兴业银行在银行间市场发行了境内金融机构第一笔绿色金融债券，主要面向低碳经济、循环经济、生态经济
2016	全国首单林业碳汇质押贷款：黑龙江省图强林业局以年碳汇量40万吨为质押授信，获得林业碳汇质押贷款1 000万元
2021	林业碳汇指数保险产品上市：中国人寿财险福建省分公司在全国首创开发了林业碳汇指数保险产品，并于4月在龙岩市新罗区签单落地
2021	全国首单"碳汇贷"和"碳汇保"签订：福建省顺昌县国有林场与中国人民财产保险公司签订全国首单"碳汇贷"银行贷款型森林综合保险和"碳汇保"商业性林业碳汇价格保险协议

　　林业碳汇融资体系建设中仍存在金融产品设计不完善、投资机构参与积极性不高等问题。在碳汇金融产品开发中,一方面与标的存在期限错配问题,比如碳汇项目对接绿色金融债券的使用期限较短,而林业碳汇项目造林周期较长,二者之间资金期限错配;另一方面现有产品种类较少,不足以满足标的项目资金需求,产品创新性有待提高。而对于投资机构而言,林业碳汇项目受定价机制不明确、监测和审定周期长且难度大等因素影响,项目整体收益不足,抑制了社会资金参与的积极性;同时林业碳汇贷款优惠和税收减免等金融支持政策的缺乏,也使投资机构参与融资的外部激励机制不足,在一定程度上限制了我国林业碳汇金融产品的发展。

　　Ⅲ.财政补贴

　　森林资源具有公共品属性和正外部性,对森林生态效益提供者进行经济补偿,激励农户扩大造林和抚育投入,这些措施将有助于提升森林碳汇供给能力。当前,我国有关财政补贴主要有三项激励措施,即中央森林生态效益补偿、森林抚育补贴和造林补贴。经过十余年的不断完善与发展,三项补贴政策的补贴标准相对细化,试点范围不断扩大,补贴资金规模及受偿森林面积逐年增加,显著促进了森林资源总量增长,有效增强了森林碳汇供给能力(见表7-10)。中央森林生态效益补偿政策是三项补贴中财政投入资金最多且受偿面积最大的补助政策。该政策对森林营造、抚育、保护和管理等多个环节实行补助,按所有权对补贴标准进行区分。整体而言,尽管单位面积补贴金额较少,但补贴对象和补贴环节的覆盖范围相对较大,政策覆盖森林面积高于造林补贴和森林抚育补贴,是提升森林碳汇能力的重要补贴政策。与之相对比,造林补贴是三项补贴措施中投入资金总量最少、覆盖面积最小的一项。随着我国造林绿化进程的不断推进,受宜造林地有限等生态条件限制,任务落实难度逐步加大,而中央造林补贴标准与其他林业重点工程造林投资标准的不统一,导致农户造林积极性有所下降,也是造林补贴政策成效相对较低的主要原因。同时,在林业重点工程实施后期,政策重心从造林灭荒向科学绿化转变,森林抚育作为增加单位面积蓄积量的重要措施,政策关注度不断提升,抚育补贴范围和补贴标准得到提高,总体抚育面积快速增加。三类补贴政策均存在补偿支付主体单

一、补贴标准偏低和标准划分方式较为单一、补贴对象范围较小等共性问题。一方面，补贴资金主要依靠中央和地方财政转移支付，缺乏市场化资金来源，导致补偿标准较低，对碳汇林营造和抚育的激励作用不明显，且劳动力成本、林业机械价格等费用的上涨进一步弱化了补贴效果。另一方面，现有的补贴标准依照林地权属或林木类型划定不同等级，未考虑受偿地区林业碳汇价值、管护成本等方面的差异；且补贴对象范围相对有限，如森林生态效益补偿的对象仅为国家级公益林，地方级公益林和商品林并未纳入补偿范围，共同影响了补贴政策的实施成效。

表7-10　　　　　　　　　我国林业碳汇相关补贴政策主要内容

补贴政策	补贴对象	补贴标准	补贴规模
造林补贴	在宜林荒山荒地、沙荒地、迹地、低产低效林地进行人工造林、更新和改造，面积不小于0.07hm²的国有林场、农场和林业职工、农民专业合作社等造林主体	造林直接补贴为人工营造林，乔木林和木本油料林补贴2 999元/hm²，灌木林补贴1 799元/hm²，其他林木、竹林以及迹地人工更新、低产低效林改造补贴1 499元/hm²；间接费用补贴按照中央财政造林补贴总额5%的比例安排	补贴金额由2010年3.2亿元增加到2014年19.4亿元；2010—2012年补贴完成造林面积由22×10⁴hm²增加至110×10⁴hm²，但随后有所下降，2014年降至68×10⁴hm²
森林抚育补贴	2009年抚育对象为国有中幼龄林，集体和林农个人所有的国家级公益林中的中幼龄林；2014年集体和个人所有森林的抚育对象扩大到公益林。补贴主体是承担森林抚育任务的国有森工企业、国有林场、农民专业合作社以及农民等	中央财政安排的森林抚育补贴标准为平均1 499元/hm²，天然林资源保护工程二期实施范围内的森林抚育补贴资金标准为平均1 799元/hm²	补贴金额由2009年5亿元增长至2015年59.2亿元；补贴完成森林抚育面积由33×10⁴hm²增加到361×10⁴hm²
森林生态效益补偿	对国家级公益林管护者发生的营造、抚育、保护和管理支出给予一定补助的专项资金	2001年补助标准均为每年75元/hm²；2017年国有国家级公益林提高到150元/hm²；2019年集体和个人所有国家级公益林提高到240元/hm²	补偿金额由2001年10亿元快速增长至2014年149亿元；补偿森林面积由1 300×10⁴hm²增长到9 300×10⁴hm²

③保障体系建设

健全保障体系是增强我国森林碳汇政策综合支撑能力，提升我国森林碳汇增量的重要举措。完善法律保障体系可以直接促进植树造林、森林抚育和保护工作，有利于增强森林碳汇功能，推动碳汇交易市场发展。森林技术体系包含造林技术、抚育技术、经营管理技术和监测评价技术等。技术保障体系的持续改进可以从提高营林规模、提升造林质量和降低增汇经济成本等多个层面支持森林碳汇的发展。法律法规的制定能够推动森林碳汇政策的颁布，明确政策导向，为政策的实施提供法律保障和良好的环境支持。

近年来我国法律法规日益强调森林的生态价值开发，但总体内容主要停留在建议和禁止层面，难以对森林增汇进行切实指导。究其原因，一方面是具体相关规章的法律效力较低。现有关于森林碳汇的规章制度主要来源于国家发展和改革委员会、国家林业和草原局，相较于《森林法》等法规，其法律约束力较弱，对相关主体行为难以形成强有力的约束。另一方面是法律内容宽泛。现有针对森林碳汇的法律文件尚不丰富，且指导内容较为抽象，缺少详细且落地的行为和技术规范，更没有因地制宜，形成较为完善的地方级立法体系。更重要的是，森林碳汇的权利归属问题不清晰致使碳汇交易和碳汇项目的发展受到一定阻碍。《森林法》《中华人民共和国民法典》以及衍生出的规章制度中均详细规范了森林权属，而森林碳汇在法律中并没有被明确定义，缺失对碳汇产权界定的法律体系。同时法律没有将森林碳汇的各项权属与森林权属以及森林所占用的土地权属区分开，不能明确碳汇权的权利内容和权利客体，导致不能为碳汇交易活动提供法律保障，消除交易中的不确定性。构建技术标准体系为森林碳汇方案制定和实施提供了科学保障，完善评价调查体系有助于准确评估我国森林生态系统碳汇潜力。

当前，我国森林技术关注度显著提升，经营、抚育和调查监测等有关森林技术文件发布数量增加，但在森林可持续经营目标下，各类森林技术仍存在较大发展空间。首先，造林技术措施参照标准和碳汇造林方法学滞后，造林前的探究种植地形和整地工作不被重视，专业人才的缺少使得造林设计过程不能全面考虑各项影响因素；其次，森林抚育技术标准不够全面，目前只存在两项国家级和少部分地区级标准，且内容较为宽泛而缺少具体措施与可量化标准；再次，森林质量评价技术中关于质量评价的层次和指标较少，评价指标与森林碳汇的联系不够密切，对后续增汇工作的支撑动力不足；最后，我国森林碳汇资源调查的准确度较低，现有碳汇调查技术标准大多针对造林再造林等项目级别的计量与检测，区域和国家级别的碳汇调查还是根据森林资源进行推算，不包括由碳泄漏和经营过程造成的非固定的碳汇计量。

（2）国际森林碳汇政策发展现状及对我国森林碳汇政策建设启示①

自《京都议定书》提出森林碳汇在应对气候变化中的重要作用，国际社会对森林碳汇减排的重视程度不断提升，森林碳汇项目开发建设与市场交易等有关问题受到广泛关注，各国颁布了有关法律法规并制定了相关政策措施，以推动森林碳汇能力提升。在法律保障层面，国际法为森林碳汇管理提供全球标准和指导方针，而国家立法体系用于制定实质性和程序性的法律机制。在国际法律中，森林碳汇交易机制下所包括的林业活动从单一化的造林再造林拓展到减少毁林和森林退化、保护和可持续管理等，增汇方式不断丰富。各国立法体系从明确森林碳汇权内涵及利益归属等概念界定和规范市场交易制度等视角为碳汇市场提供保障。

相较而言，我国当前森林立法对碳汇功能重视程度不足，碳汇权交易有关法律体系不完善，风险保障制度薄弱，限制了我国森林碳汇发展。

在交易机制建设层面，全球碳汇市场快速发展，形成相对完善的市场交易机制。在交易规模和交易类型层面，目前全球已形成美国加州、新西兰等多个成熟的碳汇交易市场，碳汇交易量逐年增长，交易项目覆盖造林再造林、减少毁林和退化、森林经营和土地利用等多个类型，充分体现各类林业活动在增汇中的重要

---

① 刘宇，羊凌玉，张静，等. 近20年我国森林碳汇政策演变和评价 [J]. 生态学报，2023，43（9）：3430-3441.

功能。

在项目实施、监测与评估层面，已形成相对规范的森林碳汇项目申报批准与开发程序，建立了国际森林碳汇计量监测标准。相比之下，我国虽然森林碳汇资源丰富，但尚未建成全国统一的规范化森林碳汇交易市场，区域碳汇交易项目成交量和预计减排规模较小，同时目前项目类型主要以造林、森林经营与生态修复为主，对其他林业活动的增汇效益重视程度有待提升。

在资金供应层面，为降低森林碳汇项目经营过程中面临的各类风险，缓解前期项目实施过程的成本压力，提升农户林业投入积极性，各国建立了多元化的资金保障机制。一方面形成了以财政补贴、税收减免和专项贷款为代表的政府财政资金支持体系，保障森林碳汇项目有效运行。另一方面通过开发碳信托基金等金融产品，为碳汇项目建设扩大资金来源，满足森林资源供给方的受偿意愿，有效激励森林碳汇供给。而我国当前森林碳汇项目资金主要来源于碳汇基金会募捐资金、林业抵押贷款以及政府财政支持，金融市场对碳汇项目有关贷款整体持谨慎态度。同时我国财政支持手段主要以生态效益补偿为主，但当前生态补偿范围相对有限，在一定程度上限制了我国森林生态效益的提升。

（3）结论与政策建议①

巩固提升森林生态系统碳汇能力是实现"双碳"目标的重要途径，梳理和总结近20年来我国森林碳汇有关政策的发展演变历程，对于新时期深化生态系统碳汇建设工作具有重要意义。当前，我国森林碳汇政策体系建设已逐步完善并取得一定的综合效益，天然林保护、退耕还林还草、"三北"防护林工程从数量建设到质量发展，显著提升了我国森林面积和植被固碳量；多层级林业碳汇项目交易市场的逐步建立有效促进了林业碳汇的价值实现，多类别金融产品的开发和补贴政策的完善为碳汇项目建设提供了多元化资金支持体系，但整体融资规模和财政补贴范围有

---

① 刘宇，羊凌玉，张静，等．近20年我国森林碳汇政策演变和评价［J］．生态学报，2023，43（9）：3430-3441．

限，限制了森林生态效益的提高；森林碳汇保障体系处于重点建设阶段，现有法律体系缺乏对森林碳汇详细有效的指导规范，有关技术标准尚未形成适应森林可持续经营目标的成熟技术体系。

基于此，本节从增强生态工程碳汇功能、完善林业碳汇项目建设及金融与补贴政策设计、健全政策保障体系三方面提出有关政策建议，为构建完备森林碳汇政策体系，充分发挥森林碳汇在"双碳"目标中的重要作用提供政策参考。为巩固提升森林固碳增汇能力，三大生态工程应围绕政策布局规划科学性有待提升、经营管理体系不完善和工程实施过程存在碳泄漏等问题加以完善。首先，应充分尊重自然规律与地区资源禀赋差异，实行科学造林，同时综合选择涵养水源能力持久、水土保持能力强、固碳效益显著的林木树种。其次，要以精准提升森林质量为重，加强森林资源可持续经营。在生态经营中，需加强中幼林抚育，及时采伐成（过）熟林，优化林龄结构，提升森林整体固碳速率；在生产经营中，进一步细化森林采伐指标与林木类型认定标准，平衡生态林和经济林种植比例，着力发展林下经济，持续巩固工程建设成果。此外，需加强对工程实施过程的碳排放和碳泄漏问题的重视，通过采用先进的监测设备开展碳排放与碳泄漏测算工作，明确碳排放和碳泄漏类型与来源，合理规划林区建设。

完善林业碳汇交易市场机制、提高市场融资规模及优化政府财政补贴标准，是建立健全能够体现碳汇价值的生态产品价值实现机制的重要方向。在林业碳汇交易市场建设方面，需调整控排企业的碳配额发放量，提高林业碳汇抵消比例，促进控排企业的潜在碳汇需求转化为现实的有效需求；健全碳价保护机制，形成合理碳汇波动区间，提高林业碳汇项目收益，激励林业经营主体增加碳汇项目供给。在金融产品建设中，需调整现有金融产品设计以适应碳汇项目实施特征，并加大金融衍生品开发创新，增强金融产品资金支持能力；同时建立税收减免、贴息补贴等优惠政策，提高投资机构参与碳汇项目融资的积极性，引导更多社会资本流入林业碳汇项目。在财政补贴政策方面，现有补贴政策需提高补贴标准，制定综合考虑立地条件、造林管护成本、区域异质性等因素的差异化补贴政策，并根据要素投入成本的变化建立补贴标准动态调整机制，以确保政策实施的有效性；未来应逐步建立林业碳汇专项补助资金，根据森林碳汇效益对不同林业经营主体予以差别化补偿，进一步强化我国碳汇资金支持体系。

完善有关法律法规、加快各类森林技术发展并重视专业型人才培养，将有助于推进我国森林碳汇保障体系建设，巩固提升我国森林碳汇能力。首先，应在现有法律中明确森林碳汇在应对气候变化中的战略地位，重视完善森林碳汇有关制度规范，通过明晰森林碳汇产权关系、确定碳汇交易利益归属和分配，保障林业碳汇交易平稳运行，实现森林碳汇的经济价值。其次，需提升现有造林抚育技术，对各类林木和地形进行针对性抚育经营，并制定科学有效的质量评价和资源调查标准，丰富碳汇资源调查层级，扩展碳汇计量指标，建立完善的技术标准体系。此外，还需健全人才培养机制，通过加大人才建设资金投入、拓展人才引进途径和完善针对性培养方案等方式培育高质量林业工作者，推动抚育经营、计量监测等各环节提质增效，从而推进森林生态建设，促进我国森林碳汇能力提升。

7.3 碳汇项目及其管理

碳汇项目的开发与管理在生态碳汇领域扮演着重要的角色。本节将深入探讨中国碳汇项目的开发标准、开发流程以及当前的开发现状和案例，旨在全面了解中国在碳汇项目管理方面的实践与经验。

7.3.1 碳汇项目开发标准

截至2023年7月，中国现有的碳汇项目开发设计和核查审定的指导性文件有三个，以下是中国现有的林业碳汇、海洋碳汇和草原碳汇开发标准、指南和规范的详细信息。

1)《林业碳汇项目审定和核证指南》

该标准是由中国林业科学研究院、北京林业大学等单位历时3年编制而成，于

2021年12月31日发布，该标准适用于中国温室气体排放权交易市场中的林业碳汇项目，包括林业碳汇项目的审定、核证、监测、报告等方面。该标准的发布和实施将有效指导和规范审定及核证人员对林业碳汇项目的审定和核证工作，确保进入我国温室气体自愿减排交易市场的林业碳信用的真实性和有效性，为林业碳汇项目实现"双碳"目标提供保障。

2)《草原生态系统碳汇项目设计技术规范》

该规范是由中国科学院地理科学与资源研究所、内蒙古大学等单位历时3年编制而成，于2019年12月31日发布。该规范适用于中国温室气体排放权交易市场中的草原生态系统碳汇项目，包括草原生态系统碳汇项目的设计、计量、监测、报告等方面。该规范的发布和实施将有效指导和规范设计人员对草原生态系统碳汇项目的设计工作，确保进入我国温室气体自愿减排交易市场的草原生态系统碳信用的真实性和有效性，为草原生态系统碳汇项目实现"双碳"目标提供保障。

3)《中国海洋生态系统碳汇核查技术规范》

该规范是由中国科学院南海海洋研究所、国家海洋局第三海洋研究所等单位历时3年编制而成，于2019年12月31日发布。该规范适用于中国温室气体排放权交易市场中的海洋生态系统碳汇项目，包括海洋生态系统碳汇项目的核查、监测、报告等方面。该规范的发布和实施将有效指导和规范核查人员对海洋生态系统碳汇项目的核查工作，确保进入我国温室气体自愿减排交易市场的海洋生态系统碳信用的真实性和有效性，为海洋生态系统碳汇项目实现"双碳"目标提供保障。

此外，我国也在不断探索新的技术规范和标准，国家林业局、国家发展和改革委员会、财政部、环境保护部、国家税务总局于2018年联合发布《关于印发草原生态系统碳汇交易市场建设工作方案的通知》明确了草原生态系统碳汇交易市场建设工作的总体要求、目标任务和工作安排。同时，深圳于2023年推出首个《海洋碳汇核算指南》。这是一份由深圳市气候变化研究中心编写的指南，旨在为海洋碳汇核算提供方法和技术支持。该指南重点筛选出红树林、盐沼泽、贝类、藻类等7个可交易碳汇类型及11项碳汇指标，选取了17项排放因子，明确了数据来源与途径，构建了质量控制指引，确定了统一的报告形式，形成全国首个海洋碳汇核算指南，切实提高海洋碳汇核算的可实施性。

这些规范和指南为林业碳汇、草原碳汇和海洋碳汇的开发和管理提供了指导和规范，有助于确保项目的科学性、可行性和可持续性。同时，它们也提供了相关机构和项目参与者所需的操作指南和技术支持，推动了中国生态碳汇项目的发展。

7.3.2　碳汇项目开发流程

《林业碳汇项目审定和核证指南》、《草原生态系统碳汇项目设计技术规范》和《中国海洋生态系统碳汇核查技术规范》，分别适用于林业碳汇、草原生态系统碳汇和海洋生态系统碳汇项目的设计、实施和核查。这些规范涵盖了项目主体资格、碳汇方法学、碳汇开发流程、相关机构实施具体规则、运行周期、核查与能力建设、项目参与的可行性等七个方面的信息。

其中，每一个方面的具体内容总结如下：

1）项目主体资格

（1）项目主体资格的认定：包括项目主体资格的认定标准、认定程序、认定材料等。

（2）项目主体资格的变更：包括项目主体资格变更的条件、程序、材料等。

2）碳汇方法学

（1）碳汇计量方法：包括碳汇计量方法的选择、计量基准面的确定、计量周期等。

（2）碳汇计量监测方法：包括碳汇计量监测方法的选择、监测指标、监测频次等。

（3）碳汇计量监测数据处理方法：包括碳汇计量监测数据处理方法的选择、数据处理流程等。

3）碳汇开发流程

（1）项目设计：包括项目设计的内容、程序、要求等。

（2）项目实施：包括项目实施的内容、程序、要求等。

（3）项目运营管理：包括项目运营管理的内容、程序、要求等。

4）相关机构实施的具体规则

（1）相关机构的职责和任务：包括相关机构的职责和任务分工、工作流程等。

（2）相关机构的组织架构和人员配备：包括相关机构的组织架构和人员配备要求等。

5）运行周期

碳汇项目运行周期：包括碳汇项目运行周期的确定、周期内各项工作内容等。

6）核查与能力建设

（1）核查与能力建设的目标和任务：包括核查与能力建设的目标和任务分工等。

（2）核查与能力建设的内容和方法：包括核查与能力建设的内容和方法要求等。

7）项目参与的可行性

项目参与的条件和要求：包括参与条件和要求，以及参与者应具备的资质和能力等。

以上总结涵盖了林业碳汇、草原碳汇和海洋碳汇开发标准中的关键要素和方面，为相关项目的规划、实施和管理提供了指导和参考。具体的标准和指南文件中会对每个方面给予更加详细和具体的规定和要求。

7.3.3　碳汇项目开发案例

中国现有的碳汇项目开发及管理现状如下：林业碳汇项目是中国碳汇项目中最

为成熟的一类，主要包括森林保护、林下经济、植树造林等。目前，中国已经建立了完善的林业碳汇项目开发和管理体系，包括了项目立项、项目设计、项目实施、项目验收等阶段。而草原碳汇项目和海洋碳汇项目均是近年来开始发展的一类碳汇项目，其中草原碳汇项目主要包括草原保护、草畜平衡、草地恢复等。海洋碳汇项目主要包括海洋保护、海洋生态修复等。目前，中国已经建立了森林生态系统和草原生态系统以及海洋生态系统的碳汇监测体系，并出台了相关政策法规，支持和规范草原碳汇项目的开发和管理。

当谈到中国的碳汇项目时，一个具有代表性的案例是"勐海县热带雨林碳汇项目"。该项目于2011年启动，项目实施后，通过森林管理措施，对勐海县热带雨林进行保护和经营，同时通过植树造林、林下经济等方式增加森林碳汇储量，实现了生态、经济、社会效益的协调发展。该项目的背景和意义在于，通过开展碳汇项目，可以促进生态保护和经济发展的协调发展，同时为应对全球气候变化作出贡献。

该项目是由中国林业科学研究院牵头，与云南省林业科学研究院、云南省勐海县林业局等单位共同实施的"勐海县热带雨林碳汇项目"。该项目主体资格为中国林业科学研究院，采用的是"森林管理"方法学，开发流程包括项目立项、项目设计、项目实施、项目验收等阶段。该项目的实施机构包括中国林业科学研究院、云南省林业科学研究院、云南省勐海县林业局等。该项目的运行周期为30年，其中前10年为建设期，后20年为运营期。该项目的核查与能力建设包括监测设备的采购、安装和调试，以及人员培训和能力建设等方面。该项目参与的可行性主要包括了生态环境条件、社会经济条件、政策法规条件等方面。

7.3.4　中国2021—2022年主要碳汇政策梳理

1）持续巩固提升碳汇能力，提升生态系统碳汇增量

发布时间：2021年10月24日

发布单位：中共中央　国务院

政策文件：《中共中央　国务院关于完整准确全面贯彻新发展理念做好碳达峰碳中和工作的意见》

主要内容：

持续巩固提升碳汇能力。巩固生态系统碳汇能力，强化国土空间规划和用途管控，严守生态保护红线，严控生态空间占用，稳定现有森林、草原、湿地、海洋、土壤、冻土、岩溶等固碳作用。严格控制新增建设用地规模，推动城乡存量建设用地盘活和利用。严格执行土地使用标准，加强节约集约用地评价，推广节地技术和节地模式。

提升生态系统碳汇增量。实施生态保护修复重大工程，开展山水林田湖草沙一体化保护和修复。深入推进大规模国土绿化行动，巩固退耕还林还草成果，实施森林质量精准提升工程，持续增加森林面积和蓄积量。加强草原生态保护修复。强化湿地保护。整体推进海洋生态系统保护和修复，提升红树林、海草床、盐沼等固碳能力。开展耕地质量提升行动，实施国家黑土地保护工程，提升生态农业碳汇。积极推动岩溶碳汇开发利用。

提升统计监测能力。健全电力、钢铁、建筑等行业领域能耗统计监测和计量体系，加强重点用能单位能耗在线监测系统建设。加强二氧化碳排放统计核算能力建设，提升信息化实测水平。依托和拓展自然资源调查监测体系，建立生态系统碳汇监测核算体系，开展森林、草原、湿地、海洋、土壤、冻土、岩溶等碳汇本底调查和碳储量评估，实施生态保护修复碳汇成效监测评估。

2）巩固生态系统固碳作用，加强生态系统碳汇基础支撑

发布时间：2021 年 10 月 26 日

发布单位：国务院

政策文件：《2030 年前碳达峰行动方案》

主要内容：

碳汇能力巩固提升行动。坚持系统观念，推进山水林田湖草沙一体化保护和修复，提高生态系统质量和稳定性，提升生态系统碳汇量。

巩固生态系统固碳作用。结合国土空间规划编制和实施，构建有利于碳达峰、碳中和的国土空间开发保护格局。严守生态保护红线，严控生态空间占用，建立以国家公园为主体的自然保护地体系，稳定现有森林、草原、湿地、海洋、土壤、冻土、岩溶等固碳作用。严格执行土地使用标准，加强节约集约用地评价，推广节地技术和节地模式。

提升生态系统碳汇能力。实施生态保护修复重大工程。深入推进大规模国土绿化行动，巩固退耕还林还草成果，扩大林草资源总量。强化森林资源保护，实施森林质量精准提升工程，提高森林质量和稳定性。加强草原生态保护修复，提高草原综合植被盖度。加强河湖、湿地保护修复。整体推进海洋生态系统保护和修复，提升红树林、海草床、盐沼等固碳能力。加强退化土地修复治理，开展荒漠化、石漠化、水土流失综合治理，实施历史遗留矿山生态修复工程。到2030年，全国森林覆盖率达到25%左右，森林蓄积量达到190亿立方米。

加强生态系统碳汇基础支撑。依托和拓展自然资源调查监测体系，利用好国家林草生态综合监测评价成果，建立生态系统碳汇监测核算体系，开展森林、草原、湿地、海洋、土壤、冻土、岩溶等碳汇本底调查、碳储量评估、潜力分析，实施生态保护修复碳汇成效监测评估。加强陆地和海洋生态系统碳汇基础理论、基础方法、前沿颠覆性技术研究。建立健全能够体现碳汇价值的生态保护补偿机制，研究制定碳汇项目参与全国碳排放权交易相关规则。

3）全面提升生态系统碳汇能力，鼓励开发碳汇项目

发布时间：2021年11月10日

发布单位：国务院

政策文件：《国务院办公厅关于鼓励和支持社会资本参与生态保护修复的意见》

主要内容：

社会资本可通过以下方式在生态保护修复中获得收益：采取"生态保护修复+产业导入"方式，利用获得的自然资源资产使用权或特许经营权发展适宜产业；对投资形成的具有碳汇能力且符合相关要求的生态系统，申请核证碳汇增量并进行交

易；通过经政府批准的资源综合利用获得收益等。

自然生态系统保护修复。针对受损、退化、功能下降的森林、草原、湿地、荒漠、河流、湖泊、沙漠等自然生态系统，开展防沙治沙、石漠化治理、水土流失治理、河道保护治理、野生动植物种群保护恢复、生物多样性保护、国土绿化、人工商品林建设等。全面提升生态系统碳汇能力，增加碳汇量，鼓励开发碳汇项目。科学评估界定自然保护地保护和建设范围，引导当地居民和公益组织等参与科普宣教、自然体验、科学实验等活动和特许经营项目。

建立健全自然、农田、城镇等生态系统保护修复激励机制。研究制定生态系统碳汇项目参与全国碳排放权交易相关规则，逐步提高生态系统碳汇交易量。健全以社会捐赠方式参与生态保护修复的制度，鼓励参与自然保护地等生态保护修复。创新林木采伐管理机制，开展人工商品林自主采伐试点，引导社会资本科学编制简易森林经营方案，对具有一定经营规模的企业可单独编制森林采伐限额，经审批可依法依规自主采伐；采伐经济林、能源林、竹林以及非林地上的林木，可依据森林经营方案或规划自行设计，依法依规自主决定采伐林龄和方式。

4）生态环境部：开展水土保持措施碳汇效应研究

发布时间：2022 年 6 月 10 日

发布单位：生态环境部

政策文件：《减污降碳协同增效实施方案》

主要内容：

优化城市绿化树种，降低花粉污染和自然源挥发性有机物排放，优先选择乡土树种。提升城市水体自然岸线保有率。开展生态改善、环境扩容、碳汇提升等方面效果的综合评估，不断提升生态系统碳汇与净化功能。

加快重点领域绿色低碳共性技术示范、制造、系统集成和产业化。开展水土保持措施碳汇效应研究。加强科技创新能力建设，推动重点方向学科交叉研究，形成减污降碳领域国家战略科技力量。

5）生态环境部：积极探索协同提升生态功能与增强碳汇能力

发布时间：2021年11月19日

发布单位：生态环境部

政策文件：《关于实施"三线一单"生态环境分区管控的指导意见（试行）》

主要内容：

协同推动减污降碳。充分发挥"三线一单"生态环境分区管控对重点行业、重点区域的环境准入约束作用，提高协同减污降碳能力。聚焦产业结构与能源结构调整，深化"三线一单"生态环境分区管控中协同减污降碳要求。

加快开展"三线一单"生态环境分区管控减污降碳协同管控试点，以优先保护单元为基础，积极探索协同提升生态功能与增强碳汇能力，以重点管控单元为基础，强化对重点行业减污降碳协同管控，分区分类优化生态环境准入清单，形成可复制、可借鉴、可推广的经验，推动构建促进减污降碳协同管控的生态环境保护空间格局。

6）自然资源部：海洋碳汇经济价值核算方法

发布时间：2022年2月21日

发布单位：自然资源部

政策文件：《海洋碳汇经济价值核算方法》及《海洋碳汇经济价值核算方法》编制说明

主要内容：

该文件提出了海洋碳汇能力评估和海洋碳汇经济价值核算的方法，适用于海洋碳汇能力评估和海洋碳汇经济价值核算与区域比较。

海洋碳汇经济价值评估是一个多因素综合作用的复杂系统，其方法选择具有复杂性。海洋碳汇总量、定价方法以及海洋碳汇交易市场建设都需要深入研究。本标准提供了一套完整的用于核算我国海洋碳汇经济价值的实施方案，包括具体实施步骤和要点，解决了海洋碳汇的量化问题和价值确定问题，使得海洋碳汇经济价值核算成为可能。

本标准的制定具有多重意义，从国家角度看，有利于在国际气候谈判和碳交易中形成有利局面，提高国际影响力；从科学角度看，覆盖多类型碳汇，为未来海洋碳汇研究保留更多空间；从产业角度看，有利于在发展低碳经济的同时稳健地实现产业转型，提高经济效益。

7）国家市场监督管理总局：林业碳汇项目审定和核证指南

发布时间：2021年12月31日

发布单位：国家市场监督管理总局、国家标准化管理委员会

政策文件：《林业碳汇项目审定和核证指南》

主要内容：

该标准的发布和实施将有效指导和规范审定及核证人员对林业碳汇项目的审定和核证工作，确保进入我国温室气体自愿减排交易市场的林业碳信用的真实性和有效性，为林业碳汇项目实现"双碳"目标提供保障。

该标准确定了审定和核证林业碳汇项目的基本原则，提供了林业碳汇项目审定和核证的术语、程序、内容和方法等方面的指导和建议。标准适用于中国温室气体自愿减排市场林业碳汇项目的审定和核证。其他碳减排机制或市场下的林业碳汇项目审定和核证可参照使用。

8）国家市场监督管理总局：研究制定生态碳汇、碳捕集利用与封存标准

发布时间：2022年7月6日

发布单位：国家市场监督管理总局等

政策文件：《贯彻实施〈国家标准化发展纲要〉行动计划》

主要内容：

实施碳达峰碳中和标准化提升工程。出台建立健全碳达峰碳中和标准计量体系实施方案。强化各领域标准化工作统筹协调，组建国家碳达峰碳中和标准化总体组。加快完善碳达峰基础通用标准，升级一批重点行业能耗限额、重点用能产品能效强制性国家标准，完善能源核算、检测认证、评估、审计等配套标准。

制定地区、重点行业、企业、产品碳排放核算报告核查标准。制定重点行业和产品温室气体排放标准。加强新型电力系统标准建设，完善风电、光伏、输配电、储能、氢能、先进核电和化石能源清洁高效利用标准。研究制定生态碳汇、碳捕集利用与封存标准。开展碳达峰碳中和标准化试点。分类建立绿色公共机构建设及评价标准。

9）最高人民法院：研究适用碳汇认购等替代性赔偿方式

发布时间：2022年7月25日

发布单位：最高人民法院

政策文件：《最高人民法院关于为加快建设全国统一大市场提供司法服务和保障的意见》

主要内容：

研究发布司法助力实现碳达峰碳中和目标的司法政策，妥善审理涉碳排放配额、核证自愿减排量交易、碳交易产品担保以及企业环境信息公开、涉碳绿色信贷、绿色金融等纠纷案件，助力完善碳排放权交易机制。

全面准确适用民法典绿色原则、绿色条款，梳理碳排放领域出现的新业态、新权属、新问题，健全涉碳排放权、用水权、排污权、用能权交易纠纷裁判规则。研究适用碳汇认购、技改抵扣等替代性赔偿方式，引导企业对生产设备和生产技术进行绿色升级。

10）农业农村部：探索碳汇产品价值实现机制

发布时间：2022年7月15日

发布单位：农业农村部 国家乡村振兴局 国家开发银行 中国农业发展银行

政策文件：《关于推进政策性开发性金融支持农业农村基础设施建设的通知》

主要内容：

农业农村绿色发展。支持国家农业绿色发展先行区创建。支持发展旱作雨养农业、生态农业、绿色种养循环农业，探索碳汇产品价值实现机制。支持绿色农业生产基地、水产养殖和生态养殖示范区建设。支持以县为单位统筹推进畜禽粪污资源化利用，建设粪肥还田利用示范基地，开发生物质能、光伏等农村新能源。支持节种节水、节肥节药、残膜回收、废弃物无害化处理等农业绿色装备研发应用。

11）国家林业和草原局：鼓励地方搭建林竹碳汇交易平台

发布时间：2021年11月11日

发布单位：国家林业和草原局等

发布政策：《国家林业和草原局 国家发展改革委 科技部 工业和信息化部 财政部 自然资源部 住房和城乡建设部 农业农村部 中国银保监会 中国证监会关于加快推进竹产业创新发展的意见》

主要内容：

加快推动竹饮料、竹食品、竹纤维、生物活性产品、竹医药化工制品、竹生物质能源制品、竹木质素产品等新兴产业发展。构建竹业循环经济复合产业链，打造全竹利用体系，推进笋、竹加工废弃物利用技术产业化。

研究推动竹碳汇产业发展，探索推进竹林碳汇机制创新、技术研发和市场建设。盘活土地存量，鼓励利用收储农村"四荒"地及闲置建设用地发展竹产业。鼓励地方搭建林竹碳汇交易平台，开展碳汇交易试点。

12）科技部：实施大兴安岭森林碳汇集成示范

发布时间：2022年3月4日

发布单位：科技部等

政策文件：《"十四五"东西部科技合作实施方案》

主要内容：

科技支撑北方重要生态安全屏障建设。支持内蒙古联合沿黄河省区启动实施"黄河流域内蒙古段生态综合保护""内蒙古生态环境综合治理"等科技专项，联合开展"一湖两海"生态保护技术攻关和科技成果转化应用，实施大兴安岭森林碳汇、北方防沙带生态保护、退化草原修复等技术集成示范，为生态安全屏障建设提供系统性技术解决方案。以上为部分内容。

思政专栏

我国政府对碳汇管理积极且坚定，这体现了中国共产党关于生态文明建设和应对气候变化的战略决策。党的指导思想强调了绿水青山就是金山银山的理念，全国人大及其常委会在立法工作中也不断强化环境保护和气候变化应对的法律法规。

自2017年3月CCER项目暂停审批后，时隔近7年，全国温室气体自愿减排交易于2024年1月22日在北京启动。CCER项目的重启可有效助力完善我国多元化环境权益产品交易体系。CCER作为一种自愿减排机制，是全国碳市场的重要补充。重启CCER交易市场后，将进一步丰富我国碳市场格局，扩大碳市场覆盖范围，激发更多行业的非控排主体开展自愿减排项目的积极性，促进经济绿色低碳发展。CCER也助力于造林碳汇、并网光热发电等优质减排项目加速落地。造林碳汇、并网光热发电、并网海上风力发电和红树林营造等项目面临前期投资过大、建设成本较高的发展困境。CCER的重启可为以上优质减排项目创造环境价值，拓宽项目收益渠道，缩短建设成本回收周期，助力项目的实施推广应用。同时，CCER与碳排放权交易市场的健康有序发展，既需要控排、碳汇企业实现对自身碳排放量与碳汇数据的实时、可靠监测，合理分配碳配额，稳定市场预期，也要求政府部门对企业申报的碳排放、碳汇数据进行高效、准确核查，防止市场主体进行数据造假。现阶段，现有备案的方法学比较混乱，适用性不强，且存在一定的重复。伴随CCER市场重新启动，控排、碳汇企业亟须相关技术支持，拉动大量碳排放监测核算、碳汇计量监测核算服务等需求。

我国政府不仅在政策层面提供了引导和支持，还通过财政补贴、税收优惠等经济激励手段，鼓励企业和个人参与碳汇项目。中国政府鼓励金融机构增加对环保和碳减排领域的投资，推动绿色金融发展。此外，政府还支持科研机构和企业加大对碳汇技术的研发和应用，推动碳汇管理领域的技术创新，提高碳汇项目的效益和可持续性。同时，政府还积极参与国际合作，以引进先进的碳汇管理经验和技术，并通过宣传推广，提高公众对碳汇重要性的认识，促进社会各界共同参与碳汇建设，共同推进绿色低碳发展。

总体来说，中国政府在碳汇管理方面采取了多种措施，形成了一整套政策体系和工作机制。这些努力有助于改善生态环境、推动绿色低碳转型，为建设美丽中国和构建人类命运共同体作出了积极贡献。

课后思考

1）简答题

（1）简述全球林业碳汇交易市场发展状况。

（2）简述林业碳汇纳入碳信用市场状况。

（3）我国发展草原碳汇的意义是什么？

（4）我国森林碳汇有关政策有哪些？

2）名词解释

林业碳汇　草原碳汇

第8章　碳汇项目开发及市场交易

全球都在积极采取措施应对气候变化，我国也参与其中，担起应负的国际责任，将碳汇发展放在我国应对气候变化工作的重要高度，并启动全国自愿减排市场，以碳汇项目助力中国实现"双碳"目标提供有效的市场途径。碳汇项目作为 CCER 的重要组成部分，已成为"三省五市"八个国家碳交易试点接受面最广的重点碳汇项目，林业碳汇也是国家大力扶持的碳汇项目类型之一。在国家"尽早实现碳达峰、碳中和"政策指导下（李龙姐，2021），全国都在紧锣密鼓地开展降碳实践，促进经济社会发展向绿色转型。本章梳理了国内外碳汇开发及市场交易现状，重点介绍了林业碳汇和海洋碳汇的情况，为推动林业碳汇、海洋碳汇产业发展促进生态环境保护，有效缓解气候变暖趋势提供参考。

8.1　国际碳汇开发及市场交易

8.1.1　国际碳信用抵消项目

生态碳汇受国家碳抵消信用价格影响。目前，不同碳抵消信用价格差异较大，世界银行 2020—2021 年部分碳抵消信用价格显示（见表 8-1），CDM 项目平均价格由 2.2 美元/t 下降到 1.1 美元/t。国家和地方碳抵消机制签发的碳抵消信用价格总体呈上升趋势，其中瑞士二氧化碳碳信用认证机制价格最高，2021 年均价 128.2 美元/t，韩国碳抵消信用机制价格上升较快。独立碳抵消机制下碳抵消信用价格相对较低，但是总体呈现上升趋势。

表8-1 全球主要碳抵消信用价格

碳抵消机制	碳信用类型	2020年价格/（美元·t⁻¹）	2021年价格/（美元·t⁻¹）
清洁发展机制（CDM）	CER	2.2	1.1
瑞士二氧化碳碳信用认证机制	Swiss CO$_2$ Attestations	59~160	128.2
韩国抵消信用机制	KOC	20~36	39~52.4
日本 J-Credit 计划	J-VER	13.5~20	13~20.8
澳大利亚减排基金	ACCU	12	11.9~2.7
国家核证自愿减排量	CCER	1.5~3	0.6~8.2
美国碳登记处（ACR）	VER	5.38	11.4
气候行动储备方案（CAR）	CRT	2.34	2.1
黄金标准（GS）	VER	5.27	3.9
核证碳标准（VCS）	VCU	1.62	4.2

数据来源 THE WORLD BANK. State and trends of carbon pricing 2021 [R]，2022.

碳信用抵消项目主要包括三种类型：①温室气体减排项目（可再生能源项目、能效提升项目）；②温室气体销毁项目（工业气体捕集或销毁项目、甲烷捕集项目）；③碳封存项目（生物封存项目、碳捕集和封存项目）。生态碳汇主要通过植树造林、退化生态系统恢复与修复、农业土地利用管理优化等对大气中的二氧化碳进行封存完成碳信用抵消项目开发。目前，生态系统碳汇主要集中在林业、海洋、地质、草原和耕地等领域。

林业碳汇项目是当前碳汇交易主体。据世界银行统计，2021年全球20个碳抵消机制覆盖林业碳汇，占全球总量的69%。为保障林业碳汇进入碳交易体系，澳大利亚、欧盟、韩国等多数国家和地区颁布了相应的法规及政策文件。林业碳汇按市场类型主要分为管制市场、自愿市场和非市场机制，主要包括造林、再造林和再种植项目、改进森林管理项目、减少毁林和森林退化碳排放项目等。

现有国际林业碳汇项目主要类型介绍如下：

1）CDM 林业碳汇项目

《京都议定书》第 12 条确立了清洁发展机制；《波恩政治协议》和《马喀拉什行动宣言》同意将造林再造林作为《京都议定书》第一承诺期内唯一合格的 CDM 林业碳汇项目。由此，CDM 林业碳汇项目在中国、印度、巴西等发展中国家广泛开展。但是，由于 CDM 林业碳汇项目要求在国际展开合作，审查较为严格，开发周期很长，在实践中因受土地合格性、交易程序复杂等因素限制，真正开发成功的项目也并不多。截至 2018 年 5 月，全球范围内仅有 66 个林业碳汇项目获得批准注册，不到 CDM 项目注册总数的 1%，未来发展前景也不容乐观。

2）VCS 林业碳汇项目

国际核证碳标准（VCS）是一种较为完善的国际自愿碳市场补偿标准，由气候组织、国际排放交易协会和世界经济论坛发起组织实施。依据 VCS 可开发的林业碳汇项目主要有造林、森林管理、减少毁林等类型。VCS 林业碳汇项目在国际自愿碳市场上有一定交易规模，2016 年使用 VCS 开发的林业碳汇项目约占自愿市场林业碳汇项目总数的 82%，主要用于企业自愿减排，履行社会责任，进而提升企业形象，VCS 林业碳汇项目是本章国际林业碳汇项目的介绍重点。

3）GS 林业碳汇项目

黄金标准（GS）同样也是国际自愿碳市场常用的标准之一，由世界自然基金会及其他国际非政府组织发起实施，旨在提高碳抵消的质量。尽管没有地理限制，但依据 GS 标准开发的林业碳汇项目通常都在低收入或中等收入国家实施，主要实施类型为造林项目，规模普遍较小，占自愿市场份额较 VCS 林业碳汇项目也小得多，2016 年仅为 4%。需要说明的是，随着 REDD + 机制的推出，未来基于 REDD+机制的林业碳汇项目将会不断增加，并成为林业碳汇项目的主流，但目前由于针对 REDD+项目的方法学及监测、报告与核查（MRV）机制尚不完善，主要还是通过转移支付等非市场机制对碳汇生产进行激励。

目前来说，海洋碳汇仍处于研究阶段，国际上还未建立关于海洋碳汇的核算方法、评价标准和交易机制，仅有中国、印度、印度尼西亚、塞内加尔、缅甸、肯尼亚、哥伦比亚、马达加斯加等少数发展中国家开展了海洋碳汇项目的探索实践，且均为小规模红树林项目。地质碳汇项目发展速度较为缓慢、成本备受争议、政策支持不明朗，目前尚未形成实质性地质碳汇交易市场，美国、挪威、加拿大等发达国家已部署较多碳捕集与封存（carbon capture and storage，CCS）项目进行碳减排。草原和耕地碳汇市场建设前景尚不明确，草原和耕地碳汇功能开发潜力可观，但相关理论、技术和政策还在探索中，且在《京都议定书》中未考虑草原和耕地增汇减排对于减缓气候变化的贡献。

8.1.2 国际碳汇整体开发和交易情况

目前，全球13个国家及区域碳交易体系中纳入了林业碳汇抵消机制，国际林业碳汇交易融资累计超过60亿美元，正在实施或正在开发的林业碳汇项目超过1 500个，实施国家主要为澳大利亚、英国、美国、韩国、新西兰、哥伦比亚、秘鲁、巴西、印度尼西亚、乌干达等。目前，国际林业碳汇融资的主要途径是管制市场、自愿市场以及非市场机制下基于结果的减排付费行动，这些机制均得到长足的发展。

全球管制市场下的林业碳汇交易集中发生在澳大利亚、加州-魁北克、新西兰等国家和区域碳交易体系中。

1）澳大利亚

澳大利亚政府2014年7月废除碳税并实施减排基金（ERF）后，大量林业碳汇项目成为市场竞拍的主力军。澳大利亚政府分别在2014年、2015年和2016年以17.7美元/t、9.7美元/t、7.4美元/t的均价竞拍采购了400万t、6 070万t、6 880万t林业项目的核证碳减排量，对应的采购总额为7 060万美元、5.885亿美元、5.095亿美元。虽然竞拍价格逐年降低，但林业碳汇产品始终占据ERF首位。

2）加州—魁北克

2015年，加州-魁北克碳市场中的林业碳汇交易量为650万t，交易额为6 320万美元，交易均价为9.7美元/t，与上年相比分别上升了6%、16%和9%；2016年签发的 3 100 万 t 林业项目核证减排量创市场供应新高，其中的 1 600 万 t 被加州空气资源委员会（ARB）批准可用于管制单位购买以抵消履约。2017 年 7 月，加州立法机构颁布的新法案（AB398）将其碳市场的运行期延续至 2030 年。同年 9 月，安大略碳市场正式链接加州-魁北克碳交易体系，三方合作推进区域碳减排市场发展。

3）新西兰

新西兰碳市场经过 2013—2014 两年调整期后，2015 年的林业碳汇交易量与交易额增加至 130 万 t 和 1 040 万美元，碳价从 2014 的 5.0 美元/t 上升至 7.9 美元/t；2016 年，新西兰政府又给林业行业签发了 870 万 t 二氧化碳排放当量，买方需求持续增加。如今，采取配额供给协调机制、改良现行固定价格上限等系列改革措施，为市场机制的完善发展带来无限生机。

2016 年，自愿市场下的林业碳汇交易额累计突破 10 亿美元，但该年的交易量和交易额均降至 10 年来的历史最低点。2016 年的林业项目核证减排量售价变化较大，既有低于 0.7 美元/t 的，也有高于 70 美元/t 的，多数处在 3 美元/t~7 美元/t 之间。不同类型项目的均价存在差异：城市森林项目价格较高，为 10.9 美元/t，顺次分别是改善森林管理项目、造林再造林项目、草地管理项目等，REDD+ 项目的最低，仅为 4.2 美元/t。不同地区项目的均价差异也较大：欧洲项目最高，达 39 美元/t，但售出量最低，仅 30 万 t。北美、澳大利亚、亚洲、非洲等地的项目均价顺次降低，拉丁美洲项目最低，仅 4 美元/t，但销量最大。市场中老客户采购的数量和金额分别占对应总量的 93% 和 78%，私人部门或公司采购了 92% 的交易量，主要买方来源于能源、会议等活动，金融保险、交通、航空等部门，其中终端客户的采购量占 71%。美国、荷兰、英国、法国、德国和澳大利亚是采购量排名前六位的国家。

非市场机制下的林业碳汇交易主要指那些近年来发生在双边或多边政府之间的基于林业行动结果付费的融资方式（RBF），多数针对 REDD+ 项目。当前，全球 REDD+ 融资项目已转向基于结果的付费行动。该机制主要采用三种落地方式：从亚马逊基金到巴西、从 REDD+ 早期行动项目到哥伦比亚和巴西阿克里州、从挪威政府到乌干达。其中，巴西、哥伦比亚及阿克里州政府已经成功获得部分支付资金。2015年，非市场机制下的林业碳汇交易量和交易额分别为260万吨和1.39亿美元。2016年，REDD+项目减排量的交易额为3 650万美元，各年付费融资累计达到2.18亿美元。虽然挪威、德国、澳大利亚、英国、美国等多国政府已宣布出资数十亿美元用于支持全球REDD+项目，但由于出资方需要经历承诺、委托到支付等过程，且REDD+项目也要历经准备、实施以及基于结果融资3个阶段，因此，如今项目减排量实现资金支付的还非常少，更多的项目正在实施或筹备实施过程中。2014年底之前，全球林业碳汇交易主要发生在自愿市场中。自2015年起，林业碳汇融资方式开始朝着多样化方向转变：管制市场异军突起，非市场机制增加迅速，自愿市场中的林业碳减排量向管制市场转化发展，新型交易模式和融资途径不断涌现。虽然众多市场参与方依旧面临买家难觅、售价偏低、融资不足等挑战，但2016年私营部门的投资热情明显升温，多种标准已开发，或正在研发碳汇共同效益量化及报告工具，韩国与新西兰碳市场、哥伦比亚碳税体系、航空与航海碳补偿体系以及《巴黎协定》下的国际贸易机制等，都是未来全球林业碳汇融资发展的新机遇。

8.1.3 国际VCS林业碳汇项目开发实践

2007年，联合国政府间气候变化专门委员会第4次评估报告将林业纳入应对全球气候变化的国际进程。林业具有多重效益，兼具减缓和适应气候变化双重功能，是未来30～50年增加碳汇、减少排放的成本较低、经济可行的重要措施。2005年2月生效的《京都议定书》首次以法律形式限制温室气体排放，并通过市场机制发挥林业的碳汇功能。在《京都议定书》框架下，发展中国家依据CDM项目开发规则，通过造林、再造林方法学开发林业碳汇项目，并将项目产生的核证减排量与附件一缔约方投资人进行碳汇交易，以获得可持续融资机会，实现可持续发展目标。截至2022年7月底，全球注册CDM林业碳汇项目达到64个，为全球应对和减缓气候变化作出了积极贡献。2016年11月4日生效的《巴黎协定》将林业条款单独列示，突出了林业的重要地位。目前，《京都议定书》框架下 CDM 项目产生的碳信用暂时不能在《巴黎协定》机制下使用，导致林业碳汇项目业主转向国际自愿碳市场寻求商机。自 VCS 推出 REDD+ 项目，VCS 项目签发的核证碳单位（VCUs）主要用于企业自愿减排，以履行社会责任，提升企业绿色形象。VCS 通过开发可信赖的标准化方法学以简化项目审批流程、减少交易成本并提高项目开发透明度等前沿创新性工作，为自愿碳市场稳健发展提供方案。

在国际自愿碳市场上，国际核证碳标准（VCS）是应用最广泛的碳减排标准。生态碳市场发布的《2022 年第 3 季度自愿碳市场现状》报告显示，自愿碳市场 76% 的交易量来自 VCS 林业碳汇项目，其中 65% 来自 VCS 推出的 REDD+ 项目。因此，这里将从 VCS 林业碳汇项目的运行机理入手，分析 VCS 林业碳汇项目的方法学应用情况、项目开发情况、项目交易状况，从而总结有助于我国自愿碳市场发展的主要经验。

1）方法学分析

VCS 林业碳汇项目采用了 18 种不同的方法学，包括 CDM 的 4 种 ARR 项目方法学和 VCS 批准的 14 种 IFM 及 REDD+ 项目方法学。项目开发者会根据这些方法学来设计自己的项目，并最终获得 VCUs。截至 2022 年 7 月，使用 CDM 方法学开发的 ARR 项目数量为 85 个，签发量为 3 756.64 万 t，注销量为 1 731.62 万 t，分别占 VCS 林业碳汇项目签发总量和注销总量的 8.8% 和 8.7%。而 REDD+ 项目则使用了 6 种方法学，占方法学总数的三分之一，其项目数量、签发量和注销量的占比分别为 42.0%、88.7% 和 87.8%，显示出其在 VCS 林业碳汇项目中的主导地位。

2）项目开发现状

根据 Verra 注册处项目库数据，截至 2022 年 7 月底，全球 VCS 林业碳汇项目共计注册 188 个，获得签发的项目达到 182 个，VCS 林业碳汇项目 VCUs 签发量和注销量分别为 4.2662 亿 t 和 1.9825 亿 t。林业碳汇项目注册数量仅占 VCS 项目数量的 10.4%，但 VCUs 签发量占 VCS 项目签发总量的近 45%。虽然林业碳汇项目注册数量占比较低，但 VCS 项目 VCUs 签发量近一半来自林业碳汇项目。VCS 林业碳汇项目覆盖了除南极洲外的 6 大洲 39 个国家。其中，拉丁美洲注册项目数量最多，达到 80 个，占 43%；非洲参与林业碳汇项目开发的国家最多，达到 16 个，占 41%。按项目方法学使用情况分析，在 39 个开发 VCS 林业碳汇项目的国家中，项目数量排名前 5 位的国家分别是中国、巴西、哥伦比亚、秘鲁和肯尼亚，合计 101 个，占比达到 53.7%。中国注册项目大多适用 AR-ACM0003、VM0010 方法学，巴西主要适用 VM0015、VM0007 方法学，哥伦比亚主要适用 VM0006 方法学，秘鲁主要适用 VM0007 方法学，肯尼亚适用 AR-AMS0001 方法学。从项目签发量和注销量来看，印度尼西亚、秘鲁、巴西、柬埔寨、哥伦比亚、肯尼亚、中国名列前茅，合计签发量和注销量分别为 3.1025 亿 t（占比 72.7%）和 1.41 亿 t（占比 71.1%）。总体来看，印度尼西亚 VCUs 签发量最高（7 514.56 万 t），但项目最少（4 项）；而中国 VCUs 签发量最少（1 551.48 万 t），但项目最多（34 项）。究其原因，在印度尼西亚开发的 4 个项目中有 2 个适用 VM0007 方法学的 REDD+ 项目。这 2 个项目的信用期分别为 60 年和 47 年，截至 2022 年 7 月 19 日，2 个项目已分别完成碳中和 556 笔和 97 笔，累计签发量和注销量分别为 3858.18 万 t、1067.73 万 t 和 254.11 万 t、201.72 万 t。分析其他 6 国开发林业碳汇项目使用方法学的情况发现，大部分国家主要以适用 VM0007 和 VM0009 方法学的 REDD+ 项目为主。由此可见，各国项目开发者更多依赖 REDD+ 方法学开发林业碳汇项目，签发 VCUs 更具优势。从长期来看，由于林业碳汇项目执行周期长，可为项目业主提供可持续的融资机会，为发展中国家应对气候变化、改善生态环境、实现可持续发展目标提供资金支持作出积极贡献。

3）项目交易情况

VCS 林业碳汇项目交易主要通过场内交易和场外交易进行。场内交易主要选择芝加哥商品交易所（CBL）询价和交易。由于林业碳汇交易双方对交易价格的保密性，无论是场内交易还是场外交易，均不公开价格。因此，只能通过 CBL 买卖双方的询价和询量来判定交易价格的变动情况。跟踪 CBL 从 2021 年第 3 季度到

2022年第3季度VCS林业碳汇项目买卖双方询价和询量数据变动情况发现，在近一年半的时间里，在CBL登记交易的卖方主要集中在亚洲、非洲和拉丁美洲，林业碳汇的交易价格普遍出现先升后降的现象。究其原因，各国根据《巴黎协定》中提出的国家自主贡献承诺，纷纷提出本国的碳达峰碳中和目标，并在世界范围内建立碳定价机制。各国应对气候变化的积极政策措施促进了林业碳汇价格的持续上升。此外，于2021年11月在格拉斯哥召开的第26届联合国气候变化大会推动《巴黎协定》第6条可持续发展机制（SDM）取得实质性进展，《格拉斯哥气候公约》允许各国通过购买代表他国减排的碳信用额来部分实现其气候目标。这可能会释放数以万亿美元计的资金，用于保护森林、建设可再生能源设施以及其他应对气候变化的项目。这些利好消息刺激了VCS林业碳汇交易价格走高。但随着2022年2月份俄乌战争的爆发和持续，能源危机带来的经济压力正在欧洲各国蔓延，欧洲多国调整能源政策，大众对欧洲碳中和目标产生了质疑。这些不利因素打击了投资者信心，导致全球碳市场交易量大幅下降，VCS林业碳汇价格也受到巨大冲击。

8.1.4 海洋碳汇项目开发交易实践

从全球范围来看，清洁发展机制等认证了一批海洋碳汇项目，主要集中于红树林保护修复活动，而对其他蓝碳生态系统、渔业碳汇等领域的探索不足。其中，黄金标准也支持开展蓝碳交易认证，但是尚未见项目实例。

一是清洁发展机制碳汇项目未成为主流，仅有1项海洋碳汇项目。截至2021年5月30日，全球清洁发展机制备案项目数共计超过8 000个。从项目类型来看，主要集中于风能、水力、生物质能等能源工业项目，占比达84%。中国项目数超过3 800个，占比47%，位居全球首位。造林和再造林项目67项，占比1%。其中，海洋碳汇项目仅1项，为塞内加尔的海洋红树林恢复项目，备案时间为2012年，项目期间为2008—2038年。

二是核证碳标准碳汇项目快速发展，海洋碳汇项目不断涌现。截至2021年第一季度，核证碳标准注册项目近 1 700 个，农业、林业和其他土地利用（AFOLU）注册项目超过 200 个。海洋碳汇项目 7 个，分布在塞内加尔、几内亚比绍、缅甸、印度、哥伦比亚和中国湛江，包括塞内加尔生计基金红树林修复项目、几内亚比绍避免砍伐森林项目、缅甸红树林再造林修复和可持续生计及社区发展项目、印度孙德尔本斯红树林恢复项目、印度尼西亚亚齐东海岸带和北苏门答腊红树林修复和海岸绿带保护项目、哥伦比亚莫罗斯基洛湾蓝碳项目"维达曼格拉"、中国湛江红树林造林项目等。此外，还有一批海洋碳汇项目处于审定和核证阶段，包括缅甸红树林恢复与可持续发展项目、巴基斯坦德尔塔蓝碳项目、哥伦比亚生物多样性热点地区红树林保护与社区发展活动、塞内加尔和西非红树林项目、墨西哥锡那罗亚州中南部海岸带红树林项目等。

三是维沃计划持续开展农林项目服务，推进海洋碳汇项目交易。截至 2021 年 6 月，维沃计划管理土地 1 800 平方千米，促进温室气体排放约 350 万 t 二氧化碳当量，帮助 1.6 万个小农户通过碳交易获得收入。维沃计划已认证了肯尼亚加齐湾红树林项目"米科科·帕莫贾（Mikoko Pamoja）"、马达加斯加西南部沿海地区保护红树林项目"塔希里·洪科（Tahiry Honko）"、肯尼亚项目"万加（Vanga）" 3 个海洋碳汇项目。

四是美国开展"将湿地推向市场（BWM）"计划。自 2011 年起，美国在其新英格兰地区开展了"将湿地推向市场——推动蓝色碳汇实施"计划，旨在通过碳抵消信用变现等方式帮助沿海地区管理者和决策者实现更广泛的湿地管理、修复和保护目标。项目负责机构为瓦科特湾国家河口研究基地。该项目的第一阶段为"氮和沿海蓝碳"，项目持续时间为 2011—2015 年，重点关注蓝色碳汇的前沿研究，分析盐沼、气候变化和氮污染之间的关系。该项目的第二阶段为"扩大蓝碳实施"，项目持续时间为 2016—2019 年。该项目对赫林（Herring）流域修复项目进行了市场可行性评估，修复面积超过 4km²。研究发现，该项目预计可在自愿碳市场获得碳抵消信用，预期价格约为 10 美元/t。

8.2 国内碳汇开发及市场交易

8.2.1 林业碳汇参与碳市场的现存方式

林业已纳入了应对气候变化的国际进程，在国际气候行动中越来越受到关注。林业议题几乎是每次联合国气候变化大会最受关注且最易达成共识的谈判议题。2015 年 6 月，中国政府发布了《强化应对气候变化行动——中国国家自主贡献》，确定了到 2030 年的自主行动目标：二氧化碳排放 2030 年左右达到峰值并争取尽早达峰；单位国内生产总值 CO_2 排放比 2005 年下降 60%~65%，非化石能源占一次能源消费比重达到 20% 左右，森林蓄积量比 2005 年增加 45 亿立方米左右。2015 年 12 月联合国巴黎气候大会达成全球减排新协定《巴黎协定》，并将林业作为单独条款列入《巴黎协定》。从国际气候治理法定文件中可以看出，林业在应对全球气候变化中的重要功能和地位进一步加强了，并且该次气候大会特别强调了森林在生物多样性保护、减贫等众多非碳效益。《巴黎协定》森林条款明确规定：2020 年后各国应采取行动，保护和增强森林碳库和碳汇，继续鼓励发展中国家实施和支持"减少毁林和森林退化排放及通过可持续经营森林增加碳汇行动（REDD+），促进"森林减缓以适应协同增效及森林可持续经营综合机制"，强调关注保护生物多样性等非碳效益。这些国际国内文件和行动充分表明，林业具有重要的减缓和适应气候变化的功能，在应对气候变化中具有特殊地位。而林业碳汇项目，具有多重效益，有利于改善生态环境、应对气候变化、推进生态文明建设和促进可持续发展。我国政府已经将林业 CCER 作为抵消机制纳入国家碳排放权交易体系，为林业发展带来了新的发展机遇。

由上可见，林业碳汇是国际公认的具有减缓和适应气候变化的双重功能，经济可行、有效的应对气候变化措施，具有真实的减缓气候变暖的效果。此外，林业碳汇交易有利于促进林业发展。发达的林业是国家富强、民族繁荣、社会文明的主要标志。从长远看，人类的长久生存与发展离不开林业和森林。更重要的是，林业碳汇交易有利于将"绿水青山"转变为"金山银山"，是"绿水青山就是金山银山"重要理论的具体实践。通过科学、合规地开发和交易林业碳汇，将有些生态良好地区的生态资源优势转变为资产和经济优势，使"绿水青山"转变为"金山银山"，以市场机制给予生态产品生产者一定的经济补偿，促进农民增收减贫，同时激励森林经营者对森林进行科学经营和保护，促进林业发挥更多更大的生态效益、社会效益，造福人类。因此，优先开展林业碳汇开发和交易，意义十分重大。国际和国内形势以及实践基础都有利于中国开展碳排放权交易，尤其有利于CCER林业碳汇交易的开展。全国碳交易和林业碳汇交易面临难得的历史新机遇。林业碳汇因具有多重效益，符合生态文明和美丽中国建设需求，因此在全国碳市场中较其他减排项目更具优势。

随着我国碳市场逐步建立与发展，并优先将林业碳汇纳入碳交易市场，面向国内碳市场的林业碳汇项目也不断涌现。

1）CCER林业碳汇项目

作为中国自愿减排市场的重要组成部分，CCER林业碳汇项目开发受到社会各界的普遍关注，并呈现快速发展态势。目前，CCER林业碳汇项目开发主要有4种类型，分别为碳汇造林项目、森林经营碳汇项目、竹子造林碳汇项目和竹林经营碳汇项目，其中碳汇造林项目无论是项目数量还是年减排量都居第一位。

2）CGCF林业碳汇项目

中国绿色碳汇基金会（CGCF）于2010年7月正式注册成立，以应对气候变化、增汇减排为主要目的，为企业、团体和个人搭建了一个能够通过参与植树造林、森林经营保护等林业活动践行低碳生活、履行社会责任的重要平台。目前，基金会已先后在全国20多个省（市、区）成立了近30个不同层面的绿色碳基金专项，碳汇造林面积超过10万hm²（150万亩）。

3）FFCER和PHCER林业碳汇项目

随着碳市场的逐步完善，我国还出现了一些在省级层面交易的林业减排量。福建碳市场于2016年启动,福建林业碳汇抵消机制(FFCER)林业碳汇项目产生的减排量在本省的抵消比率可达10%,而其他类型项目的抵消量仅为5%;2017年4月广东省正式将广东碳普惠抵消信用机制(PHCER)作为碳排放权交易的补充机制纳入广东省碳市场,其林业碳汇项目主要进行森林保护和森林经营,产生的减排量原则上等同于本省的CCER。目前,FFCER和PHCER都仅限于在各自省内碳市场进行交易,本地化较为明显。

8.2.2 中国CCER林业碳汇开发实践

CCER是指依据国家发展和改革委员会发布施行的《温室气体自愿减排交易管理暂行办法》的规定,经其备案并在国家注册登记系统中登记的温室气体自愿减排量。CCER项目可来源于可再生能源、农林行业、工业、建筑等领域。目前各个碳试点都将CCER作为排放配额的抵消标的,规定1吨CCER可以抵1吨配额。但是考虑到CCER交易对配额交易市场的冲击等,各试点碳市场对CCER用于配额抵消设立了不同的限制条件,抵消比例大多为5%~10%,且对CCER项目的归属地、项目类型和开发时间均有要求,具体整理汇总如下,见表8-2。

表8-2   各试点碳市场CCER相关规定

试点碳市场	交易平台	CCER抵消比例限制	其他条件限制	除CCER外其他抵消机制
深圳	深圳碳排放权交易所	不超过10%	本市内项目	-
上海	上海环境能源交易所	不超过1%	2013年1月1日后,非水电类项目	-
北京	北京环境交易所	不超过5%	本市内项目至少占50%	林业碳汇
广东	广州碳排放权交易所	不超过10%	本省内项目占70%以上	广东碳普惠抵消信用机制
天津	天津排放权交易所	不超过10%		-
湖北	湖北碳排放权交易中心	不超过10%	本省内项目	
重庆	重庆碳排放权交易中心	不超过8%	本省内项目	
福建	海峡股权交易中心	不超过5%		福建林业碳汇抵消机制

2014年7月21日，广东长隆碳汇造林项目通过国家发展和改革委员会的审核，成功获得备案，是全国首个可进入碳市场交易的中国林业温室气体自愿减排（CCER）项目。该项目造林规模为13 000亩，在20年计入期内，预计产生34.7万吨减排量，年均减排量为1.74万吨。项目首期签发的5 208吨CCER已由广东省粤电集团以20元/吨的单价签约购买。项目的成功签发为林业碳汇CCER项目开发提供了成功的示范和经验。

1）北京碳市场林业碳汇

北京碳市场允许控排单位使用林业碳汇项目等经审定的碳减排量抵消一定比例的碳排放，但必须是2005年2月16日后北京市的碳汇造林项目和森林经营碳汇项目。为方便重点排放单位履约，北京市及与北京实现跨区交易地区的林业碳汇项目在获得CCER正式备案签发前，经北京市发改委组织的专家评审通过并公示，可获得北京市发展和改革委员会预签发的一定比例减排量用于抵消交易，1吨二氧化碳当量经审定的项目减排量可抵消1吨二氧化碳排放量。2018年北京碳市场共计挂牌4个林业碳汇项目，分别为：北京市顺义区碳汇造林一期项目、承德市丰宁县千松坝林场碳汇造林一期项目、北京市房山区平原造林碳汇项目和塞罕坝机械林场造林碳汇项目。2018全年成交林业碳汇项目23笔，成交量共计87 151吨，较2017年大幅增长了3 344.70%，成交额超过197万元，较2017年上涨3 432.53%。这是由于2018年1月至5月CCER项目交易的暂缓，使得更多企业采取购买林业碳汇的方式进行抵消。

2）福建林业碳汇抵消机制

福建省森林资源丰富，是国家林业碳汇交易试点之一。福建碳市场在开市之初就将福建林业碳汇抵消机制（FFCER）作为控排企业抵消碳排放的产品。2016年12月22日，FFCER在福建碳市场上线交易，当天共售出15.6万吨FFCER，交易额达288万元。截至2018年8月15日，FFCER累计成交约140万吨，成交金额逾2 000万元。然而，福建省林业碳汇市场存在流动性不足的问题。FFCER开发量远大于交易量，已经完成项目申报的FFCER为446.7万吨，其中仍有300余吨未上市流通。FFCER的消纳程度与福建省碳市场配额分配的宽松程度息息相关，在后期碳市场配额总量缩紧的趋势下，FFCER的消纳率也会相应提高。

3）广东碳普惠抵消信用机制

2015年7月17日，广东省发展和改革委员会印发《广东省碳普惠制试点工作实施方案》，选取了广州、东莞、中山、惠州、韶关、河源等6个城市作为首批试点，在全省组织开展碳普惠试点建设。2017年4月20日，广东省发布《关于碳普惠制核证减排量管理的暂行办法》，将碳普惠核证自愿减排量纳入碳排放权交易市场补充机制。广东省纳入碳普惠制试点地区相关企业或个人，通过自愿参与实施的减少温室气体排放（如节水、节电、公交出行等）和增加绿色碳汇等低碳行为产生的减排量，将正式被允许接入碳交易市场。而在2018年8月29日，广东省发展和改革委员会发布通知宣布暂停受理省级碳普惠核证减排量备案申请，将进一步深化碳普惠制试点工作的思路及完善碳普惠制核证减排量相关管理制度，待相关制度明确后，再依据新办法受理相关申请。2019年5月31日，广东省生态环境厅发布通知宣布恢复受理省级碳普惠核证减排量备案申请工作，相关工作要求及程序仍按《广东省发展改革委关于碳普惠制核证减排量管理的暂行办法》执行。此外，广东省针对PHCER更新了5个碳普惠方法学，包括针对林业碳汇的专门核证方法学。

从可交易性上看，并不是所有的森林碳汇都可以交易，只有所有权清晰的商品才能进入市场交易。森林碳汇和林业碳汇都有来自森林生态系统的碳汇，而森林生态效益具有较强的外部性，需要借助严格的计量方法学才能将其量化，并且通过严格的设计、审定、计量和核证程序后碳汇才可以确定所有权。碳汇所有权确定后，方可投入碳市场进行交易。

目前碳市场上的林业碳汇项目有以下几类。国际：CDM、VCS、CER、GS；国内：CCER（中国核证自愿减排量）；省级：PHCER（广东省）、FFCER（福建省）、BCER（北京市）；自愿市场：STCER（生态补偿碳汇）、CGCF（中国绿色碳汇基金会）。不同的林业碳汇项目抵消机制、项目类型范围均有所不同。整理汇总如下，见表8-3。

表8-3 不同的林业碳汇的抵消机制

项目类型	启动时间	发起者	实施范围	实施类别	土地合格性要求	签发时长
CDM	2001年	《联合国气候变化框架公约》	全球	造林再造林	造林：50年以来的无林地；再造林：1989年底前为无林地	5年左右
VCS	2006年	国际排放交易协会、世界经济论坛及气候组织	全球	减少毁林和森林退化，造林、改进森林管理，再造林和植被恢复	造林再造林和植被恢复：项目开始前的至少10年内是无林地（或证明土地原有生态系统未被破坏）；减少毁林和森林退化：项目开始前至少10年内符合森林的条件	2-5年
GS	2003年	世界基金会、其他非政府国际组织	全球	造林再造林	项目开始前至少10年内是无林地	2-5年
CCER	2013年	国家发展和改革委员会	中国	碳汇造林、竹子造林、森林经营、竹林经营	碳汇造林：2005年2月16日以来的无林地；在林经营：人工中、幼龄林	1-3年
CGCF	2010年	中国绿色碳汇基金会	中国	碳汇造林、竹子造林、森林经营、竹林经营	造林：至少自2000年1月1日以来一直是无林地，特殊情况可放宽到2005年1月1日以前；森林经营：人工中、幼龄林	1-3年
FFCER	2016年	福建省发展和改革委员会	福建	森林经营、竹林经营、碳汇造林	碳汇造林：2005年2月16日以来的无林地；在林经营：人工中、幼龄林	1年左右
PHCER	2017年	广东省发展和改革委员会	广东	森林经营、森林保护	森林保护：林种为生态公益林的林地；森林经营：林种为商品林的林地	1年左右
BCER	2014年	北京市发展和改革委员会	北京	碳汇造林、森林经营	碳汇造林：2005年2月16日以来的无林地；森林经营：2005年2月16日后开始实施	

目前CCER自2017年后暂停备案签发，CDM机制自《京都议定书》议定书第一履约期后停滞不前，国内注册量骤减。目前VCS、GS项目以及部分省级项目可以继续进行碳汇项目的开发审定。在碳汇交易中，林业碳汇项目的卖方往往是林户、林场主或者投资者，买方往往是一些需要实现碳中和的公益减排买家，比如为实现企业碳中和而出钱的非控排企业，还有目前履约碳市场重点控排企业，以及一些商场投资者，比如碳商、金融机构等。

碳汇项目的开发需要根据指定的方法学编制项目设计文件（project design document，PDD），向主管部门进行项目申请，或者自行开发新的方法学。目前根据中国自愿减排交易信息平台发布的CCER方法学，与林业碳汇相关的主要有以下几种：

造林类：碳汇造林项目、竹子造林碳汇项目；在符合条件的土地上进行造林或再造林活动，以增加森林碳汇为主要目的。也是目前主要采用的碳汇方法学。

经营类：森林经营碳汇项目、竹林经营碳汇项目；主要通过调整和控制森林、竹林的组成结构、促进森林、竹林生长，以维持提高森林生长量、碳储量及其他生态服务功能，从而增加森林碳汇。

不同的林业碳汇项目开发要求整理汇总如下，见表8-4。

表8-4　　　　　　　　　不同的林业碳汇项目开发要求

	碳汇造林项目	竹子造林项目	森林经营碳汇项目	租赁经营碳汇项目
自愿及安排方法学编号	AR-CM-001-V01	AR-CM-002-V01	AR-CM-003-V01	R-CM-005-V01
发布时间	2013年11月4日	2013年11月4日	2014年1月23日	2016年2月25日
项目时间	2005年2月16日后	—	—	2005年2月16日后
土地范畴	不属于湿地和有机土	不属于湿地	矿质土壤	不属于湿地和有机土壤
土地合格性	造林地权属清晰，具有县级以上人民政府核发的土地权属证书			
土地类型	无林地	—	人工幼、中龄林	—
土壤扰动	符合水土保持要求，土壤扰动面积比例不超过地表面积的10%，且20年内不重复扰动	符合水土保持要求，草地、林地；土壤扰动面积比例不超过地表面积的10%	符合水土保持要求，土壤扰动面积比例不超过地表面积的10%，且20年内不重复扰动	符合水土保持要求
原有林木处理方式	禁止烧除	不清除	禁止烧除	不清除
枯木处理	不移除地表枯落物、不移除树根、枯死木及采伐剩余物	不清除原有的散生林木	除改善卫生状况外，不移除枯死木和地表枯落物	不移除枯落物

碳汇项目碳库包括地上生物量、地下生物量、枯萎物、枯死木和土壤有机质碳库。四种方法学均包括地上生物量和地下生物量，而对于枯死木、枯萎物、土壤有机物、木产品等则有一定选择性的纳入。碳汇项目计入期是指项目情景相对于基线情景产生额外的温室气体减排量的时间区间。关于其计入期长短按照国家主管部门规定的方式确定。所有项目的最短计入期为20年，碳汇造林项目和森林经营碳汇项目最长计入期为60年，竹子造林碳汇项目最长为30年，竹林经营碳汇项目最长为40年。从林业碳汇审定项目来看，50%以上的项目计入期为20年。除此之外，还需要进行项目的额外性论证。

8.2.3 中国林业碳汇交易情况

中国生态碳汇交易始于2004年CDM市场（欧盟碳市场于2013年开始不再接受中国CDM项目产生的减排量），目前CDM生态碳汇项目有5个，占全国注册CDM项目总数的0.13%。2012年中国开始建立国内自愿碳减排交易市场，2014年后，8个试点省市均开始接受林业碳汇CCER项目，并做了5%~10%抵消比例限制。截至2017年项目审批暂停前，共有1 047个项目获得备案，生态碳汇项目15个，预计减排量$226×10^4$t/a，生态碳汇项目占总备案项目的1.4%，预计年减排量占总备案项目的1.8%。目前，经国家发展和改革委员会通过的具有CCER第三方审定与核证资质企业共12家，涉及碳汇核证的8家。除履约市场外，中国还积极探索生态碳汇自愿交易市场，为自愿抵消或补偿碳排放的组织和企业提供碳汇产品。林业碳汇项目在中国最早开展，也是目前最主要的碳汇项目。自2004年林业CDM项目启动以来，中国林业碳汇项目通过国际性（CDM）、独立性（VCS、GS）、区域性（CCER、VOS）等多种交易机制开展了林业碳汇项目的开发与交易。截至2021年年底，共有4个项目在CDM执行理事会注册，其中广西2个林业CDM项目的碳减排量获得签发，签发量$16.78×10^4$t；15个林业CCER项目在国家发展和改革委员会备案，预计减排量$226×10^4$t/a，其中3个项目已签发首期减排量；截至2019年年底，已有17个林业碳汇项目在VCS注册，签发量约$146×10^4$t。

目前国内林业碳汇主要通过CCER交易，包括北京林业核证减排量项目、福建林业核证减排量项目和广东省林业碳普惠制核证减排量项目等。截至2017年，CCER中林业碳汇项目备案数量15个，预计减排量254t，主要分布在内蒙古、河北、广东、黑龙江等地区。从目前在中国核证自愿减排量交易信息平台上的审定项目来看，林业碳汇项目单位面积年减排量为4.95t CO_2/hm²；森林碳汇造林项目，平均年减排量为11.26t CO_2/hm²；竹子碳汇造林项目，仅有1个位于湖北，平均年减排量为9.35t CO_2/hm²；森林经营碳汇项目，平均年减排量为2.87t CO_2/hm²；竹林经营碳汇项目，主要分布在浙江、湖北，平均年减排量为5.87t CO_2/hm²。

根据广州碳排放权交易所公开数据，PHCER交易中林业碳汇相关交易情况整理见表8-5。从成交情况来看，林业碳汇成交量相对较大，成交价格比同期CCER项目具有绝对价格优势，甚至超过同期广东省碳配额价格，林业碳汇具有较大开发前景。

表8-5　　广东省林业碳普惠制核证减排量林业碳汇类项目历史成交情况

碳普惠项目名称	成交时间	成交数量（t）	成交价格（元/t）	买方
广东省国有新丰江林场碳普惠项目	2018-11-27	41 559	23.99	1家，具体未公布
河源市国有桂山林场森林保护项目	2018-10-18	40 024	22.50	2家，具体未公布
广州市花都区梯面林场林业碳普惠项目	2018-08-21	13 319	17.06	1家，具体未公布
广东省韶关市贫困村林业碳普惠保护项目	2018-06-07	307 805	16.32	2家，广州微碳投资有限公司、国泰君安证券股份有限公司
广东省东江林场林业碳普惠森林保护项目	2018-05-10	34 254	16.01	广州微碳投资有限公司
广东省东江林场林业碳普惠森林经营项目	2018-05-10	27 161	16.34	广州微碳投资有限公司

但是从目前一些项目来看，关于森林碳汇造林项目单位面积减排量，监测报告与审定报告间存在较大差异。以塞罕坝机械林场造林碳汇项目为例，审定报告30年计入期内年均减排量为52 756t CO_2e，单位面积年均减排量为14.48t CO_2e/hm^2，监测报告前10年监测期内年均减排量为18 275t CO_2e，单位面积年均减排量为5.01t CO_2e/hm^2。其主要原因为：

（1）对于碳汇造林项目而言，项目前期处于造林建设期，大多数树种不具备高速生长的特性，在项目前期仍处于幼年阶段，生长速度相对缓慢，所产生的碳减排量较小，随着建设期的完成、树种的生长以及经营管理能力的加强，碳减排量逐步提高，使得以监测前期数据计算所得单位面积年均减排量偏小。

（2）由于气候、立地条件等差异，审定报告中事前预计减排量不能完全代表项目树种的实际生长情况。2020年国内符合CCER标准的林地面积约4亿亩，每亩林地一年的减排量按0.5t计算，即国内林业碳汇最大减排量为2亿t，按照目前碳价40元/t~50元/t，则林业碳汇市场潜在价值为80亿~100亿元。正所谓绿水青山就是金山银山，如今的碳汇增收政策可以从另一个层面实现乡村扶贫，带动相关的碳基金、绿色信贷为护林产业提供更好的资金支持。

8.2.4 中国海洋碳汇开发实践

"蓝碳"的概念来自2009年联合国环境规划署、联合国粮农组织、联合国教科文组织政府间海洋学委员会联合发布的《蓝碳：健康海洋对碳的固定作用——快速反应评估报告》，是指那些固定在红树林、盐沼和海草床等海洋生态系统中的碳。作为地球上最大的碳库，海洋储存了地球上约93%的二氧化碳，每年可清除30%以上排放到大气中的二氧化碳。保护蓝碳生态系统、发展蓝碳事业对于海洋生态保护、提高我国生态系统碳汇能力、助力碳达峰碳中和意义重大。目前，联合国政府间气候变化专门委员会所承认的三种蓝碳生态系统，主要指红树林、海草床和盐沼这三种。但各国根据实际情况，也在扩大蓝碳涵盖范围，并纳入各自碳交易市场。比如自然资源部海洋一所编制的《中国海洋碳汇经济价值核算标准》认为，海洋碳汇由滨海生态系统碳汇和海洋生态系统碳汇两部分组成。红树林、盐沼和海草床属于滨海生态系统碳汇，而由藻类、海水贝类和浮游植物组成的部分，叫海洋生态系统碳汇，也属于蓝碳。为积极推动海洋低碳绿色发展，包括广东湛江、山东威海、青岛，福建泉州、厦门，广西在内的沿海地区，纷纷提出蓝碳先行方案或蓝碳交易市场。2022 年 2 月，自然资源部还发布了《海洋碳汇经济价值核算方法》及《海洋碳汇经济价值核算方法》编制说明。

1）海洋碳汇政策脉络

国内外学术界已广泛肯定了海洋碳汇对缓解气候变化的重要作用，认为海洋具备高效的固碳能力和巨大的碳汇潜力，每年可以吸收 30% 左右的由人类活动排放的二氧化碳。根据海洋碳汇的研究机理，藻类、贝类和部分鱼类等海洋生物可通过光合作用或养殖生产活动吸收并固定碳元素，红树林、盐沼、海草床等海岸生态系统也可以吸收、存储二氧化碳。《蓝碳：健康海洋对碳的固定作用——快速反应评估报告》肯定了海洋生态系统的固碳减排作用。之后联合国政府间气候变化专门委员会重点围绕红树林、滨海盐沼、海草床三大"蓝碳"生态系统，开展了碳汇能力评估和机制建设，明确了海洋碳汇在碳减排中的作用。美国佐治亚州在 2015 年提出了有关海洋碳汇交易市场建设的"三步走"战略，为明确蓝碳法律地位、出台蓝碳核算标准、审查符合要求的碳汇项目投资方，以及促进海洋碳汇的研究和实践提供了重要的参考价值。

我国对海洋碳汇的研究也走在世界前列，2011 年中国工程院相关专家就提出了"碳汇渔业"的发展思路，认为到 2050 年我国海水养殖碳汇总量可达到 400 多万吨。我国 2015 年出台的《关于加快推进生态文明建设的意见》明确指出，要通过增加海洋碳汇等手段来应对全球气候变化，标志着"蓝碳"正式成为国家战略的组成部分。2016 年，国务院印发《"十三五"控制温室气体排放工作方案》，提出研发海洋等重点领域经济适用的低碳技术，并积极开展国家低碳试点。2017 年 8 月，中央全面深改领导小组审议通过的《关于完善主体功能区战略和制度的若干意见》，提出要探索建立"蓝碳标准体系和交易机制"。同年国家发展和改革委员会、海洋局联合发布《"一带一路"建设海上合作设想》，把加强蓝碳国际合作作为未来"一带一路"倡议的重点之一。2019年，中共中央办公厅、国务院办公厅联合印发《国家生态文明试验区（海南）实施方案》，把开展蓝碳标准体系和交易机制研究作为试验区创建内容。2020年我国在气候雄心峰会中，把开展蓝色碳汇研究及试点工作，开展海洋生态修复作为中方的立场和行动予以阐述。2022年10月，自然资源部批准发布《海洋碳汇核算方法》行业标准，这标志着海洋碳汇交易有了官方认证的统一标准和实施方案。

2）沿海地区积极开展海洋碳汇开发

我国沿海地区积极探索海洋碳汇项目开发和交易，在交易机制、方法学研发、金融支持等领域积累了诸多经验。一是建立海洋碳汇交易平台，推动海洋碳汇项目开发交易。2021年，厦门产权交易中心设立海洋碳汇交易服务平台，拟打造两岸海洋碳汇交流合作的新平台、新机制，探索开展泉州洛阳江红树林生态修复项目交易和连江县海水养殖渔业碳汇项目交易。2021年，自然资源部第三海洋研究所成功开发湛江红树林项目，获得核证碳标准以及气候、社区和生物多样性标准双重认证，并通过场外自愿交易渠道获得交易收益。威海市成立了以海洋碳汇为主题的海洋负排放研究中心，推动实施浅海贝藻碳汇示范项目，发布《威海市蓝碳经济发展行动方案（2021—2025年）》，提出推进海洋碳汇研究和碳汇交易。2022年，海南省获批成立海南国际碳排放权交易中心，拟开展蓝碳产品的市场化交易。二是探索海洋碳汇核算和方法学研发。核算方面，2021年6月，深圳发布《海洋碳汇核算指南》，针对海洋生物和滨海湿地的碳汇总量构建了核算体系。在方法学方面，威海市与清华大学等探索研发海带养殖碳汇方法学；厦门大学探索研发红树林造林碳汇项目方法学。三是创新碳金融工具支持海洋碳汇项目。

3）中国海洋碳汇交易情况

海洋碳汇项目未被纳入全国碳排放权交易市场体系，现阶段仍以地方先行先试为主。2021年6月，湛江完成中国首笔红树林5 880t碳汇交易项目。2022年1月，连江县完成了国内首宗海洋渔业碳汇交易项目，实现了15 000t海水养殖渔业碳汇交易。地质碳汇尚未纳入全国碳排放权交易市场体系，相关项目也处于初步探索阶段，地质碳汇类型以小规模的煤化工、石油、电力行业捕集驱油示范为主。截至2020年年底，已投运或建设中的地质碳汇项目有5个，捕集能力约263×10⁴t/a。草地和农业碳汇交易在我国碳市场交易中尚未涉及。

自2021年以来，我国沿海地区金融机构开始为海洋碳汇项目进行授信，为我们提供了海洋碳汇贷的实践经验。例如，兴业银行青岛分行以胶州湾湿地碳汇、唐岛湾湿地碳汇为质押，向有关企业发放贷款近4 000万元。2023年2月28日，浙江宁波象山县黄避岙乡西沪港渔业一年的碳汇量约2 340.1t，被浙江易锻精密有限公司以106元/t的价格竞得。这意味着全国首单蓝碳拍卖交易完成。106元/t的地方CCER价格，是截至2023年2月国内见到的最高价格。同日，全国碳市场碳排放配额（CEA）挂牌协议交易成交量仅500t，成交额2.75万元，开盘价和收盘价只有55元/t。这意味着，CCER的市场价格已经是全国碳市场配额价格的近两倍。作为此次拍卖"蓝碳"的两家委托方之一的象山旭文海藻开发有限公司，已经扎根西沪港15年，年产浒苔200t，在国内拥有3/4的浒苔市场配额，在日本拥有1/3以上的浒苔销售配额。而浒苔近年来因为在饲料或食品添加剂方面的功效，已经得到大范围市场化应用。拍卖方的委托者表示，1千克的浒苔苗可长成1000千克的浒苔，生长过程中吸收海水和空气中的氮、磷、碳，起到固碳作用，被固定、储存的二氧化碳就是"蓝碳"。交易收益将用于后续浒苔种植和固碳机制研究。此次"蓝碳"交易开辟了我国海洋碳汇市场的先例，标志着海洋碳汇已经进入市场化交易阶段。再加上交易采用了拍卖的形式，对后续市场探索、交易模式创新等方面都有重要影响。同时，海洋碳汇交易市场也有利于推动经济发展，为海洋产业发展提供新动力。除了市场影响外，这次交易还有助于提升我国在环境保护方面的国际影响力。由于目前中国是温室气体排放大国，积极开展碳交易可以提升国际环保形象。

事实上，目前许多企业跟浙江这家企业一样，囤积CCER，用于未来抵消。广东、福建、海南都在进行这方面的探索，交易实践方面也取得了阶段性成果。2022年5月，福建、海南也相继完成首例双壳贝类碳汇交易项目和首单蓝碳生态产品价值签约，在探索蓝碳交易实践方面取得了阶段性成果。福建莆田秀屿区依托海峡资源环境交易中心完成了全国首例双壳贝类海洋渔业碳汇交易。林蚝（福建）水产有限公司、福建华峰新材料有限公司作为买卖双方签订了交易合同。这是全国首个双壳贝类碳汇交易项目，是零的突破，标志着福建在探索"海洋碳汇"交易实践方面取得了阶段性成果。

2021年6月，自然资源部第三海洋研究所、广东湛江红树林国家级自然保护区管理局和北京市企业家环保基金会三方联合签署了"广东湛江红树林造林项目"碳减排量转让协议，这标志着中国首个"蓝碳"项目交易正式完成。"广东湛江红树林造林项目"是我国首个符合核证碳标准（VCS）和气候、社区生物多样性标准（CCB）的红树林碳汇项目。该项目是在自然资源部国土空间生态修复司的支持下，由自然资源部第三海洋研究所组织并与广东湛江红树林国家级自然保护区管理局合作开发完成的。项目将保护区范围内2015—2019年期间种植的380公顷红树林按照VCS和CCB标准进行开发，预计在2015—2055年间产生16万t二氧化碳减排量。北京市企业家环保基金会购买了该项目签发的首笔5 880 t二氧化碳减排量，用于中和机构开展各项环保活动的碳排放。该项目是国内首个通过蓝碳碳汇项目实现机构碳中和的项目，交易所得将全部用于维持项目区的生态修复效果，同时也使周边社区受益。项目通过市场机制开展蓝碳碳汇交易，推动蓝碳生态系统的保护与修复，发挥它们应对气候变化方面的作用，为实现蓝碳生态价值作出了积极尝试。交易也对吸引社会资金投入蓝碳生态系统保护修复、推动海洋碳汇经济发展、实现碳中和等具有示范意义。

此外，自然资源部第三海洋研究所、广东湛江红树林国家级自然保护区管理局和北京市企业家环保基金会等32家企事业单位、公益组织还共同发布了《蓝碳生态系统保护修复倡议》，提出加强蓝碳生态系统的保护与修复，提升海岸带适应和减缓气候变化的能力；支持蓝碳生态系统可持续利用政策和资金激励机制的发展与实施；推进蓝碳碳汇项目的开发，充分实现蓝碳生态系统价值，建立利用碳交易收益维持生态保护修复和社区可持续发展的良好机制；鼓励社会资金以多种形式参与蓝碳生态系统的保护与修复，以及加强国际合作，共同推动实施基于蓝碳生态系统的气候变化解决方案。共同呼吁社会各界关注和参与蓝碳生态系统的研究、保护与修复，积极推动蓝碳交易等多种形式的生态产品价值实现机制，为我国 2060 年前实现碳中和作出贡献。

8.3 碳汇项目的金融属性

碳汇交易市场是政策推动下形成的新兴市场，项目建设周期长，投资风险高，加上产业本身具有弱质性，逐利性的民间资本并不热衷投资于此，有着巨大的资金缺口，急需金融机构为其提供流动性及中介服务。碳汇的商品属性已被广泛认可，碳汇现货商品交易已日趋完善，市场开始将目光投向金融领域，碳汇金融便应运而生，创新性的金融产品能够引导资本配置到碳汇产业中来，解决其融资难的发展瓶颈；完善的中介服务也能够降低市场的交易成本，充分发挥碳汇权的经济价值。在健全、规范、完善的市场机制的配合下，金融支持可以促进碳汇产业整体发展。

8.3.1 国内碳汇金融发展历程

1）国内金融支持碳汇发展的实例

2016 年 6 月，大兴安岭农商银行将全国第一笔最高额林业碳汇质押贷款 1 000 万元发放给图强林业局。2021 年 3 月 16 日，兴业银行南平分行与福建省南平市顺昌县国有林场签订林业碳汇质押贷款和远期约定回购协议，通过"碳汇贷"综合融资项目，为该林场发放 2 000 万元贷款，这是福建省首例以林业碳汇为质押物、全国首例以远期碳汇产品为标的物的约定回购融资项目。2022 年 9 月，中国工商银行汕头分行以南澳县某海洋养殖户所养殖的约 80 亩牡蛎碳汇量参考市场价格预计可实现的碳汇收益权作为质押，发放了海洋碳汇预期收益权质押贷款 50 万元，落地广东省内首笔海洋碳汇预期收益权质押贷款。

值得一提的是，福建三明市于 2021 年 3 月出台《三明市林业碳票管理办法（试行）》，创新探索了具有功能性的"碳票"，即林地林木的碳减排量收益权的凭证，相当于树林的固碳释氧功能可以作为资产进行交易的"身份证"，与林业碳汇的底层机制相同。三明碳票的创新之一是其具备质押、流转功能，购置碳票的企业可以将碳票抵押贷款，进一步盘活碳资产；创新之二是拓宽了碳汇的适用性，根据现有的林业碳汇项目方法学，生态公益林、天然林、重点区位商品林等都不能开发林业碳汇项目，但在三明，只要是权属清晰的林地、林木都可以申请碳票。因此，三明碳票通过赋予林业碳汇一定的金融功能，进一步增强林业碳汇市场的活力。

2022 年 6 月 15 日起施行的《最高人民法院关于审理森林资源民事纠纷案件适用法律若干问题的解释》第 16 条规定："以森林生态效益补偿收益、林业碳汇等提供担保，债务人不履行到期债务或者发生当事人约定的实现担保物权的情形，担保物权人请求就担保财产优先受偿的，人民法院依法予以支持。"2022 年 7 月 14 日，最高人民法院发布的《关于为加快建设全国统一大市场提供司法服务和保障的意见》中提出：研究发布司法助力实现碳达峰碳中和目标的司法政策，妥善审理涉碳排放配额、核证自愿减排量交易、碳交易产品担保以及企业环境信息公开、涉碳绿色信贷、绿色金融等纠纷案件，助力完善碳排放权交易机制。研究适用碳汇认购、技改抵扣等替代性赔偿方式，引导企业对生产设备和生产技术进行绿色升级。这些无疑将为以碳汇等为标的的绿色新兴金融产品的创新和发展提供有力的司法保障。

2）国内金融支持碳汇发展的主要措施

（1）设立碳基金，降低碳汇交易成本

碳基金主要有政府基金和民间基金两种形式，政府基金主要依靠政府投资，如清洁发展机制（CDM）基金；民间基金则以社会捐赠形式筹集资金，如中国绿色碳基金是设在中国绿化基金下的专项基金，属于全国性公募基金，自2005年2月成立以来，主要开展以积累碳汇为主要目的的植树造林、碳汇计量与监测、生物多样性保护等科学知识解读系列活动。这两只基金的成立与运营，重点支持碳汇项目发展，降低碳汇成本，使得碳汇交易程序更加明晰。

（2）深入推进绿色金融，增强碳汇能力

根据中国人民银行等七部委共同印发的《关于构建绿色金融体系的指导意见》，绿色金融是依托绿色信贷、绿色债券、绿色基金等金融工具支持经济向绿色低碳转型。按照《绿色产业指导目录》，节能环保、清洁生产、清洁能源、生态环境、基础设施绿色升级以及绿色服务等六大类产业项目内容被纳入绿色信贷范畴，六类产业项目中大部分与增加碳汇能力存在直接或间接的关系。如生态环境产业中，进行动植物种质资源保护、森林资源培育、天然生态林资源保护、矿山生态环境修复等贷款均识别为绿色贷款，有效扩大植被覆盖面积，保护生物多样性，提升碳汇能力。

（3）创新碳汇金融产品的类型与形式

2016年，大兴安岭图强林业局与大兴安岭农商银行签署林业碳汇质押授信贷款协议，并创新开发碳汇金融产品。此后，多地政府通过财政引导，推动构建金融试验区，联合金融管理部门鼓励与引导金融机构创新碳汇金融产品，如林业碳汇指数保险、林业碳汇开发贷款、林业碳汇交易权质押贷款等碳汇金融产品不断创新。

3）国内金融支持碳汇发展的具体形式

目前，我国金融支持碳汇发展以林业、草地、湿地、竹林等碳汇未来收益进行质押贷款的形式为主，碳汇保险机制逐渐进入碳汇交易市场。碳汇贷款多以质押方式呈现，主要用于培育林业、湿地、海洋等形式的生态碳汇。自全国碳排放交易市场上线交易以来，以碳排放权配额作为质押的碳汇贷款在各地区实现破冰落地，如兴业银行青岛分行发放的碳配额质押贷款，用于生产经营等。碳汇发展将成为减碳的重要途径，保险业开始在碳保险领域进行积极探索（罗爱明，2021），为碳汇交易保驾护航，如2022年1月，中国太平洋财产保险公司开辟的草原碳汇绿色生态风险业务，是草原碳汇交易保险的创新范例。

8.3.2 国际金融支持碳汇发展经验借鉴

1）国外金融支持碳汇发展的主要措施

（1）创新碳汇金融衍生工具

国外金融支持碳汇发展的形式较为多元化，创新推出期货、期权、远期、掉期等金融衍生产品，为企业规避风险提供更好的金融服务。2005年，碳汇的期货、远期、期权、掉期交易兴起于欧盟碳市场，到2021年，欧洲的碳汇期货单价达到较高水平，超过50欧元/t，并且九成以上的交易量由期货支持。

（2）设置低成本的碳汇专项资金

碳汇专项资金为从事碳汇活动的部门降低融资成本，碳汇补助资金覆盖范围较广。例如，日本建立专门提供林业贷款的林业碳汇专用资金，该资金主要向从事林业管理等活动的部门提供优惠（低息或无息）贷款，且根据林业效益实现期限较长的特点，该资金贷款期限设置较长。

（3）加速发展碳金融业务

一方面，支持商业银行开展碳金融中间业务。其一是开展碳交易中间业务。以欧洲为例，通过建立碳交易柜台，提供风险管理等服务，尤以荷兰银行为代表，它为碳交易提供代理、融资担保等碳交易中间服务。其二是商业银行可开展与碳排放权交易挂钩的理财产品业务。另一方面，创新碳信用零售产品。国外金融机构为中小企业、家庭、个人提供的绿色金融产品涵盖范围较广，如美国环保局、交通运输部与美洲银行合作，可以向小型运输企业提供无担保、还款期限灵活的贷款，减少汽车尾气排放，为节能减排的客户提供优惠、便利、有竞争力的条款。

2）国外支持碳汇发展的经验启示

从国外支持碳汇发展的主要业务类型来看，国外支持碳汇发展主要呈现出碳交易市场建设相对完善、碳汇产品多样、创新速度快、优惠力度大、专业化程度高的特点，从而给我国支持碳汇发展带来一定的启发。一是完善碳交易市场建设。在碳市场建设过程中，明确中国碳汇市场发展的路线和时间，并提倡地区先行先试，逐步扩大碳市场规模，尽快重启CCER项目备案。二是创新金融产品。目前，我国金融支持碳汇项目产品不断创新。国外经验表明，碳汇期货可以改善市场信息不对称的问题，引导林业碳汇现货价格，从而有效规避交易风险。因此，我国应积极引导金融机构扩大碳汇金融衍生工具规模，为碳汇项目开设套期保值业务，如碳排放权期权、期货及掉期等。三是拓宽碳汇项目融资渠道。从目前来看，我国碳汇金融配套措施尚不完善，借鉴国外财政、金融、税收等融资方式给碳汇交易提供较大便利的经验，我国应提升财政、金融、税收政策融合的协调性，统筹制定阶段性碳汇市场培育目标，灵活运用激励政策和补贴机制，将市场途径和非市场手段相结合、项目活动与属地行动资金相嵌套，协同推进碳汇交易发展。

思政专栏

国家支持小额碳汇发展是应对气候变化、促进绿色低碳经济转型的重要策略之一，政府的支持和引导则能够为这些项目的发展提供有力保障。为了推动可持续发展并积极应对全球气候变化，我国政府高度重视碳汇项目的发展，特别是小额碳汇项目。《2030年前碳达峰行动方案》虽未直接提及但是通过各项行动的推动，为小额碳汇项目的发展创造了有利条件，方案倡导全民参与绿色低碳生活方式，其中就包括支持社区和个人参与小额碳汇项目，如城市绿化、家庭花园等，这些活动虽然规模较小，但积少成多，对于提升碳汇能力具有积极意义，鼓励全社会参与碳汇建设，共同为实现碳中和目标努力。

通过倡导全民参与绿色低碳生活方式，政府能够激励更多人积极参与碳汇建设，从而推动碳减排工作向更广泛的社会层面延伸，形成良好的社会氛围和合力。小额碳汇项目的发展不仅可以促进气候变化应对和绿色经济转型，还有助于推动社会公众对环保和碳减排的意识提升，培养人们积极参与碳汇建设的习惯和责任感。通过支持和鼓励个人、社区参与小额碳汇项目，可以让更多的人亲身体验到碳减排的成果和环保的意义，从而在更加广泛的范围内形成环保意识，采取环保行动，推动整个社会向着绿色低碳方向迈进。

课后思考

1）简答题

（1）国内支持碳汇发展主要措施有哪些？可以根据某一点，结合实例谈一下你的想法。

（2）国外支持碳汇发展的经验启示有哪些？我们国家可以从中得到什么经验？

（3）学完这一章，你觉得我国CCER市场会重新启动吗？结合我国碳汇项目开发及市场交易的情况，谈谈你的看法。

2）名词解释

CCER　蓝碳

第9章 《巴黎协定》下的碳汇规则及前景展望

9.1 《巴黎协定》构建可持续发展机制

气候变化是人类面临的共同挑战，正威胁着全人类的前途命运和永续发展。尽管大气中的温室气体累积排放量和温升之间存在着近似线性的关系，但温升和气候风险之间并非线性关系，一旦气候变化的幅度超过特定阈值（又称气候翻转点，climate tipping point），人类社会将面临巨大的不可逆风险。2009年，为了避免范围更广、破坏性更强的气候灾难，2009年在哥本哈根召开的《联合国气候变化框架公约》第15次缔约方会议暨《京都议定书》第5次缔约方会议（COP15）上，主要发达国家和发展中国家就全球2℃温升控制目标达成了全球性的政治共识。2015年，在巴黎举行的《联合国气候变化框架公约》第21次缔约方会议（COP21）上，各缔约方达成《巴黎协定》，使全球2℃温升控制目标具有了法律效力，并进一步提出了更具雄心的1.5℃的温升控制目标，并于2016年11月4日正式实施。这份由全世界178个缔约方共同签署的协定为全球气候治理提供了新的框架。该协定第6条被视为实现《联合国气候变化框架公约》目标的重大进步，其中第2款和第4款继承并发展了《京都议定书》的国际碳交易机制——清洁发展机制（CDM），奠定了各国在《巴黎协定》下基于碳交易促进全球减排合作的基本政策框架，并为碳交易的全球协同提供了新的制度安排。与《京都议定书》不同，《巴黎协定》制度采纳"自下而上"的自我限制模式，要求各国（包括发达国家和发展中国家）根据各自能力确认并提出国家自主贡献（nationally determined contributions，NDC）。《巴黎协定》第6条第2款规定，各国实际排放量低于NDC的部分，构成国际转让减缓成果（internationally transferred mitigation outcome，ITMO），可以在国家间进行交易，帮助其他国家履行NDC承诺。可以说，这是一个以ITMO为标的、以国家为主体的交易机制。同时，《巴黎协定》第6条第4款还约定了第二种以碳信用为标的、由非国家主体参与的交易机制——可持续发展机制（sustainable development mechanism，SDM）。

9.1.1　可持续发展机制的具体细则

可持续发展机制在基准线、核查、注册与签发等要素上与CDM框架基本一致，是对《京都议定书》CDM的继承与发展，实现了对JI（联合履行机制）和CDM的整合，有助于推动建立以碳信用作为交易对象的全球碳市场。一个关键的不同之处在于，《京都议定书》没有为CDM卖方所在的发展中国家设定减排目标，而在《巴黎协定》下，SDM买卖双方都将受到所在国家减排总体目标的约束。2021年11月，COP26基本敲定了《巴黎协定》第6条旨在保障碳信用产生额外性效益和避免重复计算减排结果的实施细则。接下来的几次气候变化大会负责继续讨论剩余细节，预计2030年前完成机制搭建。新的国际碳交易机制和规则主要包括以下几个方面的内容。

1）避免减排量的重复计算

建立全球碳市场的目的是以较低成本实现全球的整体减排，如果减排量被两个国家重复计算，重复计算的减排量就会削弱本已不足的国家自主贡献目标，从而导致全球整体减排力度下降，影响《巴黎协定》温控目标的达成。有研究表明，当前全球6.5%～29.5%的碳排放量有较高的被重复计算的风险。实践中避免重复计算的程度取决于核算规则的细致程度和执行力度。为了实现全球总体减排目标，《巴黎协定》第6条实施细则规定，东道国缔约方国家自主贡献范围以外的减排量在进入国际碳市场进行交易时应该进行相应的调整（corresponding adjustment，CA），这意味着当一个国家向另一个国家出售减排量时，出售方必须相应地调低自己的减排数据。换言之，它必须提高其国家自主贡献目标，以反映其将部分减排量出售给另一个国家的事实。在COP26上，各缔约方一致同意对基于第6条第2款和第4款产生的减排量均进行相应调整，从而确保相应调整的透明度、准确性、完整性、可比性和一致性。

2）强制注销减排信用

在可持续发展机制中，自愿合作比以前的版本更加重要。为了实现全球总体减排，需要确保各国在国家自主贡献（NDCs）中体现出真正的减排努力。这意味着第6条第4款规定的部分减产信贷可能不被计入各国的国家自主贡献，以确保全球排放量的净减少。联合国的专门机构需要确保国际上的减排量是强制性的，并且有一个固定的比率取消，不允许重新分配或取消用于实现任何国家的国家自主贡献目标净减排量。这有助于确保全球减排的透明度和真实性。

因此，《巴黎协定》第6条能够保证在抵消减排责任的同时实现全球整体减排。在COP26上，各方同意减少全球温室气体总量第6条第4款中使用的可持续发展机制（SDM），在当前已确定冲销的比例是2%。

3）减排收益分成

《京都议定书》规定，将清洁发展机制项目产生的核证减排量收益的2%纳入气候变化适应基金（adaptation fund，AF），用于资助最不发达国家的气候减缓和适应项目。《巴黎协定》第6条延续了有关减排收益分成的机制设定，根据COP26的最新谈判结果，第6条第4款产生的A6.4ER（国际转让的减缓成果）收益中的5%将被征收并纳入气候适应基金，但该收益分成规则不适用于依据第6条第2款产生的国际减排成果转让。发展中国家希望收益分成规则能够同时适用于国际减排成果转让，以获得更多的气候资金援助，但以美国为代表的发达国家对此明确拒绝。为了弥合各方分歧，《格拉斯哥气候公约》采用了折中的表述：积极倡导使用合作方法的缔约方和利益相关者向气候变化适应基金捐款。

4）确保额外性和设定基准线

可持续发展机制版本的自愿合作机制较之前版本更加注重减排活动的额外性。减排活动的额外性是指如果没有自愿合作机制，该活动所产生的减排量将不会发生，因此是自愿合作机制带来额外的减排量。保证减排活动的额外性能够防止虚构碳信用额等情况发生，从而确保环境完整性（environmental integrity）和资金的有效分配。不满足额外性的减排活动产生的碳信用如果被交易或被纳入国家自主贡献目标，会导致全球总排放量的增加。为了评估一项活动的额外性，第6条实施细则指出要设定相关的基准线和活动情景，以评估第6条第2款下产生的国际减排成果转让或第6条第4款下产生的A6.4ER是否符合额外性要求。对于可持续发展机制所使用的基准线必须得到监管机构的批准。设定减排活动的基准线是目前主要的保障额外性的默认方法，但如果经济或技术上不可行，也可以选择其他较为灵活的方法，以适应各国的不同减排能力和情景。

5）核证减排量的结转

《巴黎协定》第6条细则谈判过程中的重要焦点问题是，缔约方是否可以交易《京都议定书》下未被使用的核证减排量，用于抵消《巴黎协定》下的国家自主贡献目标。目前，《京都议定书》中有多达40亿个核证减排量未被使用，如果全部使用会额外增加4亿吨的排放量，全球将进一步偏离实现《巴黎协定》温控目标的轨道。发达国家、非洲集团、小岛屿国家联盟、拉丁美洲和加勒比地区独立联盟等均不支持核证减排量的结转，但巴西和印度等部分发展中国家支持核证减排量结转。《格拉斯哥气候公约》规定，在2013年1月1日当天及之后注册的清洁发展机制项目活动产生的核证减排量被认定为2020年前的减排量，可用于履行第一个国家自主贡献目标，仍在进行的清洁发展机制项目在满足特定条件，并通过监督机构认定后可以结转到第6条第4款下的可持续发展机制。

无论是可持续发展机制还是早年的清洁发展机制，碳市场机制作为应对气候变化的重要政策措施，在全球范围内迅猛发展，数量不断增加，覆盖范围加速扩大。国际碳行动伙伴组织（International Carbon Action Partnership，ICAP）《2022年度全球碳市场进展报告》显示，截至2021年12月底，全球已实施的碳市场共25个，遍及美洲、欧洲、亚洲和大洋洲，覆盖全球17%的CO_2排放量、近1/3的人口和55%的GDP，另有22个碳市场正在建设或计划建设中。目前，欧盟、美国、韩国和新西兰的碳市场经过多年的发展，已形成较为成熟的碳排放权交易体系。其中，欧盟碳市场（EU-ETS）是世界上最早（2005年）建成的，并对企业具有法律约束力。该市场是由政府主导的"自上而下"交易体系，执行 CDM 和 JI 项目标准，实施由政府主导的"自上而下"交易体系，采用总量限制和强制减排的分配方式，具有交易目的和交易品种多样化的特点，目前已进入第四阶段。截至2021年年底，欧盟碳交易体系共包括27个成员国和冰岛、列支敦士登、挪威，覆盖约39%的欧盟经济区碳排放，涵盖电力、制造业和航空业。美国碳市场是由企业家和地方政府推动建立起来的，目前已建成了区域温室气体减排行动项目、加州碳交易市场和魁北克碳交易市场等多个区域性碳交易市场。韩国碳排放交易体系（K-ETS）于2015年1月建立，是东亚首个全国性的强制性碳排放交易体系，也是当时仅次于欧盟的全球第二大碳排放权交易市场，目前纳入了该国684个大型企业排放源，占全国温室气体排放量的约73.5%。新西兰碳市场（NZ-ETS）开始于2008年，是大洋洲唯一的强制性碳排放权交易市场，是第一个也是唯一一个将林业部门纳入国家排放交易计划的国家；截至2021年年底，新西兰碳市场覆盖行业包括电力、工业、航空、交通、建筑、废弃物以及林业等所有经济部门。

9.1.2 可持续发展机制细则的特点

《巴黎协定》实施细则目前的篇幅将近百页，虽然各成体系，但也相互关联、交叉，共同形成了履行《巴黎协定》的法律规范、机制安排和时间路线图。从目前各方的评论和解读来看，对实施细则的关注点和角度各有不同，仅从条文分析，初步呈现出如下3个特点。

（1）实施细则严格恪守并充分体现了"自下而上"的《巴黎协定》模式。《巴黎协定》中各国自主决定行动、履约非侵入性和非惩罚性的特点在实施细则中也得到了充分尊重，为不同国情的缔约方提高力度提供了灵活性和包容性。细则中关于《巴黎协定》第15条的遵约机制功能的表述，强调"尊重国家主权，不是作为强制措施或争端解决机制，也不施加惩罚或制裁"，触发遵约机制的条件仅限于没有通报国家自主贡献、行动和支持的透明度，或发达国家没有按第9条第5款提交资金支持双年通报等少数几种情况，但并不涉及这些通报内容本身究竟是什么，且用了大量"酌情考虑"的表述。每5年一次通报的国家自主贡献仅明确应包括减缓部分，适应等其他内容都是自愿报送的，减排目标也不是自上而下按照2℃/1.5℃排放路径或全球碳预算分配的，而是各个国家根据国情自行决定的。2020—2025年的1 000亿美元的长期气候资金及此后更高的资金支持也并不要求仅限于公共资金，对发达国家认缴不做具体规定，其他国家自愿提供和报送。

（2）实施细则在为发展中国家保留一定灵活性的基础上统一了报告和审评的"度量衡"。在发达国家对此问题的高度关切下，实施细则提高了对目标、行动和支持的透明度要求，确立了国家自主贡献减缓部分的信息和核算导则、共同的透明度框架等机制，信息报告的范围、频率和质量标准都显著加强，对发展中国家气候变化统计报告工作提出了更高的要求。所有缔约方在2025年第二次及以后通报国家自主贡献减缓行动时，必须共同适用实施细则中的信息和核算导则，以提供详尽的定量化信息（2020年可选）；不晚于2024年起按照通用的透明度模式、程序和指南每两年通报一次信息，其中国家温室气体清单报告统一采用《2006年IPCC国家温室气体清单指南》及后续更高版本，且所有国家至少需报告2020年后每年的排放清单以及国家自主贡献的参考年份清单；所有国家报告的清单和国家自主贡献实施进展信息须接受技术专家评审；提交国家自主贡献、国家适应计划或透明度两年通报，应同步通报适应信息；自2020年起提交的资金支持两年通报中，报告发展中国家南南合作信息虽然不是强制要求，但相关情况必将受到国际社会的广泛关注。细则为发展中国家实施《巴黎协定》和通报信息提供了有限的灵活性，即在某些具体报告、审评和多边审议条款下，在为各国规定强制义务的同时，对发展中国家则提出"邀请"或"鼓励"以免除强制性，或放宽要求。这样的机制安排给发展中大国带来了无形的压力，且在使用灵活性时，细则还对发展中国家规定了最低限度，同时要求对相应的能力不足和未按通用指南通报作出澄清，评估并报告提高能力所需的时间和方案。

（3）实施细则明确了以5年为周期提高行动和支持力度的序贯决策机制。《巴黎协定》确立的周期性"雄心循环"在实施细则中得到了强化，自2020年开始，类似并同步于中国的"五年计划"，每5年作为一轮，期间会有最新行动和支持信息报告（一般每隔2年）、对实施总体进展的全球盘点（每次持续2～3年）、联合国秘书长特别活动（如领导人峰会）、新的国家自主贡献通报的滚动进程。周期性进程的目的是最终实现《巴黎协定》的宗旨和长期目标，包括《巴黎协定》第2条中所列的目标，即全球温升2℃/1.5℃以内、推动气候韧性和温室气体低排放发展及与之一致的资金流。其中，"资金流"作为泛化的概念被经合组织国家（OECD）引入后，逐渐有了主流化并替代传统的《联合国气候变化框架公约》下"发达国家向发展中国家提供资金支持"的倾向。大部分评估研究表明，按预期的国家自主贡献估算的2030年全球排放水平，与2℃排放路径还有约150亿吨CO_2的差距（与1.5℃排放路径有约为320亿吨CO_2的差距），同时现实的筹资力度与每年1 000亿美元及更高的长期资金目标也存在着较大差距，未来《巴黎协定》实施最大的挑战就在于如何通过各国自主贡献以及国际合作来提高行动和支持的力度，尽管发展中国家在实施细则中没有被强制要求，但"转向全经济范围减排或限排""鼓励自愿提供资金支持"等表述也在敦促发展中国家特别是大国加大减排和出资。

9.1.3　促进可持续发展机制国际协同的建议

目前，生态碳汇参与碳市场的运行规则为碳信用抵消机制，清洁发展机制中造林和再造林项目、农业项目都涉及碳汇项目。据世界银行统计，截至2021年4月底，全球共有26个正在运行的主要碳抵消机制。国际主要的碳信用抵消机制按管理层级可分为三类：①以国际气候公约为基础建立的国际碳抵消机制；②区域、国家或地方层级的碳抵消机制；③在履约碳市场以外建立的独立碳抵消机制。所以可持续发展机制的确定，也给碳汇规则带来了新的指导方向。

在联合国框架下的碳交易机制的国际协同与合作，不管是《京都议定书》下的 IET、JI 和 CDM，还是《巴黎协定》框架下的 ITMO 和 SDM，抑或是 COP26 通过的《巴黎协定》第 6 条实施细则，都是国际社会为实现气候温控目标而作出的重要努力。其中，CDM 的设计及其与各国强制性碳市场的连接，为 SDM 框架的建立与发展打下了重要基础，成为全球碳市场建设的重要推动力。下一阶段，如何进一步推动碳交易机制的国际协同合作，建议重点考虑以下几个问题：一是加强 SDM 与各国强制性碳市场的连接。CDM 发展初期，欧盟等地碳市场对 CER 的接纳程度较强，随着 CDM 逐步退出，目前只有韩国碳市场还在接受 CER 用于监管企业履约。未来 SDM 项目替代 CDM 项目成为碳减排额度的重要交易机制后，需与更多国家强制性碳市场建立协同和连接，允许企业以更灵活的方式（如限定和不断下调占比）用 SDM 框架下产生的减排量在本国强制性碳市场履约。此举不仅能激励 SDM 项目的开发，而且有助于建立起全球碳市场的连接机制，促进全球碳价趋同。二是研究 SDM 与其他全球性或地区性自愿碳信用机制和标准的协同。目前，芝加哥交易所、国际航空碳抵消和减排机制明确认可 CDM 项下的减排量。下一步，国际社会应推动欧洲能源交易所、新加坡气候影响力交易所等全球性交易机构逐步接受 CDM 和 SDM 框架下的减排量作为交易标的。与此同时，国际上包括中国 CCER 在内的其他自愿碳信用机制也呈加快发展之势。在 COP27 上，若干非洲国家共同提出"非洲碳市场倡议"，提出要建立非洲自愿碳信用计划，力争到 2050 年累计通过 15 亿碳信用获得 1 200 亿美元融资，带动 1.1 亿人就业。美国还提出了名为"能源转型加速器"的自愿碳信用计划，倡议非化石能源企业从发展中国家购买碳减排的信用额度。在此背景下，全球需要通过相关国际组织来对 SDM 和其他碳信用的标准、核查进行比对和协调，提高碳信用的可信度，促进自愿碳市场的统一，更好地防止通过低水平碳信用来"洗绿"碳排放。三是要重视碳关税对 SDM 的影响。近年来，欧盟等拟推出的碳边境调节机制（CBAM）加大了发展中国家对发达国家提高关税壁垒的担忧。如果那些出售了 SDM 项目的发展中国家出口企业仍要承受发达国家征收的碳关税，其从减排项目中获得的收益将大打折扣。因此，有关国家和地区在制定碳边境调节机制时，需要考虑其对 SDM 成果带来的负面影响，以及是否有悖于 UNFCCC 明确的"共同但有区别的责任原则"。

在全球气候治理中，碳交易机制能够在互惠互利的基础上，通过资金、技术、设备、资源等多种合作形式，将各缔约方的减排努力连接起来，在全球范围内以更低的成本实现更多的温室气体减排。同时，碳交易机制可以使缔约方更好地协同应对气候变化和实现可持续发展，对于边际减排成本相对较低的发展中国家更是如此。因此，在全球减排缺口不断扩大的背景下，研究全球气候治理背后的碳交易机制及其规则设计，对于调动各缔约方的减排积极性、加大全球整体减排力度、实现《巴黎协定》确定的温控目标、促进发展中国家的可持续发展至关重要。

9.2 后《巴黎协定》时代碳汇案例解读

9.2.1 日本蓝碳项目案例概述

在加入《巴黎协定》的国家中，约有20%的国家承诺在其国家自主贡献中使用浅海生态系统（shallow coastal ecosystems，SCEs）作为减缓气候变化的选择。这里提到的浅海生态系统，如红树林、盐沼、海草草甸和大型藻床，是此概念很好的例子，考虑到它们作为全球碳循环的一部分和作为海平面上升的自然防御作用。蓝色基础设施和基于自然的解决方案（nature-based solutions，NbS）项目带来可持续的创收机会。此外，它们可以通过在保护沿海生态系统和生物多样性以及最佳蓝色基础设施方面的综合投资（也称为"蓝色金融"）来帮助当地社区实现蓝色经济。加入《巴黎协定》的国家，其中约40%的国家还承诺使用SCEs来适应气候变化，作为养护、保护和再造林举措的一部分，以及通过沿海区综合管理和渔业管理等规划工作来适应气候变化。澳大利亚和美国也开始将蓝碳纳入其量化减排目标，并根据 IPCC《2006 年 IPCC 国家温室气体清单指南 2013 年增补：湿地》计算蓝碳。2019 年在西班牙举行的《联合国气候变化框架公约》第 25 次缔约方大会（COP25）将蓝碳定位为"蓝色 COP"。值得注意的是，第 25 次缔约方会议通过的文件首次提到了海洋作为全球气候系统一部分的重要性。与这些国际努力相结合，当地社区已经开始认识到蓝碳的重要性，并正在努力向社会推广。私营公司、区域行政组织、管理人员和工程师对未来的社会经济发展表现出了强烈的兴趣，将蓝碳生态系统的保护或恢复作为新的商业机会。在此背景下，日本在 2019 年内阁批准的"以《巴黎协定》为基础的增长战略的长期战略"中明确表示，将发挥蓝碳作为二氧化碳碳汇的潜力。其他国家也制定了与蓝碳相关的政策框架并进行了案例研究。

碳交易市场有自愿和合规市场。自愿市场已经发展起来，主要由私营企业（Tierra 资源有限责任公司和气候信托基金）为减少温室气体排放采取的行动提供信贷。合规市场处理法规强制实施的减排，是由受监管的温室气体排放国对配额和抵消的需求驱动的。在合规市场上购买碳信用额以补偿其排放的私营公司往往倾向于寻求低成本的抵消，而不管信用额的来源。在这种情况下，蓝碳将不得不与来自各种减排措施的其他低价补偿竞争，从而难以获得保护所需的资金。相比之下，在自愿市场，私人抵消买家购买蓝碳抵消信用以支持更广泛的战略优先事项，如企业社会责任和对联合国可持续发展目标（SDGs）的贡献。因此，积分的来源和背后的故事变得很重要，可能会影响购买价格。在此背景下，蓝碳作为碳汇项目的后起之秀，其产生的信用额主要在自愿市场进行交易。在这里，我们回顾了日本在海草草甸实施的三个蓝碳抵消信用项目，包括世界上第一个包含大型藻床和大型藻类养殖的项目。具体而言，蓝碳抵消信用项目包括（见表 9-1）：（1）横滨市项目，全球首创；（2）福冈市项目，这是日本第二个此类项目；（3）日本首个国家政府示范项目。在这里，我们展示了横滨蓝碳项目的抵消信用，介绍了计算方法，在实施这些项目时遇到的人员、货物、资金和机制方面的挑战，以及如何解决问题。最后，我们讨论了未来项目扩展的问题和方向。

表9-1 当前的蓝碳（BC）信贷计划

		横滨市BC信贷计划	福冈市BC信贷计划	J-蓝色信用
成立年份		2015	2019	2021
碳市场		自愿	自愿	自愿，但也具有合规针对性
开发商和秘书处		横滨市	福冈市	日本政府批准的日本蓝色经济协会（JBE）
项目概算		5 600 000日元（2020年）	1 850 000日元（2020年）	990 000日元（2021年）
补贴		没有	没有	没有
验证和验证机构（VVB）		未建立	未建立	由独立于秘书处的成员（JBE）设立
审批者		横滨市	福冈市	日本蓝色经济协会
空间覆盖范围		横滨市内和一些合作地方政府	福冈市内	全国
纳入国家排放交易体系		还没有	还没有	目标到2023年
项目活动	蓝碳碳汇的创建、恢复、保护（采用气候专家委员会的方法）[1]	海草草甸（1级）	海草草甸（3级）	海草草甸（3级）
		大型藻床（不适用）	大型藻床（不适用）	大型藻床（不适用）
		大型藻类养殖（不适用）		
	CO_2减排	是的[2]	还没有	还没有
参与团体数目	信用创造者	10	1	1
	信贷买家	19	35	3
交易金额		120.3t CO_2（2020）	43.4 t CO_2（2021）	22.8 t CO_2（2021）
交易价格		固定：8 000日元/t CO_2[3]	固定：8 000日元/t CO_2	动态：大于13 158日元/t CO_2（由2021年的谈判交易决定）[4]

[1] 参见IPCC（2014）.

[2] 参见M. Nobutoki，S. Yoshihara等.

[3] https：//mainichi.jp/articles/20200201/ddl/k45/010/477000c.

[4] https：//www.blueeconomy.jp/archives/j-bluecredit-2020.

9.2.2 横滨蓝碳项目的抵消信用

（1）背景

在横滨市应对全球变暖行动计划中，横滨市制定了到2021年将温室气体排放量在2013年的基础上减少7%，到2030年减少30%的目标。横滨市是C40城市气候领导小组（C40；https：//www.c40.org）和地方政府可持续发展组织（ICLEI；https：//www.iclei.org）的成员，ICLEI是积极应对气候变化的国际城市网络。此外，它在2015年被选为碳中和城市联盟（CNCA；https：//carbonneutralcities.org）的唯一亚洲成员。横滨蓝碳项目始于2014年，旨在通过实施应对全球变暖对策，在环境（如通过水净化和生物多样性保护）、社会（如通过改善设施和横滨品牌）和经济（如通过增加资源和食品供应以及增加旅游业）之间创造各种协同效应。除了"蓝碳"，即利用SCEs作为二氧化碳碳汇，该项目还引入了"蓝色资源"的概念，即为有效利用丰富的海洋能源、食物和生物质资源来减少二氧化碳排放而量身定制的资源。此外，该项目还采用"友好海洋"的概念，以促进公民在海洋开发、环境教育和环境意识方面的合作。横滨蓝碳项目将蓝碳或蓝色资源吸收和减少的温室气体量作为蓝碳信用额进行认证，并通过交易这些信用额来促进碳抵消。自2014年项目启动以来，创建和使用的积分数量以及用户数量每年都在增加。虽然该计划的社会渗透率逐渐提高，但直到2018年，所有这些积分都来自蓝色资源。然而，在2019年，横滨市推出了蓝碳信用的认证和抵消，以振兴该项目。

（2）计算方法

蓝碳抵消额度计划基于IPCC指南，该指南概述了计算蓝碳生态系统（红树林、潮汐沼泽和海草草甸）的二氧化碳吸收能力的方法，以及Kuwae等人所描述的基于国内和国际数据汇编的方法。此外，根据IPCC指南，这些方法可用于估计日本各地大藻床和潮滩以及其他蓝碳生态系统的二氧化碳吸收能力。虽然该方案是横滨市独有的社会实践，但据我们所知，这是世界上第一个通过海草草甸、大型藻类床和大型藻类养殖的二氧化碳吸收能力发放信用的项目。IPCC指南和Kuwae等人都将

SCEs的二氧化碳吸收能力计算为目标生态系统的面积（称为"活动数据"）和单位面积吸收的二氧化碳量（去除系数）的乘积：

年二氧化碳吸收能力（t CO$_2$/年）=活度数据（hm^2）×去除系数（t CO$_2$/hm^2/年） (9-1)

IPCC指南中的默认值（Tier 1）（1.58 t CO$_2$/hm^2/年）被用作鳗草床（zostera marina）的去除系数，去除系数由Kuwae等人估算。

大型藻床采用（Sargassum，2.7t CO$_2$/hm^2/年；Wakame和Undaria、Ecklonia和Eisenia（Undaria，Ecklonia，and Eisenia），4.2t CO$_2$/hm^2/年）大型藻类养殖场的CO$_2$二氧化碳吸收能力计算为大型藻类的净初级产量与残留率（在海洋碳库中长期储存而不恢复为CO$_2$的净初级产量的百分比）的乘积：

年二氧化碳吸收能力（t CO$_2$/年）=净初级产量（t CO$_2$/年）×残留率（7.7%） (9-2)

（3）实施

公式（9-1）用于计算横滨市维护和管理的横滨海洋公园鳗草床在2019年的碳汇容量。鳗草的分布区域是在2019年7月鳗草开花季节期间进行全球定位（GPS）记录仪调查，并使用公园管理人员提供的位置信息来确定的。记录的面积为7.8 hm^2，这时估计的鳗草床的二氧化碳吸收能力为12.3t CO$_2$/年，认证信用额度为12.3t CO$_2$，基于基线情景为零（如果在管理前没有鳗草床，这种情况应具有100%的附加性）。采用公式（9-2）计算2019年横滨市水产合作协会金泽分会养殖的裙带菜（裙带菜）（22.8t 湿重）的碳汇容量。基于基线情景为零（水产养殖应具有100%的附加性），估算的二氧化碳吸收能力0.2t CO$_2$/年，认证的信用额度也为0.2t CO$_2$/年。该计划最初针对横滨市区的蓝色碳和蓝色资源。然而，横滨对蓝色碳倡议意识的提高使该计划扩展到其他城市，这些城市正在与横滨市合作开发蓝色碳抵消。蓝色资源的信用申请人数和认证信用总额逐年增加。2017年，横滨市开发了一种计算二氧化碳排放量减少的方法，首先用LNG-fueled的拖船取代以重油为燃料的拖船，然后在2018年用混合动力拖船取代以重油为燃料的拖船。在项目开始时，积分主要用于抵消短期活动产生的二氧化碳排放。然而，到项目的第三年（2016年），信用额度被用于抵消正在进行的企业活动产生的二氧化碳排放。

9.2.3 碳汇项目成功实施的关键

总体而言，日本公众支持蓝碳项目。这种支持的一个可能原因是各种相关实体（地方政府、公司、渔民、非营利组织等）参与保护和恢复项目，以产生碳抵消信用额；因此，碳信用额度的买家可能对整个项目更有同情心，而不仅仅是碳信用额度本身。在同一海洋区域，有许多利益攸关方，如保护活动的管理者、使用者和执行者。例如，海洋休闲和保护活动的参与者之间可能会产生冲突，但市政当局和其他团体参与调解，如博多湾 NEXT 会议，可能是这些蓝碳项目成功的一个因素。然而，要成功完成一个项目，有必要在适当的系统或机制下管理和投入人力、物力和财力。因此，我们为每个项目提取并比较这些元素。

（1）机制

2011 年 3 月，横滨市根据横滨市生活环境保护等相关条例制订了《横滨市应对全球变暖行动计划》。作为该计划中的全球变暖对策项目的一部分，横滨市一直致力于通过横滨蓝碳项目使用自己的认证信用。尽管关于蓝碳的科学知识很少，社会实施也很缓慢，但横滨市是世界上第一个建立了自己的体系（地方信用体系）的城市，并在海域推广了应对全球变暖的措施。与此同时，福冈市于 2008 年 1 月制订了博多湾环境保护计划，旨在保护水质，促进博多湾丰富自然环境的保护、再生和创造。2016 年，制订了第二个计划，目标是保护大量大型藻类和海草生长的栖息地，扩大其生长区域，并提供可供幼鱼生长的栖息地。日本国民政府建立了政府批准的私营企业 CIP 制度和相关法律，以促进产业界、政府、学术界和私营部门之间的合作，在跨行业合作的环境中促进研究和学习。

（2）人力资源

人力资源对于这些项目的成功至关重要。就横滨蓝碳项目而言，以下因素可以被视为成功因素。首先，横滨市作为模范城市，已经通过产业、政府、学术界和民间组织之间的合作，在沿海地区实施了各种应对全球变暖的措施。通过推广"横滨海洋城"政策，其公民在海洋中培养了认同感和公民自豪感。历任横滨市官员都对该项目充满热情。由于所有这些因素，横滨市能够领先于世界其他地区，尽管对蓝碳的科学知识不完整，并且普遍缺乏社会实践。重要的是，信用创建者和信用用户对环境的非常积极的态度与该项目的目的相符。以福冈市为例，包括私人公民、公民团体、渔民、企业、教育工作者和政府在内的各种实体共同努力，保护和创造海洋生态系统，为工业界、政府、学术界和私营部门实体之间的合作奠定了基础。此外，博多湾 NEXT 会议的成立是为了促进这些利益相关者之间的合作。

（3）物质资源

物质或物质资源也是这些项目的重要组成部分。就横滨市而言，鳗草恢复是在横滨海洋公园进行的。海洋公园是横滨市于 1988 年人工创建的沙滩；它归横滨市所有。鳗草恢复活动于 2001 年前后开始，持续的努力使鳗草床得以逐渐恢复。横滨八景岛海洋乐园内的海域可以用作大型藻类养殖示范试验田，这是该项目成功的另一个重要因素。

（4）财政资源

融资对任何项目都至关重要。就横滨市而言，该项目入选国际基金，并能够继续使用外国资金。随着时间的推移，从横滨市获得了额外的资金（例如，全球变暖对策促进基金）。此外，碳信贷的销售为项目实施者带来了收入。我们预计，如果项目规模（如项目面积、交易量和参与者人数）保持在当前水平，这个项目将来可以在没有额外资金（如补贴）的情况下持续下去。但是，如果规模扩大，则有必要考虑增加资金的方法。

9.2.4 未来蓝碳补偿计划的挑战

（1）量化和减少不确定性

科学技术知识的积累对于将蓝碳倡议与政策制定和实施联系起来仍然非常重要。在这里，我们提出了基于 Kuwae 和 Hori 的五个蓝碳研究领域，这些领域需要进一步量化与碳抵消信用计划相关的领域。

第一，关于各种SCEs的碳储存和流量的关键数据，仍然需要使用常规方法收集。特别需要更连续的长期、大规模原位观测数据以及通过遥感技术获得的监测数据，来测量目标生态系统分布区域的变化。

第二，需要为研究人员无法使用传统方法量化的碳储量和流动建立新的测量技术，特别是季节性波动和大型植物生物量的漂移量，以及SCEs中溶解性难降解有机物的形成。还需要使用新的测量技术阐明基本过程和机制。

第三，需要估计测得的碳储量和流量的时空变化，特别是为了应对气候变化和食物网结构改变等长期干扰，以及风暴事件等短期干扰。

第四，需要确定过度种植的潜在负面生态影响。这可能包括由于食物供应减少和沉积增加而导致的双壳类动物数量减少。

第五，需要评估恢复SCEs的功能反应所需的时间尺度。所用时间尺度的重要性是明确的：土壤有机碳库或恢复和管理地点的碳积累率可能需要5~20年才能达到自然地点对蓝碳生态系统（红树林，潮汐沼泽或海草草甸）影响的水平。这些时间尺度与沿海栖息地恢复所需的尺度相当。

（2）扩大碳抵消范围

蓝碳生态系统已被证明可以减缓气候变化。然而，在考虑如何减缓气候变化并提供其他共同利益时，我们不应将自己局限于这些生态系统。蓝色碳抵消计划的范围应扩大到包括在减缓气候变化方面也能发挥重要作用的其他生态系统。例如，潮汐泥滩可以被视为一种潮间带蓝碳生态系统（类似于潮汐沼泽和红树林）。虽然它们缺乏大型植被，但它们的微型底栖植物可以吸收大气中的二氧化碳，它们的土壤可以储存捕获的碳。此外，干旱地区的微生物系统和滨海萨布哈①也存在类似的海岸生态系统和碳储存机制。在潜在的蓝碳生态系统中，这里讨论的大藻床和大藻养殖区正在得到认可。虽然估计很少，而且极不确定，但SCEs中的大型藻类床可能是净二氧化碳吸收的最大贡献者。

---

① "萨布哈"是sabkha的音译，意思是盐沼。

9.3　《巴黎协定》对中国的潜在影响

基于对各方不同利益关切点的评述以及条文的分析，不难发现《巴黎协定》的实施细则尽管并不具备强的法律约束力，但其通过现有国际秩序下具有可实施性的一系列规则和机制，有可能在技术、市场、治理等层面对全球发展产生较为深远的影响。具体对中国而言，一方面，中国的经济和排放体量及发展阶段已经不允许我们片面强调"共同但有区别的责任"，我们要更积极建设性地成为引领者；另一方面，越来越多的"共同"但非"区别"的义务和责任对中国国内履约提出了更高的要求，特别是要在共同的透明度框架下建立更完善的统计和报告工作体系，这就需要更多地依赖公共财政资源而不仅是目前有限的多边资金支持来完成这些工作，也需要更多的人力投入和制度保障。

9.3.1　新时代全球气候治理趋势

与《巴黎协定》一样，实施细则的达成也"不是终点，仍是新的起点"。随着《巴黎协定》实施细则的达成，全球气候治理进入了以保持足够政治推动力和有效落实《巴黎协定》为主要特征的"后《巴黎协定》时代"。应对气候变化是一项长期的任务，并不是一蹴而就的，未来国际局势也仍会有跌宕起伏，有效落实《巴黎协定》尚存在众多不确定性和挑战。中国在这个进程中有自己的利益诉求和主张，希望能推动和引导建立公平合理、合作共赢的全球气候治理体系，彰显负责任大国的形象，推动构建人类命运共同体，这也需要几代人的奋斗和努力。从近十年来的多双边进程看，全球气候治理新时代的大趋势正在逐步显现。

一是应对气候变化议题将长期占据全球和大国关系的主要议事日程。因其道义性、全球性和长期性，气候变化已经成为自第二次世界大战以来国际社会最普遍关注的话题，并广泛吸引了从科学界到政治、经济、人文、法律等各界人士的参与，近年来有关应对气候变化国际合作的国家领导人联合声明、高级别活动的次数不断增加，气候议题成了国际贸易、区域安全等国际事务中相对最容易形成共识的领域，而且参与度是空前的，并且是最体现现代价值的。尽管多边主义和基于规则的国际秩序近年来频频遭遇挑战，但从更长的历史周期来看，人类社会致力于可持续发展的努力不会白费，增进人类福祉的事业不会被遏制，追求程度更高的文明的脚步不会停歇。

二是提高行动和支持力度将成为未来应对气候变化国际合作的主要命题。2019年9月，联合国秘书长安东尼奥·古特雷斯在联合国气候行动峰会上表示了他对"力度/雄心"的关注，并5次强调"力度"问题将是2019年他召集的联合国气候行动峰会上的中心工作和优先事项，包括减缓的力度、适应的力度、资金的力度、技术合作和能力建设的力度、技术创新的力度。力度是"自下而上"保障《巴黎协定》的宗旨和长期目标实现的关键。

三是考虑不同国情的共同制度框架将最终替代发达国家和发展中国家的区分。尽管从政治上，保留"南北之分"短期内对包括中国在内的发展中国家有利，但从应对气候变化这项"人类共同的事业"出发、立足于"构建人类命运共同体"的宽广格局，合作共赢的开放思维比"零和博弈"的对抗思维更重要。随着谈判和实践的推进，应对气候变化的"故事逻辑"正在从传统的"责任和义务分担"转向"机遇和效益分享"，用更积极、正面、可持续的发展转型替代增加约束、提高成本和制约发展的"历史还债"，用技术创新、市场创新、制度创新来推动高质低排放发展，用优良实践、强化合作来面对挑战和困难，肯定成绩、在"干中学"，并在承认各国国情差异的前提下"以我为主"、自主决定，与经济、社会、环境发展相协调。这样的变化客观上会给发展中国家带来更大的履约压力，但同时也为发展和改革带来契机。

9.3.2 中国碳汇未来面临的挑战

（1）全国碳市场交易机制有待完善。当前全国碳市场交易主体、交易品种和交易方式仍较为单一，在首个履约期，全国碳市场仅覆盖发电行业年排放量$2.6×10^4$t

CO_2 以上的 2 162 家企业，参与方仅包括分配了碳排放配额的企业，其他机构或个人不能参与。目前，我国碳市场只能进行碳排放配额的现货交易，尚未涉及期权或者期货交易。

（2）生态碳汇项目 MRV[①] 体系有待深化。全国碳市场 MRV 体系建设还处于相关制度设计的初步阶段，存在如相关法律法规体系不够健全、监测计量体系尚不完善、市场减排力量尚未激活，以及核查机构监管机制尚未健全等问题。已公布的备案 CCER 方法学有 198 个，其中 173 个由联合国清洁发展机制（CDM）方法学转化而来，但这些核算方法尚未被国际碳市场认可，且涉及碳汇核算的方法学只有 6 种并仅覆盖森林、竹林、草地和耕地等 4 种碳汇，存在科学性和适用性问题。

（3）生态碳汇交易保障机制有待增强。生态碳汇交易缺乏政策制度支持和引导，当前我国生态碳汇交易相关法律制度不健全，以中央相关部门规章、地方政府规章和地方性法规为主。例如，《碳排放权交易管理办法（试行）》等。对中央、地方、企业的权责界定不够明确，难以发挥主管部门的主导地位，实行有效引导和监管。我国生态碳汇基础性、应用性研究还不够深入，生态碳汇数据库和大数据管理平台建设存在不足，支撑生态碳汇交易的高水平人才队伍存在较大空缺。

9.4 生态碳汇发展的建议

目前我国绿碳和蓝碳处于不同的发展阶段，存在着不同的阶段性难题。林业碳汇发展面临着交易市场缺乏活力、开发时间长、交易成本高、政策与监督管理环境差等问题。海洋碳汇发展则面临着政策保障体系不够完善、海岸带蓝碳的监测缺乏系统完整的布局、蓝碳试点探索示范引领作用不够显著、产权及归属不清晰、利益与责任分工有待进一步明确、公众参与度不高等难题。因此，在生态文明建设背景

---

① measuring, reporting, verification，即测量、报告、核查——编辑注。

下，我国可从促进生态治理、完善体制机制、推动市场交易等多个维度推动生态碳汇能力的提升，助力碳达峰、碳中和目标的实现。

（1）积极开展生态修复治理工程，深入落实现有生态系统保护和修复重大工程总体规划。陆地生态系统方面，要推进森林资源保护、退耕还林、防护林体系建设等重点生态工程；海洋生态系统方面，要依托海岸带生态保护和修复重大工程，重点保护和修复红树林、海草床等生态系统，加快统筹推进海陆统筹治理，提升海陆全域生态碳汇能力。

（2）持续完善生态碳汇核查体系。碳汇生态价值的挖掘离不开碳汇核查体系的建设，我国有必要进一步完善碳汇核查体系，提升碳汇核查能力：一是积极开展碳汇专项调查，构建国家碳汇云端共享数据库；二是统一生态系统碳计量方法和手段，完善与国际接轨的国家碳汇计量与监测技术体系，建立国家碳计量标准；三是加快提升碳汇监测能力与技术开发，实现碳汇资源的大规模开发。

（3）稳步健全生态碳汇交易机制。碳汇交易机制的健全可进一步发挥生态碳汇的作用：一是要健全生态碳汇交易机制，合理制定碳汇交易价格，尽快出台国家温室气体自愿减排碳汇交易管理办法；二是逐步丰富各类碳汇产品交易机制，推动海洋、耕地、草地、湿地等多类型碳汇项目进入市场交易；三是加快碳汇交易与全国碳市场衔接，建立统一的全国碳汇交易市场，最终实现与国际碳市场互联互通。

（4）加快拓宽生态碳汇发展空间。针对我国当前企业减排动力不足的问题，需要激发碳汇交易市场的活力，刺激碳汇需求：一是可以根据碳汇交易量出台相关政策，对碳汇抵消比例进行灵活调整；二是可依据因地制宜、优势互补的原则，逐步打破碳汇的地域界限，构建跨区域的碳汇交易网络；三是可以对减排企业参与生态碳汇交易给予适当的财政补贴。

9.5　推进碳汇交易的建议

（1）完善碳市场交易制度，拓展交易主体和交易方式。引入更多包括企业、机构和个人等碳减排成本有差异的交易主体，特别是要分批次、分阶段将钢铁、石化等 7 类高排放行业纳入全国碳市场。创新交易品种，进一步挖掘碳市场的金融属性，逐步推出期货、远期、期权、掉期和信用抵消等碳金融衍生品，提高生态碳汇交易产品的流动性。活跃生态碳汇交易市场。同时，深化国际合作，积极探索与国际碳市场的互联互通。

（2）建立健全碳抵消机制，加强全国碳市场 MRV 体系建设。推进建立全国碳市场碳信用抵消机制，不断扩大可抵消项目种类、范围，逐步设置最高可抵消比例调节机制。修订 CCER 项目交易管理办法，扩大 CCER 行业覆盖范围，提升生态碳汇在碳市场中的参与度。加快 MRV 全国标准化建设进程，扩大行业技术规范覆盖面，制定操作细则，健全全流程监测手段，提升项目执行透明度。加强 MRV 体系运行监督评估机制建设，完善专业人才培养体系，提升从业人员专业素养，全面提高碳信用审定核查质量。

（3）推进生态碳汇交易顶层设计，完善生态碳汇交易保障机制。建立健全生态碳汇交易市场监管体制，逐步完善生态碳汇交易法律法规、管理办法和配套制度，厘清相关职能部门监管边界和主体责任，发挥政府主导作用。充分发挥自然资源部在生态碳汇管理中的统筹作用，在做好总体设计的前提下，抓好标准规范，加大监管力度。加强生态碳汇基础研究和应用技术开发，促进生态碳汇数据信息化能力建设，提升生态碳汇数据汇聚、共享和挖掘能力，加快专业人才培养。

9.6 结语

《巴黎协定》后，各缔约方国家在国际碳市场交易中，日益重视 ITMOs① 的认证、核算及报告规则，以此实现实体气候正义和程序气候正义的价值诉求。国际碳

---

① internationally transferrable mitigation outcomes，即国际可转移减碳成果——编辑注。

市场标准的不断完善，能够打破《巴黎协定》国家自主贡献机制与市场机制分而治之的困境，从对减排量认定的实体规则和程序规则、其作为气候诉讼司法裁判依据的效力证成以及重塑碳定价权分配格局三个方面完善自愿减排标准。自愿减排标准的制定和完善应当重点考量东道国的国家自主贡献与总量控制目标，以此来避免产生双重核算的风险。国际社会越来越重视《巴黎协定》市场机制与《京都议定书》市场机制建立的区别，并以市场标准促使碳市场机制不断转型，有效激励非国家行为体参与全球气候治理，构建国际碳市场的规则范式。中国目前正大力发展低碳经济，贯彻落实绿色可持续发展的生态文明理念。在借鉴其他国家自愿减排标准制定的经验后，形成了具有中国特色的自愿减排标准体系，积极参与到国际气候贸易市场中，坚持"共同但有区别责任原则"并履行减排义务，树立了大国担当的国家形象。

习近平主席在第七十五届联合国大会一般性辩论上发表重要讲话，指出"中国将提高国家自主贡献力度，采取更加有力的政策和措施，二氧化碳排放力争于2030年前达到峰值，努力争取2060年前实现碳中和"。中国制定了熊猫标准，促进碳中和项目的稳定运行，与缔约方国家就ITMOs的核证、报告和权利保障方面开展磋商谈判。

首先，从国内层面来看，中国要争取如期实现"双碳"目标，为推动和引领全球气候治理奠定更加坚实的内部基础。中国在全球生态系统中具有重要影响，中国构建良好的生态环境本身就是对全球生态环境保护的重大贡献，中国成功的低碳转型不仅会改变自身的产业和能源结构，而且能够推动全球产业和能源结构的清洁化。实现碳达峰和碳中和目标是中国参与和引领全球气候治理的庄严承诺，也是为推动全球气候治理作出的实质性贡献。为此，中国要积极将"双碳"目标贯穿生态文明建设的整体布局，贯彻绿色发展理念，完善生态文明领域统筹协调机制，促进经济社会发展全面绿色转型，建设人与自然和谐共生的现代化，争取如期实现"双碳"目标。由碳达峰到碳中和，中国规划了30年左右的时间，远远短于欧盟和美国目前的承诺时间，在如此短的时间内完成全球最高的碳排放强度降幅，必将面临空前的挑战，需要付出巨大努力。如果中国能够如期实现"双碳"目标，不仅会大大减少全球温室气体排放量，推动全球气候治理取得实质性进展，而且将为中国参与和引领全球气候治理奠定坚实的基础。中国在碳减排市场标准不断完善的过程中，应当逐步规范碳中和项目认证程序，实现市场标准的良性传导效应，被各缔约方国家广泛认可，提升中国在国际碳市场中的话语权。

其次，中国要继续坚持多边主义，维护并增强以《格拉斯哥气候公约》和《巴黎协定》为核心的全球气候治理制度的权威性和合法性，从《格拉斯哥气候公约》内外两条轨道积极推动全球气候治理不断向前发展。中国要坚定支持多边主义，贯彻和落实基于规则的治理理念，增强全球气候治理进程中的民主性和公正性。虽然联合国的具体实践仍然有诸多不完善的地方，但联合国仍是迄今为止最具有代表性的全球性组织，也是最能代表全人类利益、反映全人类诉求的机构。中国要从构建人类命运共同体的战略高度出发，充分利用各国在应对气候变化过程中形成的共命运关系，加大国家自主贡献力度，发挥带头引领作用，积极推进以《巴黎协定》和《格拉斯哥气候公约》为代表的联合国框架下全球气候治理制度及其细则的落实。

最后，也要充分利用金砖国家领导人会晤、亚太经合组织领导人非正式会议、二十国集团峰会等联合国框架外的多边国际会议，推动国际社会把气候问题置于这些国际组织政治议程的优先位置，制定更加积极的措施，促进《巴黎协定》和《格拉斯哥气候公约》的顺利实施，把人与自然和谐共生的良好生态体系建设打造成为越来越多国家的共同理念，让清洁美丽世界成为越来越多国家的共同目标。

COP26大会的召开及取得的重要成果标志着全球应对气候变化的努力又向前迈出了关键一步。虽然在一些关键问题上，COP26大会仍然没有达到国际社会的预期目标，但从全球气候治理的历史进程来看，这次大会取得的进展和成果应当得到充分肯定。当然，这些成果和进展不仅需要在未来一年中继续消化和完善，而且还需要后续的行动加以落实。行动重于一切，无论具有何种意义，承诺和理念只有在指导人类行动的实践中才能真正彰显价值。全球气候变化正在加剧，2021年8月发布的IPCC第6次评估报告《气候变化2021：自然科学基础》又一次为人类敲响了警钟，全世界必须立即采取更加有力的行动才能从根本上避免气候变化的灾难性影响。面对全球气候治理的严峻形势，中国要站在构建人类命运共同体的战略高度，充分利用《格拉斯哥气候公约》全面完成《巴黎协定》实施细则谈判的有利条件，积极推动全球气候治理真正进入行动和力度并重的新阶段。

9.6.1 福冈市抵消信用系统

"博多湾NEXT会议"始于2018年，旨在促进市民、渔业、企业、教育工作者和市政当局之间的合作，开展对福冈市博多湾丰富的环境进行经济和社会改善，并将其传递给后代。目前，会议正致力于博多湾环境的保护、恢复和利用，重点是创造鳗草床。作为这些活动的一部分，建立了蓝碳抵消信用计划，以及利用部分港口费用和公司捐赠作为环境保护和恢复活动的财政资源的资助计划。该抵消信用计划是日本继横滨市之后的第二个蓝碳抵消信用计划，而该资助计划是该国第一个。在福冈市的蓝色碳抵消信用计划中，博多湾鳗草和大型藻类床的创建、维护和管理所吸收的二氧化碳量被指定为福冈市拥有的蓝色碳信用。该信用被出售，出售所得将返还给博多湾NEXT会议，用于资助其环境保护活动，包括与鳗草床有关的活动。该资助计划利用港口运营收入（港口费用的2.5%）以及公司和个人的捐赠，用于博多湾保护和项目创建。此外，会议会额外收取2.5%的港口费用，并存入港口环境改善及自然保育基金，以供日后的项目使用。

博多湾目标鳗鱼床的二氧化碳吸收能力按照横滨市方案的描述进行计算。然而，福冈市方案使用模型（Tier 3）值（2.7t CO_2/公顷/年）作为鳗草床的去除系数。模型值也用于大型藻类床的去除系数（马尾藻，1.09t CO_2/hm^2/年；裙带菜、海带，0.45t CO_2/hm^2/年）。鳗草床和大藻床项目都被认为是补偿信贷的合格目标，因为前者是受管理的床，而后者正在加紧努力在新的海堤上建立。

在2019年5月进行的一项调查中，当博多湾海水浑浊度相对较低时，根据多架直升机（无人机）获得的航空图像生成合成图像，对覆盖类别进行视觉分类，并计算每个覆盖类别的面积，估算出鳗草床的总面积。利用潜水员目测方法，对海区鳗草床的分布区域和覆盖等级进行了修正。大型藻类床的区域调查是由潜水员目测进行的。海鳗草和巨藻床的估计面积分别为 15.6 hm² 和 2.9 hm²。由此估算的碳汇容量分别为 42.1t CO_2/年 和 1.3t CO_2/年，认证信用额分别为 42.1t CO_2 和 1.3t CO_2，基于基线情景为零（新创建的栖息地应具有 100% 的附加性）。2020年，福冈市的一般预算为 38 533 000 日元，其中包括 10 万日元的博多湾环境保护和创造项目。另外，从港口环境改善和自然保育基金储备金中拨出 3 625 000 日元（相当于港口费用的 2.5%）用于该项目。此外，该项目还预算了 3 625 000 日元的港口费用和 10 万日元的预期捐款。

思政专栏

《联合国气候变化框架公约》第 28 次缔约方大会成功完成了《巴黎协定》下首次全球盘点，总结评估了全球实施《巴黎协定》的进展，为未来全球气候治理进程引导了方向。中国代表团为全球盘点的成功作出了重要贡献。中国代表团始终坚持维护《联合国气候变化框架公约》及《巴黎协定》，特别是共同但有区别的责任原则和国家贡献的自主性，维护多边进程的全面、包容、平衡、雄心与务实。

中国主张肯定《巴黎协定》达成以来的积极成就。中国政府和学者看到《联合国气候变化框架公约》几乎所有缔约方都已经加入了《巴黎协定》，协定的所有缔约方都提出了国家自主贡献，涵盖全球经济 80% 以上的经济体都提出了碳中和愿景，这些都证明了《联合国气候变化框架公约》下多边机制的吸引力和有效性；中国自 2020 年以来在历次参与多边谈判、技术对话、双边磋商时，都阐述要实现《巴黎协定》设定的目标，就必须全面提高国家自主贡献目标力度、目标落实进展力度以及资金、技术、能力等实施手段力度的主张，并得到越来越多国家的支持；中国政府和科学家坚持尊重政府间气候变化专门委员会指出的模型计算结果不足的判断，最终推动各方就全球达峰目标不等于各国"一刀切"，各国达峰的时间应考虑公平和各国国情、可持续发展和减贫的需要再作决定等共识；中国团结立场相近的发展中国家，坚持先立后破，推动缔约方会议就逐渐削减而不是立即淘汰煤炭和化石能源，呼吁各国根据国情为全球能源转型作出贡献，而不是为各国设定淘汰化石能源的目标达成共识；中国团结发展中国家要求发达国家首先落实国际义务，最终在全球盘点中明确了拓展后的气候资金是对发达国家出资义务的补充的定位，同时对发展中国家的资金需求、发达国家履约不足等情况表达了关注。

课后思考

1）简答题

（1）可持续发展机制作为新的国际碳交易机制，是对《京都议定书》中CDM的继承与发展，实现了JI和CDM的整合，那么新的国际碳交易机制和规则主要包括哪些内容呢？

（2）《巴黎协定》实施细则目前的篇幅将近百页，虽然各成体系，但也相互关联、交叉，共同形成了履行《巴黎协定》的法律规范、机制安排和时间路线图，那么其中规定的可持续发展机制的实施细则具有哪些特点？

（3）在本章案例"横滨蓝碳项目的抵消信用"中，提到的碳汇项目成功实施的关键有哪些因素？你认为碳汇项目能成功，其中哪个因素是最重要的？或者谈一谈除案例中提到的因素之外，你觉得还有哪些因素也能起到关键作用？

2）名词解释

碳抵消　CDM机制

参考文献

[1] 薄燕. 安理会气候变化与安全辩论: 共识、分歧及其逻辑 [J]. 国际安全研究, 2023, 41 (2): 110-133; 159-160.

[2] 巢清尘, 李柔珂, 崔童, 等. 中国气候变化科学认识进展及未来展望——中国《第四次气候变化国家评估报告·第一部分》解读 [J]. 中国人口·资源与环境, 2023, 33 (1): 74-79.

[3] 郎昱, 欧阳鑫, 范振林. 自然多样性、碳汇潜力提升与生物多样性补偿制度 [J]. 江汉论坛, 2022 (11): 52-57.

[4] 巢清尘, 严中伟, 孙颖, 等. 中国气候变化的科学新认知 [J]. 中国人口·资源与环境, 2020, 30 (3): 1-9.

[5] 申丹娜, 申丹虹, 齐明利. 气候变化科学事实及其相关问题争论评述 [J]. 自然辩证法通讯, 2019, 41 (5): 110-115.

[6] 刘青尧. 从气候变化到气候安全: 国家的安全化行为研究 [J]. 国际安全研究, 2018, 36 (6): 130-151; 156.

[7] 巢清尘, 周波涛, 孙颖, 等. IPCC气候变化自然科学认知的发展 [J]. 气候变化研究进展, 2014, 10 (1): 7-13.

[8] 宋丽弘, 郭立光, 杨青龙. 研究草原碳汇经济的意义 [J]. 理论与现代化, 2014 (1): 60-65.

[9] 戴虎德, 张元平. 黄河源头气候变化对生态环境的影响 [J]. 干旱区资源与环境, 2012, 26 (8): 141-147.

[10] 吴军, 徐海根, 陈炼. 气候变化对物种影响研究综述 [J]. 生态与农村环境学报, 2011, 27 (4): 1-6.

[11] 王黎. 全球气候变化对国际安全的挑战与思考 [J]. 史学集刊, 2011 (3):

111-117.

[12] 白屯. 气候变化、生态风险与当代地学思维推新 [J]. 自然辩证法研究, 2010, 26 (12): 69-74.

[13] 张海滨. 气候变化与中国国家安全 [J]. 国际政治研究, 2009, 30 (4): 12-39; 194.

[14] 陈凯先, 汤江, 沈东婧, 等. 气候变化严重威胁人类健康 [J]. 科学对社会的影响, 2008 (1): 19-23.

[15] 张建云, 王国庆, 李岩, 等. 全球变暖及我国气候变化的事实 [J]. 中国水利, 2008 (2): 28-30; 34.

[16] 国家气候中心. 全球气候变化的最新科学事实和研究进展——IPCC第一工作组第四次评估报告初步解读 [J]. 环境保护, 2007 (11): 27-30.

[17] 陈碧辉. 温室气体源汇及其对气候影响的研究现状 [J]. 气象科学, 2006 (5): 586-590.

[18] 秦大河. 气候变化的事实、影响及我国的对策 [J]. 外交学院学报, 2004 (3): 14-22.

[19] 王雪臣, 徐影, 毛留喜. 气候变化的科学背景研究 [J]. 中国软科学, 2004 (1): 105-108.

[20] 文青. 气候变化与人类健康 [J]. 生态经济, 2003 (6): 44-47.

[21] 孔庆云. 温室气体的主要源和汇及其地球化学过程 [J]. 西北民族学院学报, 1998 (1): 107-108.

[22] 艾鑫, 马明国, 王雪梅, 等. 全球地球科学研究的可视化分析 [J]. 地球科学进展, 2020, 35 (12): 1270-1280.

[23] 白思俊, 王保强. 项目中评价初探 [J]. 管理工程学报, 2000 (2): 65-66.

[24] 蔡旭, 张凤华, 杨海昌. 新疆高产棉田生态系统NEE变化及其影响因素 [J]. 干旱区资源与环境, 2016, 30 (7): 59-64.

[25] 曾福生，王玥. 碳金融在高标准农田建设中的适用和规模预测 [J]. 湖湘论坛，2015，28（2）：52-55.

[26] 陈丽，郝晋珉，王峰，等. 基于碳循环的黄淮海平原耕地固碳功能研究 [J]. 资源科学，2016，38（6）：1039-1053.

[27] 陈林，罗莉娅. 低碳经济理论及其应用：一个前沿的综合性学科 [J]. 华东经济管理，2014，28（4）：148-153.

[28] 陈庆强，沈承德，易惟熙. 土壤碳循环研究进展. 地球科学进展 [J]. 1998，13（6）：555-563.

[29] 陈秋红. 湖南省碳源与碳汇变化的时序分析 [J]. 长江流域资源与环境，2012，21（6）：766-772.

[30] 陈先刚，张一平，潘昌平，等. 重庆市退耕还林工程林固碳潜力估算 [J]. 中南林业科技大学学报，2009，29（4）：7-15.

[31] 董慧，汪筠茹. 中国式现代化道路的生态意蕴及其经验启示 [J]. 湖北大学学报（哲学社会科学版），2022，49（3）：23-30；180.

[32] 付伟，罗明灿，陈建成. 碳足迹及其影响因素研究进展与展望 [J]. 林业经济，2021，43（8）：39-49.

[33] 高扬，何念鹏，汪亚峰. 生态系统固碳特征及其研究进展 [J]. 自然资源学报，2013，28（7）：1264-1274.

[34] 谷家川，查良松. 皖江城市带农作物碳储量动态变化研究. 长江流域资源与环境，2012，21（12）：1507-1513.

[35] 郭朝斌，王志辉，刘凯，等. 特殊地下空间应用与研究现状 [J]. 中国地质，2019，46（3）：482-492.

[36] 郭正堂. 《地球系统与演变》：未来地球科学的脉络 [J]. 科学通报，2019，64（9）：882-883.

[37] 国志兴，王宗明，张柏，等. 2000—2006年东北地区植被NPP的时空特征及影响因素分析 [J]. 资源科学，2008，30（8）：1226-1235.

[38] 郝小雨. 基于碳足迹的黑龙江垦区农业生态系统碳源/汇时空变化 [J]. 中国农业资源与区划, 2022, 43 (8): 64-73.

[39] 郝永萍, 陈育峰, 张兴有. 植被净初级生产力模型估算及其对气候变化的响应研究进展 [J]. 地球科学进展, 1998, 13 (6): 564-571.

[40] 何英. 森林固碳估算方法综述 [J]. 世界林业研究, 2005, 18 (1): 22-26.

[41] 贾斌. 我国工程施工项目质量管理评价研究 [D]. 长春: 吉林大学, 2012.

[42] 贾康, 孙洁. 公私伙伴关系（PPP）的概念、起源、特征与功能 [J]. 财政研究, 2009 (10): 2-10.

[43] 贾淑品. 科技创新赋能中国生态现代化的思考 [J]. 广西社会科学, 2022 (6): 41-47.

[44] 金书秦, MOL A P J, BLUEMLING B. 生态现代化理论: 回顾和展望 [J]. 理论学刊, 2011 (7): 59-62.

[45] 金书秦, 马如霞. 当前农业碳汇价值实现的主要途径和完善建议 [J]. 环境保护, 2023, 51 (3): 25-29.

[46] 康涛, 杨海真, 郭茹. 崇明县农业温室气体排放核算 [J]. 长江流域资源与环境, 2012, 21 (S2): 102-108.

[47] 李海防, 夏汉平, 熊燕梅, 等. 土壤温室气体产生与排放影响因素研究进展 [J]. 生态环境, 2007, 16 (6): 1781-1788.

[48] 李伟, 王成鹏, 徐从海. 建设项目碳排放环境影响评价分析及建议 [J]. 环境生态学, 2022, 4 (5): 99-103; 108.

[49] 李颖, 葛颜祥, 刘爱华, 等. 基于粮食作物碳汇功能的农业生态补偿机制研究 [J]. 农业经济问题, 2014, 35 (10): 33-40.

[50] 李友华. 关于发展中国碳汇经济的几个问题 [J]. 学术交流, 2008 (3): 87-91.

[51] 李玉强, 陈云, 曹雯婕, 等. 全球变化对资源环境及生态系统影响的生态学

理论基础［J］. 应用生态学报，2022，33（3）：603-612.

［52］李长青，苏美玲，杨新吉勒图. 内蒙古碳汇资源估算与碳汇产业发展潜力分析［J］. 干旱区资源与环境，2012，26（5）：162-168.

［53］梁龙，杜章留，吴文良，等. 北京现代都市低碳农业的前景与策略［J］. 中国人口·资源与环境，2011，21（2）：130-136.

［54］刘莉. 新时代共同富裕背景下生态正义的理论逻辑与实现路径［J］. 社会主义研究，2022（5）：25-32.

［55］刘文玲，王灿，GERT S，等. 中国的低碳转型与生态现代化［J］. 中国人口·资源与环境，2012，22（9）：15-19.

［56］陆学，陈兴鹏. 循环经济理论研究综述［J］. 中国人口·资源与环境，2014，24（S2）：204-208.

［57］罗芬，王怀採，钟永德. 旅游者交通碳足迹空间分布研究［J］. 中国人口·资源与环境，2014（2）：38-46.

［58］马冰，贾凌霄，于洋，等. 地球科学与碳中和：现状与发展方向［J］. 中国地质，2021，48（2）：347-358.

［59］师帅，李翠霞，李媚婷. 畜牧业"碳排放"到"碳足迹"核算方法的研究进展［J］. 中国人口·资源与环境，2017，27（6）：36-41.

［60］石洪华，王晓丽，郑伟，等. 海洋生态系统固碳能力估算方法研究进展［J］. 生态学报，2014，34（1）：12-22.

［61］宋博，穆月英. 碳汇功能的设施蔬菜生态补偿机制［J］. 西北农林科技大学学报（社会科学版），2016，16（2）：79-86.

［62］苏子龙，石吉金，周伟，等. 国外农田土壤碳汇市场交易实践及对我国的启示［J］. 环境保护，2022，50（5）：63-67.

［63］孙敬. 低碳经济时代企业绿色管理变革路径探析构建［J］. 科技创新导报，2019，16（23）：151-153.

［64］孙艳芝，沈镭. 关于我国四大足迹理论研究变化的文献计量分析［J］. 自然

资源学报，2016，31（9）：1463-1473.

[65] 汤洁，姜毅，李昭阳，等. 基于CASA模型的吉林西部植被净初级生产力及植被碳汇量估测 [J]. 干旱区资源与环境，2013，27（4）：1-7.

[66] 唐亚林，周昊. 走自己的路：中国式现代化的理论演进、路径选择与价值追求 [J]. 理论探讨，2022（5）：29-38.

[67] 田云，张俊飚，吴贤荣，等. 中国种植业碳汇盈余动态变化及地区差异分析——基于31个省（市、区）2000—2012年的面板数据 [J]. 自然资源学报，2015，30（11）：1885-1895.

[68] 田云，张俊飚. 中国农业生产净碳效应分异研究 [J]. 自然资源学报，2013，28（8）：1298-1309.

[69] 田志会，刘瑞涵. 北京市农田生态系统碳汇及释氧功能年际变化研究 [J]. 生态经济，2016，32（1）：68-71.

[70] 汪品先. 对地球系统科学的理解与误解——献给第三届地球系统科学大会 [J]. 地球科学进展，2014，29（11）：1277-1279.

[71] 汪品先. 迎接我国地球科学的转型 [J]. 地球科学进展，2016，31（7）：665-667.

[72] 王保忠，陈琳. 地球系统科学支撑生态产品价值的实现 [J]. 国土资源情报，2021（8）：44-49.

[73] 王春权，孟宪民，张晓光，等. 陆地生态系统碳收支/碳平衡研究进展 [J]. 资源开发与市场，2009，25（2）：165-171.

[74] 王丹利，陆铭. 农村公共品提供：社会与政府的互补机制 [J]. 经济研究，2020，55（9）：155-173.

[75] 王敬敏，施婷. 中国农村碳排放统计监测指标体系的构建 [J]. 统计与决策，2013（2）：34-37.

[76] 王义祥，翁伯琦，黄毅斌. 土地利用和覆被变化对土壤碳库和碳循环的影响 [J]. 亚热带农业研究，2005，1（3）：44-51.

[77] 王佐仁，肖建勇. 关于碳汇统计测度的研究［J］. 西安财经学院学报，2013，26（2）：48-51.

[78] 魏文栋，陈竹君，耿涌，等. 循环经济助推碳中和的路径和对策建议［J］. 中国科学院院刊，2021，36（9）：1030-1038.

[79] 翁翎燕，李伟霄，张梅，等. 江苏省农田生态系统净碳汇时空演变特征［J］. 长江流域资源与环境，2022，31（07）：1584-1594.

[80] 谢淑娟，匡耀求，等. 中国发展碳汇农业的主要路径与政策建议［J］. 中国人口·资源与环境，2010，20（12）：46-51.

[81] 徐丽，于贵瑞，何念鹏. 1980s—2010s中国陆地生态系统土壤碳储量的变化［J］. 地理学报，2018，73（11）：2150-2167.

[82] 薛彩霞，李园园，胡超，等. 中国保护性耕作净碳汇的时空格局［J］. 自然资源学报，2022，37（5）：1164-1182.

[83] 薛龙飞，罗小锋，李兆亮，等. 中国森林碳汇的空间溢出效应与影响因素——基于大陆31个省（市、区）森林资源清查数据的空间计量分析［J］. 自然资源学报，2017，32（10）：1744-1754.

[84] 杨果，陈瑶. 中国农业源碳汇估算及其与农业经济发展的耦合分析［J］. 中国人口·资源与环境，2016，26（12）：171-176.

[85] 杨庆媛. 土地利用变化与碳循环［J］. 中国土地科学，2010，24（10）：7-12.

[86] 杨洋，杨安，袁姝雨，等. 聚焦"碳循环"服务社会发展——"地球科学与碳循环"院士高端论坛召开［J］. 高科技与产业化，2021，27（8）：14-19.

[87] 杨元合，石岳，等. 中国及全球陆地生态系统碳源汇特征及其对碳中和的贡献［J］. 中国科学：生命科学，2022，52（4）：534-574.

[88] 叶文伟，王城城，赵从举，等. 近20年海南岛热带农田生态系统碳足迹时空格局演变［J］. 中国农业资源与区划，2021，42（10）：114-126.

[89] 尹钰莹, 郝晋珉, 牛灵安, 等. 河北省曲周县农田生态系统碳循环及碳效率研究 [J]. 资源科学, 2016, 38 (5): 918-928.

[90] 于法稳. 近10年中国生态经济理论提升及实践发展——中国生态经济学会2010年学术年会综述 [J]. 中国农村经济, 2011 (5): 93-96.

[91] 于法稳. 中国生态经济研究: 历史脉络、理论梳理及未来展望 [J]. 生态经济, 2021, 37 (8): 13-20; 27.

[92] 于贵瑞, 王秋凤, 杨萌, 等. 生态学的科学概念及其演变与当代生态学学科体系之商榷 [J]. 应用生态学报, 2021, 32 (1): 1-15.

[93] 于贵瑞, 杨萌. 自然生态价值、生态资产管理及价值实现的生态经济学基础研究——科学概念、基础理论及实现途径 [J]. 应用生态学报, 2022, 33 (5): 1153-1165.

[94] 于贵瑞, 朱剑兴, 徐丽, 等. 中国生态系统碳汇功能提升的技术途径: 基于自然解决方案 [J]. 中国科学院院刊, 2022, 37 (4): 490-501.

[95] 余壮雄, 陈捷, 董洁妙. 通往低碳经济之路: 产业规划的视角 [J]. 经济研究, 2020, 55 (5): 116-132.

[96] 张丹, 张卫峰. 低碳农业与农作物碳足迹核算研究述评 [J]. 资源科学, 2016, 38 (7): 1395-1405.

[97] 张晋武, 齐守印. 公共物品概念定义的缺陷及其重新建构 [J]. 财政研究, 2016 (8): 2-13.

[98] 张琦. 公共物品理论的分歧与融合 [J]. 经济学动态, 2015 (11): 147-158.

[99] 张琦峰, 方恺, 徐明, 等. 基于投入产出分析的碳足迹研究进展 [J]. 自然资源学报, 2018, 33 (4): 696-708.

[100] 张万益, 王丰翔, 宋泽峰. 地球系统科学是开启黄河流域生态保护的钥匙 [J]. 河北地质大学学报, 2022, 45 (2): 23-26.

[101] 赵荣钦, 黄贤金, 郧文聚, 等. 碳达峰碳中和目标下自然资源管理领域的

关键问题［J］. 自然资源学报，2022，37（5）：1123-1136.

［102］周国逸，陈文静，李琳. 成熟森林生态系统土壤有机碳积累：实现碳中和目标的一条重要途径［J］. 大气科学学报，2022，45（3）：345-356.

［103］周君，王珅. 低碳城市建设的项目管理路径研究［J］. 城市发展研究，2012，19（8）：20-24.

［104］周君. 城市基础设施低碳建设的项目集成交付模式与价值评价方法［J］. 城市发展研究，2014，21（6）：6-8+12.

［105］周璞，侯华丽，张惠，等. 碳中和背景下提升土壤碳汇能力的前景与实施建议［J］. 环境保护，2021，49（16）：63-67.

［106］朱瑾，王兴元. 中国企业低碳环境与低碳管理再造［J］. 中国人口·资源与环境，2012，22（6）：63-68.

［107］朱日祥，侯增谦，郭正堂，等. 宜居地球的过去、现在与未来——地球科学发展战略概要［J］. 科学通报，2021，66（35）：4485-4490.

［108］诸大建，朱远. 生态文明背景下循环经济理论的深化研究［J］. 中国科学院院刊，2013，28（2）：207-218.

［109］PHYOE W W，WANG F.A review of carbon sink or source effect on artificial reservoirs［J］. International Journal of Environmental Science and Technology，2019，16（4），2161-2174.

［110］LIU，C，LIU G，CASAZZA M，et al.Current status and potential assessment of China's ocean carbon sinks［J］. Environmental Science & Technology，2022，56（10），6584-6595.

［111］MOHD ZAKI N A，ABD LATIF Z.Carbon sinks and tropical forest biomass estimation：a review on role of remote sensing in aboveground-biomass modelling［J］. Geocarto International，2016，32（7），701-716.

［112］刘伯恩，宋猛. 碳汇生态产品基本构架及其价值实现［J］. 中国国土资源经济，2022，35（4）：4-11.

［113］李岩柏，郭瑞敏. 国际林业碳汇交易对我国的启示［J］. 河北金融，2022（1）：29-34.

［114］李怒云，袁金鸿. 林业碳汇自愿交易的中国样本：创建碳汇交易体系实现生态产品货币化［J］. 林业资源管理，2015（5）：1-7.

［115］盛春光，刘宗烨，赵晓晴. 国际核证碳标准林业碳汇项目运行机理、开发现状及经验借鉴［J］. 世界林业研究，2023，36（01）：14-19.

［116］曹先磊，张颖. 云南思茅松碳汇造林项目减排量、经济价值及其敏感性分析［J］. 生态环境学报，2017，26（2）：234-242.

［117］曹先磊，程宝栋. 中国林业碳汇核证减排量项目市场发展的现状、问题与建议［J］. 环境保护，2018，46（15）：27-34.

［118］李怒云，冯晓明，陆霁. 中国林业应对气候变化碳管理之路［J］. 世界林业研究，2013，26（2）：1-7.

［119］陈婉. CCER市场有望重启［J］. 环境经济，2022（2）：30-37.

［120］孙永平，张欣宇，施训鹏. 全球气候治理的自愿合作机制及中国参与策略——以《巴黎协定》第六条为例［J］. 天津社会科学，2022，245（4）：93-99.

［121］杨博文.《巴黎协定》后国际碳市场自愿减排标准的适用与规范完善［J］. 国际经贸探索，2021，37（6）：102-112.

［122］曹莉，刘琰. 联合国框架下的国际碳交易协同与合作——从《京都议定书》到《巴黎协定》［J］. 中国金融，2022，989（23）：79-81.

［123］CROOKS S，SUTTON-GRIER A E，TROXLER T G，et al.，Coastal wetland management as a contribution to the US National Greenhouse Gas Inventory［J］. Nature Climate Change 8（12），2018：1109-1112.

［124］PETERSON ST-LAURENT G P，HAGERMAN S，HOBERG G.Barriers to the development of forest carbon offsetting：insights from British Columbia，Canada［J］. Journal of Enviromental Management，Volume 203，

2017：208-217.

[125] NOBUTOKI M, YOSHIHARA S, KUWAE T. Carbon offset utilizing coastal waters：Yokohama blue carbon project ［M］//Kuwae T, Hori M （Eds）. Blue Carbon in Shallow Coastal Ecosystems, Singapore： Springer, 2019：321-346.

[126] SUEHIRO F, SUZUKI H, YOSHIHARA S, et al.Study on the world's first credit certification for blue carbon in eelgrass fields in Yokohama City ［J］. Japan Society of Civil Engineers 76, 2018：49-53.

[127] KUWAE T, YOSHIDA G, HORI M, et al.Nationwide estimation of the annual uptake of atmospheric carbon dioxide by shallow coastal ecosystems in Japan ［J］. JSCE B2 75, 2019：10-20.

[128] ATWOOD T B, CONNOLLY R M, RITCHIE E G, et al.Predators help protect carbon stocks in blue carbon ecosystems ［J］. Nature Climate Change 5 , 2015：1038-1045.

[129] GAGNON K, RINDE E, BENGIL E G, et al.Facilitating foundation species：the potential for plant-bivalve interactions to improve habitat restoration success ［J］. Journal of Applied Ecology 57, 2020：1161-1179.

[130] 唐人虎，林立身. 全国碳市场运行现状、挑战及未来展望 ［J］. 中国电力企业管理，2022（7）：20-25.

[131] 王科，李思阳. 中国碳市场回顾与展望（2022）［J］. 北京理工大学学报（社会科学版），2022, 24（2）：33-42.

[132] 郭建平. 气候变化对中国农业生产的影响研究进展 ［J］. 应用气象学报，2015, 26（1）：1-11.

[133] IPCC.Managing the risks of extreme events and disasters to advance climate change adaptation：a special report of working groups I and II of the intergovernmental panel on climate change ［M］. Cambridge：Cam-

bridge University Press，2012：1-582.

[134] 姚仁福，边文燕，范宏琳，等．中国省域森林碳汇效率演进分析 [J]．林业经济问题，2021，41（1）：51-59.

[135] 赵宁，周蕾，庄杰，等．中国陆地生态系统碳源/汇整合分析 [J]．生态学报，2021，41（19）：7648-7658.

[136] 潘瑞，沈月琴，杨虹，等．中国森林碳汇需求研究 [J]．林业经济问题，2020，40（1）：14-20.

[137] 陈雅如，赵金成．碳达峰、碳中和目标下全球气候治理新格局与林草发展机遇 [J]．世界林业研究，2021，34（6）：1-5.

[138] 孙铭君，彭红军，丛静．碳金融和林业碳汇项目融资综述 [J]．林业经济问题，2018，38（5）：90-98，112.

[139] 罗明，于恩逸，周妍，等．山水林田湖草生态保护修复试点工程布局及技术策略 [J]．生态学报，2019，39（23）：8692-8701.

[140] 孙清芳，马燕娥，刘强．基于 CDM 机制对我国林业碳汇项目发展的探析 [J]．林业资源管理，2017（5）：125-128.

[141] 刘豪，高岚．国内外森林碳汇市场发展比较分析及启示 [J]．生态经济，2012，28（11）：57-60.

[142] 刘冬莉．国外碳汇林项目融资制度借鉴 [J]．世界农业，2017（3）：103-109.

[143] 胡原，成鋆，曾维忠．中国森林碳汇发展现状、存在问题与政策建议 [J]．生态经济，2022，38（2）：104-109.

[144] 漆雁斌，张艳，贾阳．我国试点森林碳汇交易运行机制研究 [J]．农业经济问题，2014，35（4）：73-79.

[145] LU F，HU H F，SUN W J，ZHU J J，et al.Effects of national ecological restoration projects on carbon sequestration in China from 2001 to 2010 [J]．Proceedings of the National Academy of Sciences of the United States of

America，2018，115（16）：4039-4044.

［146］WU S N，LI J Q，ZHOU W M，et al.A statistical analysis of spatiotemporal variations and determinant factors of forest carbon storage under China's natural forest protection program［J］．Journal of Forestry Research，2018，29（2）：415-424.

［147］张逸如，刘晓彤，高文强，等．天然林保护工程区近 20 年森林植被碳储量动态及碳汇（源）特征［J］．生态学报，2021，41（13）：5093-5105.

［148］胡会峰，刘国华．中国天然林保护工程的固碳能力估算［J］．生态学报，2006，26（1）：291-296.

［149］ZHOU W M，LEWIS B J，WU S N，et al.Biomass carbon storage and its sequestration potential of afforestation under natural forest protection program in China［J］．Chinese Geographical Science，2014，24（4）：406-413.

［150］刘亚培，陈绍志，赵荣，等．我国天然林保护修复研究概述［J］．世界林业研究，2022，35（1）：82-87.

［151］LI S D，LIU M C.The development process，current situation and prospects of the conversion of farmland to forests and grasses project in China［J］．Journal of Resources and Ecology，2022，13（1）：120-128.

［152］WANG K B，HU D F，DENG J，et al.Biomass carbon storages and carbon sequestration potentials of the grain for green program covered forests in China［J］．Ecology and Evolution，2018，8（15）：7451-7461.

［153］PERSSON M，MOBERG J，OSTWALD M，et al.The Chinese grain for green programme：assessing the carbon sequestered via land reform［J］．Journal of Environmental Management，2013（126）：142-146.

［154］刘博杰，张路，逯非，等．中国退耕还林工程温室气体排放与净固碳量［J］．应用生态学报，2016，27（6）：1693-1707.

[155] 刘金山，杨传金，戴前石. 退耕还林工程植被碳汇效益估算 [J]. 中南林业调查规划，2015，34（1）：26-28；64.

[156] ZHAO F Z, CHEN S F, HAN X H, et al. Policy-guided nationwide ecological recovery [J]. Soil Science，2013，178（10）：550-555.

[157] SHI S W, HAN P F.Estimating the soil carbon sequestration potential of China′s grain for green project [J]. Global Biogeochemical Cycles，2014，28（11）：1279-1294.

[158] ZHANG K, DANG H, TAN S, et al.Change in soil organic carbon following the 'Grain-for-Green' programme in China [J]. Land Degradation & Development，2010，21（1）：13-23.

[159] 张坤，谢晨，彭伟，等. 新一轮退耕还林政策实施中存在的问题及其政策建议 [J]. 林业经济，2016，38（3）：52-58.

[160] 周银花，赵有贤，胡延杰，等. 全国19省区退耕还林工程农户复耕意愿影响因素分析 [J]. 林业资源管理，2021（2）：1-10.

[161] 朱教君，郑晓. 关于三北防护林体系建设的思考与展望——基于40年建设综合评估结果 [J]. 生态学杂志，2019，38（5）：1600-1610.

[162] ZHANG Y, WANG X, QIN S.Carbon stocks and dynamics in the three-north protection forest program，China [J]. Austrian Journal of Forest Science，2013，130（1）：25-43.

[163] LIU W H, ZHU J J, JIA Q Q, et al. Carbon sequestration effects of shrublands in three-north shelterbelt forest region，China [J]. Chinese Geographical Science，2014，24（4）：444-453.

[164] CHU X, ZHAN J Y, LI Z H, et al.Assessment on forest carbon sequestration in the three-north shelter belt program region，China [J]. Journal of Cleaner Production，2019，215：382-389.

[165] 潘迎珍. 三北防护林体系建设五期工程若干重大问题研究 [M]. 银川：阳

光出版社，2013：88-115.

[166] 许丁，张卫民. 基于碳中和目标的森林碳汇产品机制优化研究 [J]. 中国国土资源经济，2021，34（12）：22-28；62.

[167] 高沁怡，金婷，顾光同，等. 林业碳汇项目类型及开发策略分析 [J]. 世界林业研究，2019，32（6）：97-102.

[168] 李峰，王文举，闫甜. 中国试点碳市场抵消机制 [J]. 经济与管理研究，2018，39（12）：94-103.

[169] 张颖，张莉莉，金笙. 基于分类分析的中国碳交易价格变化分析——兼对林业碳汇造林的讨论 [J]. 北京林业大学学报，2019，41（2）：116-124.

[170] 吴慧娟，张智光. 中国碳市场价格特征及其成因分析：高低性、均衡性与稳定性 [J]. 世界林业研究，2021，34（3）：123-128.

[171] 陆雪文，潘家坪. 影响我国林业碳汇融资的主要因素及对策 [J]. 中国林业经济，2021（1）：76-78；86.

[172] 易扬，罗述武，毛丽莉. 金融支持广西林业碳汇发展的路径选择探析 [J]. 区域金融研究，2019（1）：59-62.

[173] 秦涛，李昊，宋蕊. 林业碳汇保险模式比较、制约因素和优化策略 [J]. 农村经济，2022（3）：60-66.

[174] 沈宏. 基于林业碳汇的绿色金融发展路径探析——以内蒙古大兴安岭重点国有林区为例 [J]. 北方金融，2020（12）：55-57.

[175] 李岩. 对金融支持林业碳汇的研究——以大兴安岭地区为例 [J]. 黑龙江金融，2017（9）：38-40.

[176] 杨鑫，尹少华，邓晶，等. 林业财政补贴政策对农户林业投资及其结构的影响分析——基于财政补贴的挤入与挤出效应视角 [J]. 林业经济，2012（2）：5-20.

[177] 张眉. 公益林管护费用补偿研究 [J]. 林业经济问题，2012，32（3）：206-210.

[178] 朱洪革，张宇彤，宁哲. 森林抚育补贴政策在天保工程中的实施效果 [J].

林业经济问题，2020，40（6）：659-667.

[179] 秦涛，于衍衍. 我国农林业财政补贴政策比较研究 [J]. 河南社会科学，2014，22（10）：84-88，124.

[180] 杨运华. 森林碳汇工程质量管理的技术探讨 [J]. 低碳世界，2021，11（8）：29-30.

[181] 杨艳凤. 浅析森林可持续经营的重要性及经营机制构建 [J]. 河南农业，2021（11）：44-45.

[182] 陈娟丽. 我国林业碳汇存在的问题和法律对策 [D] //生态文明法制建设——2014年全国环境资源法学研讨会（年会）论文集（第一册）. 2014：16-21.

[183] 于国斌. 森林抚育经营技术发展与优化策略 [J]. 河北农机，2021（5）：57-58.

[184] 王兵，牛香，宋庆丰. 基于全口径碳汇监测的中国森林碳中和能力分析 [J]. 环境保护，2021，49（16）：30-34.

[185] 毕琼仙. 生态保护修复营造林技术存在的问题及改进措施 [J]. 新农业，2021（3）：31-32.

[186] 周奉生，余荣华. 林业营造林技术存在的问题及改进措施 [J]. 农业与技术，2019，39（6）：65-66.

[187] 张厦，朱秩辉. 简述我国碳汇监测体系的发展 [J]. 中国林业经济，2017（2）：88-89.

[188] 田强. 林业碳汇的作用及监测技术分析 [J]. 现代农业研究，2021，27（7）：82-83.

[189] 颜士鹏. 森林碳汇国际法律机制与中国森林立法之协调 [J]. 政法论丛，2015（4）：84-91.

[190] RUSEVA T, MARLAND E, SZYMANSKI C, et al. Additionality and permanence standards in california's forest offset protocol: a review of proj-

ect and program level implications [J]. Journal of Environmental Management, 2017, 198: 277-288.

[191] KANG H M, CHOI S I, SATO N. Study on the analysis of forest sink policy against climate change in major countries [J]. Journal of the Faculty of Agriculture, Kyushu University, 2012, 57 (1): 291-298.

[192] GREN I M, AKLILU A Z. Policy design for forest carbon sequestration: a review of the literature [J]. Forest Policy and Economics, 2016, 70: 128-136.

[193] 李茂林, 吴显春. 国内外森林碳汇市场现状及比较 [J]. 世界农业, 2015 (7): 98-102

[194] 黄绍军. 碳中和目标下我国CCER重启面临的困境与对策建议 [J]. 西南金融, 2023 (10): 18-30.

[195] WEST T O, MARLAND G. A synthesis of carbon sequestration, carbon emissions, and net carbon flux in agriculture: comparing tillage practices in the United States [J]. Agriculture, Ecosystems & Environment, 2002, 91 (1 /2 /3): 217-232.

[196] 李波, 张俊飚, 李海鹏. 中国农业碳排放时空特征及影响因素分解 [J]. 中国人口·资源与环境, 2011, 21 (8): 80-86.

[197] 田云, 张俊飚. 中国农业生产净碳效应分异研究 [J]. 自然资源学报, 2013, 28 (8).

[198] 陈舜, 逯非, 王效科. 中国氮磷钾肥制造温室气体排放系数的估算 [J]. 生态学报, 2015, 35 (19): 6371-6383.

[199] 张婷, 蔡海生, 张学玲. 基于碳足迹的江西省农田生态系统碳源/汇时空差异 [J]. 长江流域资源与环境, 2014, 23 (6): 767-773.

[200] 韦良焕, 林宁, 莫治新. 中国省域农业源N2O排放清单及特征分析 [J]. 浙江农业学报, 2019, 31 (11): 1909-1917.

［201］万小楠，赵珂悦，吴雄伟，等．秸秆还田对冬小麦-夏玉米农田土壤固碳、氧化亚氮排放和全球增温潜势的影响［J］．环境科学，2022，43（1）：569-576．

［202］张国，逯非，赵红，等．我国农作物秸秆资源化利用现状及农户对秸秆还田的认知态度［J］．农业环境科学学报，2017，36（5）：981-988．

［203］POTAPOV P，TURUBANOVA S，HANSEN M C，et al. Global maps of cropland extent and change show accelerated cropland expansion in the twenty-first century［J］．Nature Food，2022（3）：19-28．